江苏省高等学校重点教材（编号：2021-2-269）

普通高等院校机电工程类系列教材

机 械 设 计

主编 程志红 刘后广 王大刚 刘送永

U0237730

清华大学出版社
北京

内 容 简 介

本书依据教育部高等学校机械基础课程教学指导委员会编写的《高等学校机械设计课程基本要求》（2019 版），结合作者长期教学实践，以机械传动系统设计为主线，从传动系统方案设计到传动件设计、轴系零部件设计，通过设计案例贯通相关设计内容，使学习者对机械设计有一个相对系统的概念。

本书共分四篇。第一篇为机械设计总论，主要介绍机械设计的基本要求和计算准则，机械零件的疲劳强度，摩擦、磨损及润滑；第二篇为机械传动，主要介绍机械传动方案设计，挠性传动，齿轮传动，蜗杆传动，螺旋传动；第三篇为轴系零部件，主要介绍轴，轴毂连接，滑动轴承，滚动轴承，联轴器、离合器和制动器；第四篇为其他零件及典型零部件结构设计，主要介绍螺纹连接，弹簧，带轮、链轮、齿轮以及滚动轴承装置的结构设计。

本书提供使用二维码查取设计手册数据、授课视频和拓展资源。

本书可作为高等院校工科机械类专业本、专科生学习"机械设计"课程的教材，也可供其他有关专业的教师与工程技术人员参考。

图书在版编目（CIP）数据

机械设计/程志红等主编.—北京：清华大学出版社，2024.5

普通高等院校机电工程类系列教材

ISBN 978-7-302-66238-9

Ⅰ．①机… Ⅱ．①程… Ⅲ．①机械设计－高等学校－教材 Ⅳ．①TH122

中国国家版本馆 CIP 数据核字（2024）第 096750 号

责任编辑：苗庆波 赵从棉
封面设计：傅瑞学
责任校对：赵丽敏
责任印制：刘 菲

出版发行：清华大学出版社
　　　　网　　址：https://www.tup.com.cn，https://www.wqxuetang.com
　　　　地　　址：北京清华大学学研大厦 A 座　　　邮　　编：100084
　　　　社 总 机：010-83470000　　　　　　　　邮　　购：010-62786544
　　　　投稿与读者服务：010-62776969，c-service@tup.tsinghua.edu.cn
　　　　质量反馈：010-62772015，zhiliang@tup.tsinghua.edu.cn
印 装 者：艺通印刷（天津）有限公司
经　　销：全国新华书店
开　　本：185mm×260mm　　　印　　张：17.5　　　　字　　数：425 千字
版　　次：2024 年 5 月第 1 版　　　　　　　　印　　次：2024 年 5 月第 1 次印刷
定　　价：52.00 元

产品编号：093338-01

前　言

本书是根据教育部高等学校机械基础课程教学指导委员会编写的《高等学校机械设计课程基本要求》(2019 版)，并结合高校近年来关于机械设计课程的教学改革实践编写的。

"机械设计"是机械类本科各专业必修的技术基础课程，为了使学生打好基础、建立系统观念、具备设计能力，在编写本书的过程中注重了以下几点：

(1) 以机械传动系统设计为主线，案例贯通整个设计内容。

以矿用链板输送机的传动系统设计为案例，通过从系统到局部的各个设计例题，贯通从传动系统方案设计到传动件设计、轴系零部件(轴、轴承、轴毂连接、联轴器等)设计，这样有助于学生理解各设计部分的相互联系和制约。

(2) 精选机械零部件设计的基本内容，注重工程应用。

弱化成熟的理论公式推导过程，简化部分设计参数，侧重于设计参数的选择方法和设计零件的工程应用。提供典型零部件的计算机辅助设计资源，这有利于快速得到多方案设计结果，也可满足学生上机实验训练要求。

(3) 加强机械零部件结构设计的内容。

集中讲述机械零部件中有关结构设计的问题，突出结构设计的准则和设计方法，这样有利于提高学生的结构设计能力。

(4) 章节编排有利于以课程设计项目为研讨任务的教学方式。

章节编排以传动系统方案设计为先，其次为传动件设计，接着为轴系零部件设计，最后是螺纹连接件设计，对于以机械传动系统设计为课程设计项目任务的教学而言，这样的章节编排方便与课程设计进程结合，有利于展开研讨教学安排。

(5) 提供使用二维码查取设计手册数据、授课视频和拓展资源。

本书内容分为四篇。第一篇为机械设计总论，包括机械设计的基本问题、基本概念；第二篇为机械传动，包括带传动、链传动、齿轮传动、蜗杆传动及螺旋传动；第三篇为轴系零部件，包括轴、轴毂连接、滑动轴承、滚动轴承、联轴器和离合器等；第四篇为其他零件及典型零部件结构设计，包括螺纹连接、弹簧、带轮、链轮、齿轮以及滚动轴承装置的结构设计。各章节自测题已实现在线化，并以二维码的形式在书中呈现。需要先扫描封底的防盗刮刮卡获取权限，再扫描自测题二维码即可在线练习。

本书编写工作安排：第 1～3 章由程志红、王大刚编写，第 4～8 章由程志红编写，第 9、11、12、13 章由刘后广编写，第 10、14 章由刘送永编写，第 15、16 章由王大刚编写。全书由程志红统稿。

感谢王洪欣教授提供图 4-1 和图 4-2 的例图，感谢课程组孟庆睿、杨金勇、闫海峰和周晓谋老师的授课视频，感谢研究生刘耀然绘制教材图 6-11、图 6-13 齿轮零件图和图 9-11 轴的零件图。

由于编者的水平有限，书中难免存在错误与不足之处，敬请同仁和广大读者不吝指正。

编　者

2024 年 4 月

目　　录

第一篇　机械设计总论

第1章　机械设计基本要求和计算准则 ………………………………………………… 3

1.1　机械设计的基本要求及设计程序 ………………………………………………… 4
1.1.1　机械设计的基本要求 ………………………………………………………… 4
1.1.2　机械设计的设计程序 ………………………………………………………… 4
1.2　机械零件的主要失效形式和计算准则 …………………………………………… 5
1.2.1　机械零件的主要失效形式 …………………………………………………… 5
1.2.2　机械零件的计算准则 ………………………………………………………… 6
1.2.3　机械零件设计的一般步骤 …………………………………………………… 7
1.3　现代机械设计方法简介 …………………………………………………………… 8
1.3.1　可靠性设计 …………………………………………………………………… 8
1.3.2　动态分析设计 ………………………………………………………………… 8
1.3.3　最优化设计 …………………………………………………………………… 9
1.3.4　虚拟设计 ……………………………………………………………………… 9
1.3.5　并行设计 ……………………………………………………………………… 9
1.3.6　绿色设计 ……………………………………………………………………… 10
1.3.7　智能设计 ……………………………………………………………………… 10

第2章　机械零件的疲劳强度 …………………………………………………………… 11

2.1　疲劳曲线和极限应力图 …………………………………………………………… 11
2.1.1　材料的疲劳曲线 ……………………………………………………………… 11
2.1.2　极限应力图 …………………………………………………………………… 12
2.2　稳定变应力下零件安全系数的计算 ……………………………………………… 13
2.2.1　单向应力时安全系数的计算 ………………………………………………… 13
2.2.2　双向应力时安全系数的计算 ………………………………………………… 15
2.3　规律性不稳定变应力下零件安全系数的计算 …………………………………… 16
习题 ……………………………………………………………………………………… 18

第3章　摩擦、磨损及润滑 ……………………………………………………………… 19

3.1　摩擦 ………………………………………………………………………………… 19
3.2　磨损 ………………………………………………………………………………… 22
3.3　润滑 ………………………………………………………………………………… 24

第二篇　机 械 传 动

第 4 章　传动系统的方案设计 ……………………………………………………………… 31

　4.1　传动系统的类型 …………………………………………………………………………… 32

　4.2　机械传动系统的类型设计 ………………………………………………………………… 33

　4.3　传动路线设计 ……………………………………………………………………………… 35

　4.4　传动系统的效率 …………………………………………………………………………… 36

　4.5　原动机及各级传动机构的功率 …………………………………………………………… 36

　　　4.5.1　电动机的选择 ……………………………………………………………………… 36

　　　4.5.2　传动装置运动参数的计算 ………………………………………………………… 38

　习题 ……………………………………………………………………………………………… 40

第 5 章　挠性传动 …………………………………………………………………………… 41

　5.1　带传动概述 ………………………………………………………………………………… 41

　　　5.1.1　带传动类型及应用 ………………………………………………………………… 41

　　　5.1.2　普通 V 带的规格 …………………………………………………………………… 42

　5.2　V 带传动的工作情况分析 ………………………………………………………………… 44

　　　5.2.1　带传动受力分析 …………………………………………………………………… 44

　　　5.2.2　带传动运动分析 …………………………………………………………………… 45

　　　5.2.3　带传动工作应力分析 ……………………………………………………………… 46

　5.3　V 带传动的承载能力与设计计算 ………………………………………………………… 47

　　　5.3.1　带传动承载能力 …………………………………………………………………… 47

　　　5.3.2　V 带传动的设计计算 ……………………………………………………………… 50

　5.4　带传动的张紧 ……………………………………………………………………………… 55

　5.5　链传动概述 ………………………………………………………………………………… 55

　5.6　传动链的结构特点 ………………………………………………………………………… 56

　　　5.6.1　滚子链结构 ………………………………………………………………………… 56

　　　5.6.2　滚子链链轮齿形、材料 …………………………………………………………… 58

　5.7　链传动的运动特性 ………………………………………………………………………… 59

　　　5.7.1　链传动的运动不均匀性 …………………………………………………………… 59

　　　5.7.2　链传动的动载荷 …………………………………………………………………… 60

　5.8　滚子链传动的选择与计算 ………………………………………………………………… 60

　　　5.8.1　失效形式和功率曲线图 …………………………………………………………… 60

　　　5.8.2　链传动的选择计算 ………………………………………………………………… 62

　5.9　链传动的润滑、布置和张紧 ……………………………………………………………… 65

　　　5.9.1　链传动的润滑 ……………………………………………………………………… 65

　　　5.9.2　链传动的布置 ……………………………………………………………………… 65

　　　5.9.3　链传动的张紧 ……………………………………………………………………… 66

习题 ·· 67

第 6 章　齿轮传动 ·· 69

6.1　概述 ··· 69

6.2　齿轮传动的失效形式与设计准则 ·· 69

　　6.2.1　齿轮传动的失效形式 ·· 69

　　6.2.2　齿轮传动的设计准则 ·· 70

6.3　齿轮材料及其热处理 ·· 71

6.4　齿轮传动的计算载荷 ·· 72

6.5　标准直齿圆柱齿轮传动的强度计算 ·· 73

　　6.5.1　标准直齿圆柱齿轮传动的受力分析 ···································· 73

　　6.5.2　齿面接触疲劳强度计算 ·· 74

　　6.5.3　齿根弯曲疲劳强度计算 ·· 78

6.6　设计参数选择 ·· 81

6.7　标准斜齿圆柱齿轮传动的强度计算 ·· 88

　　6.7.1　标准斜齿圆柱齿轮传动的受力分析 ···································· 88

　　6.7.2　标准斜齿圆柱齿轮传动的强度计算 ···································· 89

6.8　标准直齿圆锥齿轮传动的强度计算 ·· 93

　　6.8.1　几何尺寸计算 ··· 93

　　6.8.2　标准直齿圆锥齿轮轮齿受力分析 ······································ 93

　　6.8.3　标准直齿圆锥齿轮传动的强度计算 ···································· 93

6.9　齿轮传动的效率及润滑 ··· 99

习题 ··· 101

第 7 章　蜗杆传动 ·· 103

7.1　蜗杆传动的类型、特点和应用 ·· 103

7.2　ZA 蜗杆传动的主要参数和几何尺寸计算 ······································ 105

　　7.2.1　蜗杆传动的主要参数 ·· 105

　　7.2.2　蜗杆传动的几何尺寸计算 ·· 107

7.3　ZA 蜗杆传动承载能力计算 ·· 108

　　7.3.1　蜗杆传动的失效形式、设计准则和材料 ································ 108

　　7.3.2　蜗杆传动的受力分析及计算载荷 ······································ 109

　　7.3.3　蜗轮齿面接触疲劳强度计算 ·· 110

　　7.3.4　蜗轮齿根弯曲疲劳强度计算 ·· 111

7.4　蜗杆传动的效率、润滑、热平衡计算 ·· 111

　　7.4.1　蜗杆传动的效率 ·· 111

　　7.4.2　蜗杆传动的润滑 ·· 113

　　7.4.3　蜗杆传动的热平衡计算 ·· 113

习题 ··· 116

第8章　螺旋传动 ··· 117

　8.1　螺纹 ··· 117

　　8.1.1　螺纹的类型与应用 ··· 117

　　8.1.2　圆柱螺纹的基本参数 ··· 118

　8.2　螺旋传动类型及设计 ·· 119

　　8.2.1　螺旋传动的类型与应用 ·· 119

　　8.2.2　滑动螺旋传动的设计 ··· 120

　习题 ··· 123

第三篇　轴系零部件

第9章　轴 ·· 127

　9.1　轴的概述 ·· 127

　　9.1.1　轴的类型、特点和应用 ·· 127

　　9.1.2　轴的材料 ·· 128

　　9.1.3　轴设计中应解决的主要问题 ·· 129

　9.2　轴的结构设计 ·· 130

　　9.2.1　拟定轴上零件的布置方案 ··· 130

　　9.2.2　轴上零件的定位 ··· 130

　9.3　轴的工作能力计算 ··· 132

　　9.3.1　按扭转强度条件计算 ··· 132

　　9.3.2　按弯扭合成强度条件计算 ··· 132

　　9.3.3　按疲劳强度条件进行精确校核 ·· 134

　　9.3.4　按静强度条件进行校核 ·· 137

　　9.3.5　轴的刚度校核计算 ·· 138

　　9.3.6　轴的振动及振动稳定性的概念 ·· 139

　9.4　提高轴的强度、刚度和减轻轴的质量的措施 ·· 139

　习题 ··· 148

第10章　轴毂连接 ·· 150

　10.1　键连接 ··· 150

　　10.1.1　键连接类型及应用 ··· 150

　　10.1.2　平键连接的选择计算 ·· 152

　10.2　花键连接 ·· 153

　　10.2.1　花键连接的类型与应用 ·· 153

　　10.2.2　花键连接的强度计算 ·· 154

　10.3　销连接 ··· 156

　习题 ··· 157

第 11 章　滑动轴承 ……………………………………………………………………… 159

11.1　滑动轴承类型、结构和材料 ……………………………………………… 159

11.1.1　滑动轴承的类型 ……………………………………………… 159

11.1.2　径向滑动轴承的结构形式 …………………………………… 159

11.1.3　推力滑动轴承的结构形式 …………………………………… 160

11.1.4　轴承材料 ………………………………………………………… 162

11.1.5　轴瓦构造 ………………………………………………………… 163

11.2　非液体摩擦滑动轴承的计算 ……………………………………………… 165

11.2.1　失效形式和设计准则 …………………………………………… 165

11.2.2　设计方法与步骤 ………………………………………………… 165

11.2.3　润滑剂和润滑装置选择 ………………………………………… 166

11.3　液体动力润滑径向滑动轴承的设计计算 ………………………………… 169

11.3.1　理论基础 ………………………………………………………… 169

11.3.2　单油楔径向滑动轴承 …………………………………………… 170

11.3.3　设计参数 ………………………………………………………… 175

11.4　其他滑动轴承简介 ………………………………………………………… 177

11.4.1　多油楔轴承 ……………………………………………………… 177

11.4.2　液体静压轴承 …………………………………………………… 177

11.4.3　气体静压轴承 …………………………………………………… 177

习题 …………………………………………………………………………………… 178

第 12 章　滚动轴承 ……………………………………………………………………… 179

12.1　滚动轴承类型与选择 ……………………………………………………… 179

12.1.1　滚动轴承的构造和材料 ………………………………………… 179

12.1.2　滚动轴承的主要类型与特点 …………………………………… 180

12.1.3　滚动轴承类型选择 ……………………………………………… 182

12.1.4　滚动轴承代号 …………………………………………………… 183

12.2　滚动轴承的载荷分析和失效形式 ………………………………………… 184

12.2.1　滚动轴承载荷分析 ……………………………………………… 184

12.2.2　滚动轴承常见失效形式及计算准则 …………………………… 184

12.3　滚动轴承疲劳寿命计算 …………………………………………………… 186

12.3.1　基本额定寿命和基本额定动载荷 ……………………………… 186

12.3.2　滚动轴承疲劳寿命计算的基本公式 …………………………… 186

12.3.3　滚动轴承的当量动载荷 ………………………………………… 187

12.3.4　角接触球轴承与圆锥滚子轴承的轴向载荷 …………………… 189

12.4　滚动轴承静强度校核 ……………………………………………………… 190

12.5　滚动轴承的润滑和密封 …………………………………………………… 194

12.5.1　滚动轴承的润滑 ………………………………………………… 194

　　　　12.5.2 滚动轴承的密封类型 ························· 194

习题 ··· 197

第 13 章　联轴器、离合器和制动器 ················· 199

　13.1 联轴器 ······································ 199

　　　　13.1.1 联轴器的类型 ························· 199

　　　　13.1.2 联轴器的选择 ························· 202

　13.2 离合器 ······································ 204

　　　　13.2.1 离合器的类型及应用 ··················· 204

　　　　13.2.2 牙嵌离合器 ························· 205

　　　　13.2.3 圆盘摩擦离合器 ····················· 206

　13.3 制动器 ······································ 208

　　　　13.3.1 制动器的类型 ························· 208

　　　　13.3.2 制动器的选择 ························· 210

习题 ··· 211

第四篇　其他零件及典型零部件结构设计

第 14 章　螺纹连接 ····························· 215

　14.1 螺纹连接的类型 ······························· 215

　14.2 螺纹连接的预紧和防松 ··························· 217

　14.3 螺栓组连接的结构设计与受力分析 ···················· 219

　　　　14.3.1 螺栓组连接的结构设计 ··················· 219

　　　　14.3.2 螺栓组连接受力分析 ··················· 220

　14.4 单个螺栓连接的强度计算 ························· 223

　　　　14.4.1 配合螺栓连接的强度计算 ················· 223

　　　　14.4.2 普通螺栓连接的强度计算 ················· 223

　　　　14.4.3 螺纹连接的材料、许用应力与许用安全系数 ········· 227

　14.5 提高螺栓连接强度的措施 ························· 230

习题 ··· 232

第 15 章　弹簧 ······························· 235

　15.1 弹簧的类型及其特性 ···························· 235

　15.2 弹簧的材料及制造 ···························· 238

　　　　15.2.1 弹簧的材料 ························· 238

　　　　15.2.2 弹簧的制造 ························· 240

　15.3 圆柱螺旋拉(压)弹簧的设计计算 ····················· 241

　　　　15.3.1 圆柱螺旋弹簧的参数和几何计算 ·············· 241

　　　　15.3.2 圆柱螺旋拉(压)弹簧的特性曲线 ·············· 242

　　　　15.3.3　圆柱螺旋拉(压)弹簧受载时的应力及变形 ·················· 243

　　　　15.3.4　压缩弹簧的稳定性 ················ 245

　　　　15.3.5　承受变载荷的圆柱螺旋弹簧的疲劳强度 ··········· 245

　　　　15.3.6　圆柱螺旋拉(压)弹簧的设计 ················· 246

　　习题 ···················· 247

第 16 章　典型零部件的结构设计 ···················· 249

　　16.1　机械结构设计的基本原则 ·············· 249

　　　　16.1.1　明确 ················ 249

　　　　16.1.2　简单 ················ 250

　　　　16.1.3　安全 ················ 251

　　16.2　带轮、链轮的结构设计 ················ 252

　　　　16.2.1　带轮的结构 ··········· 252

　　　　16.2.2　V 带轮轮槽的结构参数 ········· 252

　　　　16.2.3　链轮的结构 ··········· 252

　　　　16.2.4　滚子链链轮的主要尺寸 ········· 254

　　16.3　齿轮类零件的结构设计 ················ 255

　　　　16.3.1　齿轮的结构设计 ········· 255

　　　　16.3.2　蜗杆和蜗轮的结构设计 ········· 257

　　16.4　滚动轴承装置的结构设计 ·············· 258

　　　　16.4.1　滚动轴承支承结构形式 ········· 258

　　　　16.4.2　滚动轴承的轴向固定 ··········· 260

　　　　16.4.3　轴承座孔支承刚度和同心度 ········· 260

　　　　16.4.4　滚动轴承游隙调整 ··········· 261

　　　　16.4.5　滚动轴承的预紧和装拆 ········· 262

　　习题 ···················· 263

参考文献 ···················· 264

二维码目录

1 1　机械产品图集 ……………………………………………………………… 3

1-2　机械零件失效图集 …………………………………………………………… 3

1-3　数值圆整知识 ………………………………………………………………… 3

1-4　采高 8.8 m 级煤层采煤机 ………………………………………………… 3

自测题 1 ………………………………………………………………………… 10

2-1　有效应力集中系数 …………………………………………………………… 11

2-2　尺寸系数 ……………………………………………………………………… 11

2-3　表面状况系数 ………………………………………………………………… 11

2-4　稳定变应力下零件安全系数的计算 ……………………………………… 13

自测题 2 ………………………………………………………………………… 18

3-1　摩擦学研究进展 ……………………………………………………………… 19

3-2　绿色润滑剂 …………………………………………………………………… 19

自测题 3 ………………………………………………………………………… 30

4-1　常用机械传动型式的性能 ………………………………………………… 31

4-2　Y 系列三相异步电动机技术数据 ………………………………………… 31

自测题 4 ………………………………………………………………………… 40

5-1　带传动计算机辅助设计程序 ……………………………………………… 41

5-2　带传动弹性滑动 ……………………………………………………………… 45

5-3　链传动的运动特性 ………………………………………………………… 59

自测题 5 ………………………………………………………………………… 68

6-1　机器人用 RV 减速器 ……………………………………………………… 69

6-2　齿轮失效形式 ………………………………………………………………… 69

6-3　齿轮传动计算机辅助设计程序 …………………………………………… 69

6-4　标准直齿圆柱齿轮传动的强度计算 ……………………………………… 73

自测题 6 ………………………………………………………………………… 102

7-1　托森差速器 …………………………………………………………………… 103

7-2　蜗杆传动的受力分析及强度计算 ………………………………………… 109

自测题 7 ………………………………………………………………………… 116

8-1　普通螺纹基本尺寸 ………………………………………………………… 117

8-2　梯形螺纹基本尺寸 ………………………………………………………… 117

8-3　锯齿形螺纹基本尺寸 ……………………………………………………… 117

8-4　行星滚柱丝杆 ……………………………………………………………… 119

自测题 8 ………………………………………………………………………… 123

9-1　特大型曲轴制造 …………………………………………………………… 127

9-2　核电汽轮机低压转子制造 ···································· 127

9-3　轴的结构设计 ·· 130

自测题 9 ·· 149

10-1　普通平键基本尺寸 ·· 150

10-2　半圆键基本尺寸 ·· 150

10-3　矩形花键基本尺寸 ·· 150

10-4　30°渐开线外花键尺寸系列 ··································· 150

10-5　45°渐开线外花键大径尺寸系列 ······························ 150

10-6　圆柱销基本尺寸 ·· 150

10-7　圆锥销基本尺寸 ·· 150

自测题 10 ·· 158

11-1　铁梨木轴承 ··· 159

11-2　气悬浮轴承和磁悬浮轴承 ····································· 159

自测题 11 ·· 178

12-1　调心球轴承结构性能参数 ····································· 179

12-2　深沟球轴承结构性能参数 ····································· 179

12-3　圆锥滚子轴承结构性能参数 ··································· 179

12-4　角接触球轴承结构性能参数 ··································· 179

12-5　单向推力球轴承结构性能参数 ································· 179

12-6　圆柱滚子轴承结构性能参数 ··································· 179

12-7　滚动轴承疲劳寿命计算的基本公式 ···························· 186

自测题 12 ·· 198

13-1　凸缘联轴器主要技术参数 ····································· 199

13-2　LX 型弹性柱销联轴器技术参数 ······························ 199

13-3　LT 型弹性套柱销联轴器技术参数 ····························· 199

13-4　梅花型弹性联轴器技术参数 ··································· 199

自测题 13 ·· 211

14-1　螺纹连接松动机理和防松方法研究综述 ························ 215

14-2　HARDLOCK 防松螺母工作原理 ······························· 215

14-3　紧螺栓连接 ··· 224

自测题 14 ·· 234

15-1　弹簧的制造 ··· 235

自测题 15 ·· 248

16-1　轴承游隙调整 ··· 249

16-2　滚动轴承支承结构形式 ·· 258

16-3　滚动轴承的轴向固定 ·· 260

16-4　滚动轴承的预紧和装拆 ·· 262

自测题 16 ·· 263

第一篇　机械设计总论

第1章 机械设计基本要求和计算准则

【教学导读】

机械设计泛指机器及其部件和零件的设计。本课程的学习重点是在机械产品工作原理图和机构运动简图的基础上设计整机及其零部件的形状、尺寸,选择零件制造材料及热处理、加工装配,制定试验的技术条件。本章介绍机械设计的基本要求及设计程序,机械零件的主要失效形式及计算准则,现代机械设计方法。

1-1

【课前问题】

(1)机器的基本组成要素是什么?零件与部件设计在整台机器设计中占据的地位和所起的作用是什么?

1-2

(2)什么是通用零件和专用零件?什么是一般尺寸和参数的通用零件?

(3)机械零件的计算准则与失效形式有什么关系?常用的有哪些计算准则?

1-3

【课程资源】

拓展资源:机械产品图集;机械零件失效图集;数值圆整知识。

机械设计泛指机器及其部件和零件的设计,或者单独一个部件、零件的设计。其目的是满足社会生产和人们生活的需求,应用新技术、新工艺、新方法开发满足社会需求的各种新的机械产品。设计制造和广泛使用各种先进的机器是促进国民经济发展、加速国家现代化建设的重要内容。图1-1所示为我国自主设计制造的采高8.8 m级煤层采煤机。

1-4

(a)   (b)

图 1-1 采高 8.8 m 级煤层采煤机及滚筒

(a)采高 8.8 m 级煤层采煤机;(b)大直径采煤机滚筒

任何机械产品都始于设计,设计质量的高低直接关系到产品的功能和质量,关系到产品的成本和价格,机械设计在产品开发中起着非常关键的作用。为此,要在设计中合理确定机械系统功能,增强可靠性,提高经济性,确保安全性。

1.1　机械设计的基本要求及设计程序

1.1.1　机械设计的基本要求

（1）实现预定功能。设计的机器应能在规定的工作条件下、规定的寿命期限内实现预定功能和效率，并能正常运转。

（2）满足可靠性要求。可靠性要求是指在规定的使用时间内和预定的环境条件下，机械能够正常工作的一定概率。机械的可靠性是机械的一种重要属性。

（3）符合经济性要求。设计的机械产品应成本低、生产效率高、使用维护方便、消耗能源少，在产品寿命周期内用最低的成本实现产品的预定功能。

（4）确保安全性要求。要能保证操作者的安全和机械设备的安全，以及保证设备运行对周围环境无危害，要设置过载保护和安全互锁等装置。

（5）推行标准化要求。设计的机械产品的规格、参数应符合国家标准，零部件应可最大限度地与同类产品互换通用，产品应成系列发展，推行标准化、系列化、通用化。

（6）体现工艺美观要求。重视产品的工艺造型设计，不仅要功能强、价格低，而且要外形美观、实用，符合人机工程学要求。

（7）其他特殊要求。有些机械由于工作环境和要求的不同，对设计提出特殊要求。如高级轿车有低噪声的要求，食品、纺织机械有不得污染产品的要求，煤矿井下机械有防尘、防爆的要求等。

1.1.2　机械设计的设计程序

机械设计是一个反复构思、决策与修改的复杂过程。新产品的开发设计一般要经过以下阶段。

1. 计划阶段

即预备阶段。首先要根据用户需求了解所设计的机械产品在功能、造价、设计期限上的要求，然后进行调查研究、收集资料，对设计任务进行分析，与用户进行协商，使设计任务既合理又先进，最后完成设计任务书。设计任务书应明确规定机械产品的名称、功用、生产率、主要性能指标、可靠性和使用维护要求、工作条件、生产批量、预定成本、设计和制造完成日期以及其他特殊要求。

2. 方案设计阶段

根据多方面的调查研究，在广泛收集国内外有关的设计资料后，设计者对机械产品的工作原理进行创新构思，提出多种设计方案。对满足设计任务书规定的条件和技术限定的少数几个可行方案进行技术经济分析，综合比较技术性能及经济指标，淘汰较差方案。对保留下来的方案同时展开下一阶段的设计，待进行到可以较精确地确定技术性能及经济指标时，再确定最终方案。这一阶段的设计内容包括必要的运动学计算、机构原理试验等，最后绘制出机构工作原理图、机构运动简图。

3. 技术设计阶段

在机械产品工作原理图和机构运动简图的基础上设计整机及其零部件的形状、尺寸，选择零件制造的材料及热处理、加工装配,制定试验的技术条件等。这一阶段成果是机器整机及部件的装配图、零件工作图以及计算说明书、其他技术文件(标准件明细表、外购件明细表、协作件明细表、试验和验收条件、检验合格单、使用说明书等)等。在整个技术设计阶段,不可避免要反复修改,与用户反复协商。

4. 样机试制和鉴定阶段

根据技术设计所提供的图样等技术文件进行样机试制,并对试制提供的样机进行性能测试;组织鉴定,进行全面的技术经济评价,主要包括动力特性审查、标准化审查、工艺审查、成本预测等。同时可对设计进行适当修改,以完善设计方案。

5. 产品投产阶段

在样机试制与鉴定通过的基础上,将机械的全套设计图样(总装图、部装图、零件图、电气原理图、安装地基图、备件图等)和全套技术文件(设计任务书、设计计算说明书、试验鉴定报告、零件明细表、产品质量标准、产品检验规范、包装运输技术条件等)提交产品定型鉴定委员会评审。评审通过后,进行批量生产并投放市场,交付用户使用。

机械新产品的开发设计流程图如图 1-2 所示。需要指出的是,设计工作者应当有强烈的社会责任感,要把自己工作的视野延伸到制造、使用乃至循环利用的全过程,不断地改进设计,这样才能使机器的质量不断得到提高,更好地满足生产和生活需要。

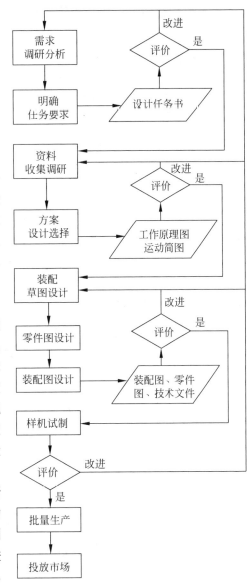

图 1-2　机械新产品的开发设计流程图

1.2　机械零件的主要失效形式和计算准则

1.2.1　机械零件的主要失效形式

机械零件由于各种原因不能正常工作称为失效。机械零件的主要失效形式如下。

(1) 整体断裂。零件在受拉、压、弯、剪、扭等外载荷作用时,由于某一危险截面上的应力超过零件的强度极限而发生的断裂,或者零件在受交变应力作用时,危险截面上发生的疲劳断裂均属此类。图 1-3 所示为采煤机滚筒螺旋叶片变形断裂失效。

(2) 过大的残余变形。如果作用于零件上的应力超过了材料的屈服极限,则零件将产

图 1-3　采煤机滚筒螺旋叶片变形断裂失效

生残余变形。机床上夹持定位零件的过大的残余变形,会降低加工精度;高速转子轴的残余挠曲变形,将增大不平衡度,并进一步引起零件的变形。

(3) 零件的表面破坏。零件的表面破坏主要有腐蚀、磨损和接触疲劳。腐蚀是指发生在金属表面的一种电化学或化学侵蚀现象。磨损是指两个接触表面在做相对运动的过程中表面物质丧失或转移的现象。接触疲劳是指受到接触变应力长期作用的零件表面产生裂纹或微粒剥落的现象。腐蚀、磨损和接触疲劳都是随工作时间的延续而逐渐发生的失效形式。图 1-4 所示为采煤机滚筒截齿的磨损失效。

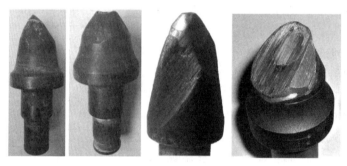

图 1-4　采煤机滚筒截齿的磨损失效

零件到底会发生哪种形式的失效,与很多因素有关,并且在不同行业和不同的机器上也不尽相同。从有关统计分类结果来看,由腐蚀、磨损和各种接触疲劳破坏引起的失效就占了73.88%,而由断裂引起的失效只占 4.79%。所以可以说,腐蚀、磨损和接触疲劳是引起零件失效的主要原因。

1.2.2　机械零件的计算准则

设计零件所依据的计算准则,是与零件的失效形式密切相关的,针对不同的失效形式,应提出不同的计算准则。

1. 强度准则

强度准则是衡量机械零件工作能力最基本的计算准则,其要求受载后零件中的应力不得超过允许的极限。判断机械零件的强度条件有以下两种形式:

$$\sigma \leqslant [\sigma] \tag{1-1}$$

$$S \geqslant [S] \tag{1-2}$$

式中,σ——计算应力,泛指拉压应力 σ、剪切应力 τ、弯曲应力 σ_b、扭转应力 τ_T、挤压应力 σ_p、接触应力 σ_H、当量应力 σ_e 以及应力幅 σ_a 等;

$[\sigma]$——许用应力;

S——安全系数; $\Big\}$ 与所述应力相对应

$[S]$——许用安全系数。

许用安全系数[S]是为了考虑在强度计算中一系列不确定的因素:计算所用力学模型的精确性,推导公式忽略一些影响因素的程度,所用载荷的精确性,材料机械性能的均匀性和准确性,零件的重要性,等等。

2. 刚度准则

刚度是指零件在载荷作用下抵抗弹性变形的能力。零件的刚度要求为:零件在载荷作用下产生的弹性变形量应小于或等于机器工作性能允许的极限值,其表达式为

$$y \leqslant [y] \tag{1-3}$$

其中,弹性变形量 y 可按各种求变形量的理论或实验方法来确定,而许用变形量[y]则应随不同的使用场合,根据理论或经验来确定其合理的数值。

3. 寿命准则

由于影响寿命的三个主要因素(腐蚀、磨损和疲劳)是三个不同范畴的问题,所以它们各自发展的规律也不同。关于腐蚀,迄今为止还没有提出实用有效的腐蚀寿命计算方法,因而也无法列出腐蚀的计算准则。关于磨损,由于磨损类型众多,产生的机理还未完全搞清,影响因素也很复杂,所以目前尚无普遍适用的能够进行定量计算的方法。关于疲劳,通常把求出的零件在预定使用寿命时的疲劳极限作为计算的依据。

4. 振动稳定性准则

为避免共振,在设计高速机械时,应进行振动分析和计算,使零件和系统的自振频率与周期性载荷的作用频率错开一定的范围,以确保零件及机械系统的振动稳定性。令 f 代表零件的固有频率,f_p 代表周期性载荷的作用频率,则通常应保证如下条件:

$$0.85f > f_p \quad 或 \quad 1.15f < f_p \tag{1-4}$$

如果不能满足上述条件,则可用改变零件及系统的刚度,改变支承位置,或增加(或减少)辅助支承等办法来改变 f 值。

把激振源与零件隔离,使激振的周期性改变的能量不传递到零件上,或者采用阻尼以减小受激振动零件的振幅,都会提高零件的振动稳定性。

5. 可靠性准则

零件的可靠度用零件在规定的使用条件下、在规定的时间内能正常工作的概率来表示,即用在规定的寿命时间内连续工作的件数占总件数的百分比来表示。如果 N_0 个零件中,在预期寿命内只有 N 个零件能连续正常工作,则其系统的可靠度为

$$R = N/N_0 \tag{1-5}$$

如机械制造业常取 $90\% \sim 99\%$ 的可靠度。

1.2.3　机械零件设计的一般步骤

机械零件的设计大体要经过以下几个步骤:

(1) 根据零件的使用要求,选择零件的类型与结构;

(2) 根据机器的工作要求,建立零件的受力模型,确定零件的计算载荷;

(3) 分析零件的失效形式,确定零件的计算准则;

(4) 根据零件的工作条件及对零件的要求,选择零件的材料,确定许用应力;

(5) 根据设计准则,计算零件的基本尺寸;

(6) 根据工艺性及标准化要求,进行零件的结构设计;

(7) 绘制零件的工作图,编写计算说明书。

结构设计是机械零件的重要设计内容之一,在有些情况下,它占了设计工作量的较大比例,要给予足够的重视。

1.3　现代机械设计方法简介

现代机械设计是相对传统机械设计而言的,一般把过去长期使用的设计方法称为传统的(或常规的)设计方法,近几十年发展起来的设计方法称为现代设计方法。现代设计方法具有程式性、创造性、系统性、优化性、综合性等特点。传统的机械设计方法是静态的、经验的、手工的,是被动地重复分析产品的性能,而现代机械设计方法是动态的、科学的、计算机化的,能主动地创造性设计产品参数。本节介绍常用的现代机械设计方法。

1.3.1　可靠性设计

可靠性设计是把概率论与数理统计理论运用到机械设计中,并将可靠度指标引进到机械设计中的一种方法。

传统的安全系数设计方法认为,零件一旦满足强度设计准则,就是安全的,但在机械日益向耐高温、高速、重载方向发展,结构日益复杂,使用条件愈加苛刻的情况下,它已很难说明所设计的零件究竟在多大的程度上是安全的。可靠性设计方法认为载荷、材料性能、强度及零件的尺寸皆属于某种概率分布的统计值,应用概率统计理论及强度理论,求出在给定条件下零件不产生破坏的概率公式,从而求出在给定可靠度条件下零件的尺寸或该尺寸下零件的安全系数。

可靠性设计内容主要有可靠性理论基础和可靠性设计工程两部分,前者包括可靠性数学和物理,后者涵盖可靠性设计、试验、制造、使用、维修和管理等内容。目前集中研究方向之一为可靠性预测,即在设计阶段从所得到的失效概率数据,预报零件或系统实际可能达到的可靠度及在规定的条件下和规定的时间内完成规定功能的概率。另一研究方向为可靠性分配,即将系统容许的失效概率合理地分配给该系统的零部件。在系统可靠性分配中应用最优化方法,即可靠性优化设计,也是可靠性设计的研究方向之一。

可靠性设计的数值指标,常用可靠度、失效概率、平均寿命、有效寿命、维修度、有效度和重要度等表示。

1.3.2　动态分析设计

传统机械设计方法是一种静态或稳态分析设计方法,为满足机械具有良好的静、动态特性和低振动、低噪声的要求,必须对机械系统进行动态分析设计。动态分析设计是基于控制论的一种现代设计方法,是指根据一定的动载工况,根据对设计对象提出的功能要求及设计准则,按照结构动力学的分析方法和实验方法,对机械进行分析和设计。

机械系统动态分析设计的主要研究内容包括三大方面:第一方面为响应预估,即已知激励(输入)及系统特性,研究其响应(输出),用于确定机械结构的动强度、动刚度、振动及噪声等;第二方面为系统辨识,即已知激励(输入)和响应,研究系统特性,用于获取机械结构中的共振频率及有害振型;第三方面为载荷(输入)识别,即已知系统特性和响应,研究输入,用于实现工作环境模拟,以便进行疲劳寿命实验及强化实验等。

1.3.3　最优化设计

最优化设计法是根据最优化原理和方法综合各方面的因素,以人机配合的方式或自动搜索方式,借助计算机进行半自动或自动设计,寻求在现有工程条件下的最优设计方案的一种现代设计方法。

最优化设计包括两个方面的内容:一是将工程实际问题抽象成为最优化的数学模型;二是应用最优化数值方法,通过迭代来逼近这个数学模型的解。机械零件最优化设计过程大致为:建立目标函数和确定设计变量,给出约束条件,采用合适的最优化方法,通过计算机求解数学模型。

由于当今的机械设计问题,已从单纯的对产品进行功能、强度和结构等设计的范畴,扩展到设计产品的全寿命周期,也就是要设计产品的规划、设计、制造、经销、运行、使用、维修保养,直到回收再处理的全过程,广义的最优化设计自然包含以上全过程的设计理论、技术和方法的方方面面的内容。

1.3.4　虚拟设计

虚拟设计基于虚拟现实技术,通过对客观世界的信息建模形成逼真的三维虚拟环境,并通过人与虚拟环境多感知通道实现视觉感知、听觉感知、触觉感知、运动感知、味觉感知和嗅觉感知等,通过沉浸感的自然交互,实时地向用户提供逼真的感知信息,使设计者可以不受时空和生理条件的限制,去感知和研究复杂事件在各种假想条件下的发生和发展过程。

虚拟设计包括虚拟装配设计、虚拟人机工程学设计和虚拟性能设计等应用领域。借助虚拟设计,可将产品从概念设计到投入使用的全过程(产品的生命周期)在虚拟环境中虚拟地实现,既达到对产品的物质形态和制造过程的模拟和可视化,还能完成对产品的性能、行为功能以及在产品实现的各个阶段中的实施方案进行预测、评价和优化。

虚拟设计基于并行工程,在产品的概念设计阶段就可以迅速地分析和比较多种设计方案,确定影响产品总体性能的关键参数,并通过可视化技术设计产品,预测产品在真实工况下的行为特征以及所具有的行为响应,从而使产品获得最优工作性能。虚拟设计通过计算机技术建立产品的数字化仿真模型(虚拟样机),可以完成任意次物理样机无法进行的虚拟试验,故虚拟设计将实现更低的研发成本、更短的研发周期、更高的产品质量。

1.3.5　并行设计

并行设计是一种对产品及其相关过程(包括制造过程和支持过程)进行并行和集成设计的系统化工作模式,是一种集成、并行地处理产品的设计制造及其相关过程的系统方法。其思想是要求产品的设计开发者在产品开发的初始阶段,即规划和设计阶段,就以并行的方式综合考虑产品整个生命周期中的所有阶段,包括工业规划、制造、装配、试验、经销、运输、使用、维修、保养,直至回收再处理等环节,以降低产品成本,提高设计质量。

与传统的串行方法相比,并行设计强调在产品开发的初始阶段就全面考虑产品生命周期的后续活动对产品综合性能的影响因素,建立产品生命周期中各阶段间性能的继承和约束关系及产品各方面属性之间的联系,以追求产品在全生命周期中综合性能最优。

并行设计的研究内容有:资源优化配置模型、任务转移模型、并行工程集成度、并行工程决策评价等。

1.3.6 绿色设计

绿色设计是 20 世纪 90 年代初期围绕在发展经济的同时,如何节约资源、有效利用能源和保护环境的问题而提出的新的设计概念和方法,被认为是实现可持续发展的一种有效途径,已成为现代设计技术的研究热点和主要内容。

绿色设计的最终产品是绿色产品。所谓绿色产品是指在其全生命周期中,符合特定的环境保护要求,对生态环境无害或危害极少,资源利用率最高,能源消耗最低的产品。绿色设计是指在产品整个生命周期内,着重考虑产品环境属性(可拆卸性、可回收性、可维护性、可重复利用性等),并将其作为设计目标,在满足环境目标要求的同时,保证产品应有的功能、使用寿命、质量等。

绿色设计方法的主要研究内容有:绿色设计的材料选择与管理,产品的可回收性设计,产品的装配与可拆卸性设计,产品的包装设计,绿色产品的成本分析,绿色产品设计的数据库与知识库等。

1.3.7 智能设计

智能设计是指将智能优化设计方法应用到产品设计中,利用计算机模拟人的思维活动进行辅助决策,以建立支撑产品设计的智能设计系统。当前,数据挖掘、数据预处理、数据分析技术结合各类智能算法,为装备的智能设计提供了有效技术手段。

智能设计的特点如下。

(1) 以设计方法学为指导。智能设计的发展,从根本上取决于对设计本质的理解。设计方法学对设计本质、过程设计思维特征及其方法学的深入研究是智能设计模拟人工设计的基本依据。

(2) 以人工智能技术为实现手段。借助专家系统技术在知识处理上的强大功能,结合人工神经网络和机器学习技术,较好地支持设计过程自动化。

(3) 以传统 CAD 技术为数值计算和图形处理工具。提供对设计对象的优化设计、有限元分析和图形显示输出上的支持。

(4) 面向集成智能化。不但支持设计的全过程,而且考虑到与 CAM 的集成,提供统一的数据模型和数据交换接口。

(5) 提供强大的人机交互功能。使设计师对智能设计过程的干预,即与人工智能融合成为可能。

自测题 1

第2章 机械零件的疲劳强度

【教学导读】

机械零件在变应力作用下的疲劳强度准则是重要的设计准则。通常认为,对于在机械零件整个工作寿命期间应力变化次数大于 10^4 的零件,可按照疲劳强度来设计校核。本章介绍材料的疲劳曲线、零件的极限应力图以及各种变应力情况下零件安全系数的计算方法。

2-1

【课前问题】

(1) 描述变应力的 5 个基本参数分别是什么? 其中独立参数是几个?

(2) 汽车板簧、起重机减速器中齿轮齿根应力各属于哪种变应力?

(3) 举例说明哪些零件工作应力的变化规律符合最小应力和平均应力为常数?

2-2

【课程资源】

拓展资源:有效应力集中系数;尺寸系数;表面状况系数。

2-3

随时间变化而变化的应力称为变应力。如果零件工作时产生变应力,则对应的强度为疲劳强度。强度计算的主要工作是确定应力 σ 或者安全系数 S。本章阐述各种变应力情况下安全系数的计算方法。

2.1 疲劳曲线和极限应力图

2.1.1 材料的疲劳曲线

由材料力学可知,材料的疲劳曲线是在材料、变形种类和循环特性系数 r 一定的情况下,应力循环次数 N 与刚好发生疲劳断裂时的应力 σ_{rN} 的关系曲线。线性坐标和对数坐标的疲劳曲线分别如图 2-1(a)和(b)所示。

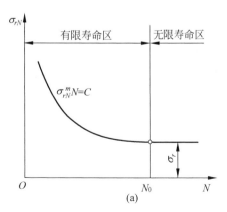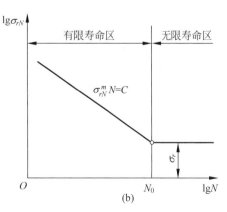

图 2-1 疲劳曲线

在有限寿命区,循环次数 N 越大,相应的疲劳极限 σ_{rN} 越小。其最小值为 σ_r,是循环基数 N_0 所对应的疲劳极限。在有限寿命区内,疲劳曲线方程为

$$\sigma_{rN}^m N = C(常数) = \sigma_r^m N_0$$

故 $$\sigma_{rN} = \sqrt[m]{N_0/N} \cdot \sigma_r = k_N \sigma_r \qquad (2\text{-}1)$$

式中, k_N ——寿命系数, $k_N = \sqrt[m]{N_0/N}$;

m ——疲劳曲线实验常数。

对于钢材, $m = 6 \sim 20$, $N_0 = (1 \sim 10) \times 10^6$ 。初步计算时,钢制零件受弯曲疲劳时,中等尺寸零件取 $m = 9$ 、 $N_0 = 5 \times 10^6$;大尺寸零件取 $m = 9$ 、 $N_0 = 10^7$ 。当 $N \geqslant N_0$ 时, $k_N = 1$,即无限寿命是指 $N \geqslant N_0$ 时的寿命,其疲劳极限 $\sigma_{rN} = \sigma_r$ 。

2.1.2　极限应力图

由材料力学可知,同种材料在同种变形、不同循环特性系数 r 下,持久极限 σ_r 不同。图 2-2(a)所示 $A'D'B$ 曲线为 σ_m-σ_a 表示的极限应力图,塑性材料的简化极限应力图如图 2-2(a)所示的 $A'D'G'C$ 折线。

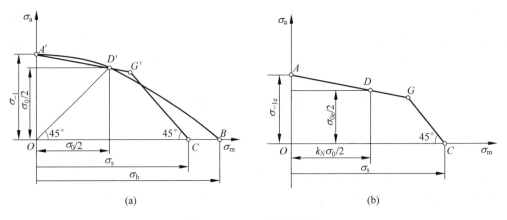

(a)　　　　　　　　　　　　　　(b)

图 2-2　 σ_m-σ_a 极限应力图

由材料制成的具体零件,由于存在应力集中,其尺寸往往比试件大,而且表面加工质量往往比试件差,故疲劳强度有所降低。由于直接影响疲劳强度的应力成分是应力幅,故极限应力幅有所降低。此外,考虑到有限寿命, σ_{-1} 和 σ_0 要乘以寿命系数 k_N ,因此,零件的 σ_m-σ_a 极限应力图简化折线应如图 2-2(b)所示。零件对称循环疲劳极限 σ_{-1e} 和脉动循环疲劳极限 σ_{0e} 分别为

$$\sigma_{-1e} = k_N \sigma_{-1}/K_\sigma \qquad (2\text{-}2)$$

$$\sigma_{0e} = k_N \sigma_0/K_\sigma \qquad (2\text{-}3)$$

$$K_\sigma = \frac{k_\sigma}{\varepsilon_\sigma \beta_\sigma} \qquad (2\text{-}4)$$

式中, K_σ ——综合影响系数;

k_σ ——有效应力集中系数;

ε_σ——尺寸系数；

β_σ——表面状况系数。

k_σ、ε_σ、β_σ 等系数与材料性能、零件类型、变形种类、应力集中来源、尺寸大小和表面状况等有关，有关的数据可查设计手册或专门资料。

图 2-2(a)中 $A'G'$ 线斜率 ψ_σ（也称为材料特性系数）、图 2-2(b)中 AG 线斜率 $\psi_{\sigma e}$ 的计算公式分别为

$$\psi_\sigma = \tan\gamma' = \frac{\sigma_{-1} - \sigma_0/2}{\sigma_0/2} = (2\sigma_{-1} - \sigma_0)/\sigma_0 \tag{2-5}$$

$$\psi_{\sigma e} = \tan\gamma = \frac{\left(\dfrac{k_N \sigma_{-1}}{K_\sigma}\right) - \left(\dfrac{k_N \sigma_0}{2K_\sigma}\right)}{k_N \sigma_0/2} = \frac{\psi_\sigma}{K_\sigma} \tag{2-6}$$

2.2　稳定变应力下零件安全系数的计算

2.2.1　单向应力时安全系数的计算

2-4

安全系数是极限应力与工作应力的比值，极限应力通过极限应力图确定。下面分析 3 种常见情况下机械零件的极限应力和安全系数的计算。

1. 循环特性系数 r 为常数

已知实际工作应力点 $M(\sigma_m, \sigma_a)$，则相应的极限应力点 $M'(\sigma'_m, \sigma'_a)$（见图 2-3）应是 OM 与 AGC 折线的交点。工作应力点 M 的纵、横坐标比值为

$$\frac{\sigma_a}{\sigma_m} = \frac{(\sigma_{\max} - \sigma_{\min})/2}{(\sigma_{\max} + \sigma_{\min})/2} = \frac{1 - \sigma_{\min}/\sigma_{\max}}{1 + \sigma_{\min}/\sigma_{\max}} = \frac{1-r}{1+r} = 常数 \tag{2-7}$$

当载荷加大直至应力达到 M' 时刚好产生疲劳破坏，故安全系数 S 为

$$S = \frac{\sigma'_{\max}}{\sigma_{\max}} = \frac{\sigma'_m + \sigma'_a}{\sigma_m + \sigma_a} = \frac{k_N \sigma_{-1}}{K_\sigma \sigma_a + \psi_\sigma \sigma_m} \tag{2-8}$$

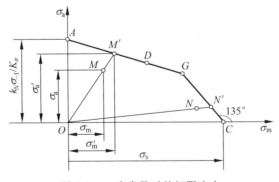

图 2-3　r 为常数时的极限应力

对于工作应力点 N（见图 2-3），当载荷加大直至应力达到 N' 点时，将产生静力破坏，此时，

$$S = \frac{\sigma'_{max}}{\sigma_{max}} = \frac{\sigma'_m + \sigma'_a}{\sigma_m + \sigma_a} = \frac{\sigma_s}{\sigma_m + \sigma_a} \tag{2-9}$$

多数受弯曲或扭转的回转轴的弯曲应力或扭转应力的循环特性系数 r 为常数。

2. 平均应力 σ_m 为常数

过已知的工作应力点 M（或 N）作与 σ_m 坐标轴相垂直的直线，该直线与 AG（或 GC）线相交，得到极限应力点 M'（或 N'）（见图 2-4）。

工作应力点 M 的安全系数计算公式为

$$S = \frac{k_N \sigma_{-1} + (K_\sigma - \psi_\sigma)\sigma_m}{K_\sigma(\sigma_m + \sigma_a)} \tag{2-10}$$

振动中的弹簧，就是 σ_m 为常数的一个典型例子。

3. 最小应力 σ_{min} 为常数

过已知的工作应力点 M（或 N）作与 σ_m 坐标轴成 $45°$ 的斜线，该斜线和 AG（或 GC）线相交，得到极限应力点 M'（或 N'）（见图 2-5）。

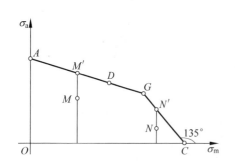

图 2-4　σ_m 为常数时的极限应力

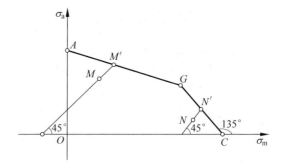

图 2-5　σ_{min} 为常数时的极限应力

M 点对应的安全系数计算公式为

$$S = \frac{2k_N \sigma_{-1} + (K_\sigma - \psi_\sigma)\sigma_{min}}{(K_\sigma + \psi_\sigma)(\sigma_{min} + 2\sigma_a)} \tag{2-11}$$

经预紧的螺栓承受变载荷作用时，属于最小应力 σ_{min} 为常数的一个典型例子。

不论何种情况，极限应力点落在 GC 线上时，安全系数计算公式均为式(2-9)。

除了用计算公式计算安全系数 S 外，还可以用图解法求解（见例 2-1）。运用定义式 $S = (\sigma'_m + \sigma'_a)/(\sigma_m + \sigma_a)$，在 σ_m-σ_a 的简化折线图中测量 σ'_m 和 σ'_a，然后计算 S。

将式(2-1)～式(2-11)中的正应力符号 σ 均换成剪应力符号 τ，就得到剪应力下各参数的计算公式。

例 2-1　某一合金钢零件，材料的屈服极限 $\sigma_s = 780$ N/mm^2，对称循环疲劳极限 $\sigma_{-1} = 400$ N/mm^2，材料特性系数 $\psi_\sigma = 0.2$，零件某剖面的有效应力集中系数 $k_\sigma = 1.26$，尺寸系数 $\varepsilon_\sigma = 0.70$，表面状况系数 $\beta_\sigma = 1$，承受变应力作用，最大应力 $\sigma_{max} = 318$ N/mm^2，最小应力 $\sigma_{min} = 60$ N/mm^2，该零件循环特性系数 r 为常数，寿命系数 $k_N = 1$。试求：(1)零件该剖面的简化的 σ_m-σ_a 极限应力图；(2)用图解法求安全系数，并用公式验证之。

解 解题过程见下表:

计算项目及说明	结　　果
1. 绘图参数的计算	
综合影响系数 K_σ。由式(2-4),$K_\sigma=\dfrac{k_\sigma}{\varepsilon_\sigma\beta_\sigma}=\dfrac{1.26}{0.78\times 1}$	$K_\sigma=1.615$
该剖面极限应力 σ_{-1e}。由式(2-2),$\sigma_{-1e}=k_N\sigma_{-1}/K_\sigma=1\times 400/1.615\ \text{N/mm}^2$	$\sigma_{-1e}=248\ \text{N/mm}^2$
AG 线倾斜角 γ。由式(2-6),$\gamma=\arctan(\psi_\sigma/K_\sigma)=\arctan(0.2/1.615)$	$\gamma=7°3'34''$
该剖面简化的 $\sigma_{\rm m}$-$\sigma_{\rm a}$ 极限应力图如图 2-6 所示	
2. 用图解法求安全系数 S	
工作应力幅 $\sigma_{\rm a}$。$\sigma_{\rm a}=(\sigma_{\max}-\sigma_{\min})/2=(318-60)/2\ \text{N/mm}^2$	$\sigma_{\rm a}=129\ \text{N/mm}^2$
工作平均应力 $\sigma_{\rm m}$。$\sigma_{\rm m}=(\sigma_{\max}+\sigma_{\min})/2=(318+60)/2\ \text{N/mm}^2$	$\sigma_{\rm m}=189\ \text{N/mm}^2$
极限应力幅 $\sigma'_{\rm a}$。由图 2-6 测得 M' 点纵坐标值	$\sigma'_{\rm a}=205\ \text{N/mm}^2$
极限平均应力 $\sigma'_{\rm m}$。由图 2-6 测得 M' 点横坐标值	$\sigma'_{\rm m}=312\ \text{N/mm}^2$
安全系数 S。$S=\dfrac{\sigma'_{\rm a}+\sigma'_{\rm m}}{\sigma_{\rm a}+\sigma_{\rm m}}=\dfrac{205+312}{129+189}$	$S=1.626$
3. 用公式法计算安全系数 S	
安全系数 S。由式(2-8),$S=\dfrac{k_N\sigma_{-1}}{K_\sigma\sigma_{\rm a}+\psi_\sigma\sigma_{\rm m}}=\dfrac{1\times 400}{1.615\times 129+0.2\times 189}$	$S=1.625$

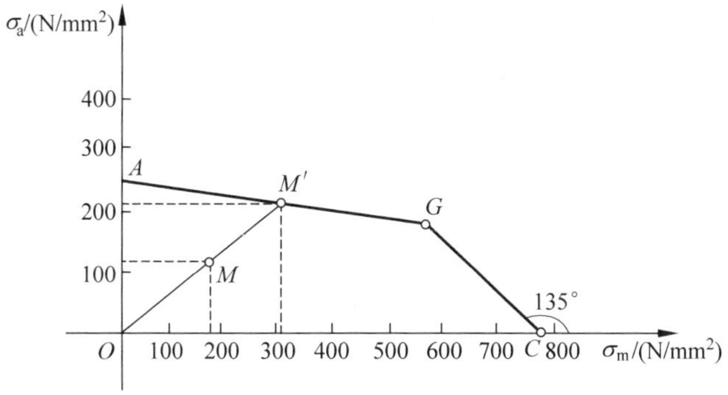

图 2-6　简化的 $\sigma_{\rm m}$-$\sigma_{\rm a}$ 极限应力图

2.2.2　双向应力时安全系数的计算

零件同一剖面上同时有正应力 σ 和剪切力 τ 作用,例如,转轴同时受弯曲载荷和扭转载荷。由材料力学可知,对于双向应力,当循环特性系数 r 均为常数时,总安全系数 S 的计算公式为

$$\begin{cases} S=\dfrac{S_\sigma S_\tau}{\sqrt{S_\sigma^2+S_\tau^2}} \\[2mm] S_\sigma=\dfrac{k_N\sigma_{-1}}{K_\sigma\sigma_{\rm a}+\psi_\sigma\sigma_{\rm m}} \\[2mm] S_\tau=\dfrac{k_N\tau_{-1}}{K_\tau\tau_{\rm a}+\psi_\tau\tau_{\rm m}} \end{cases} \qquad (2\text{-}12)$$

式中，S_σ 和 S_τ——单向应力下，循环特性系数 r 均为常数时的安全系数，按式(2-8)计算。

2.3　规律性不稳定变应力下零件安全系数的计算

周期性变化的载荷产生规律性不稳定变应力。例如自动机床中、自动生产线上的设备中的各零件的应力就是规律性不稳定的变应力。图 2-7 表示某零件的某一剖面上的应力变化情况。图 2-8(a)将每一种应力 σ_{max} 及其总循环次数 n_i 表示在一张图中，简称为应力谱；图 2-8(b)是该零件的疲劳曲线，并将图 2-8(a)中各 $\sigma_i \times n_i$ 的长方形置于图 2-8(b)中。

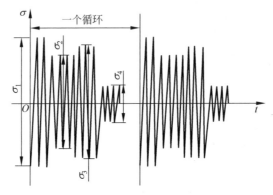

图 2-7　规律性不稳定变应力

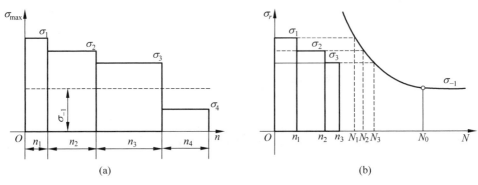

(a)　　　　　　　　　　　　　　(b)

图 2-8　应力谱及其在疲劳曲线中的损伤率
(a) 应力谱；(b) 疲劳曲线

在图 2-8(b)中，在 σ_1 作用下，若循环次数达到 N_1 时，则刚好要产生疲劳破坏。然而，实际循环次数 n_1 不等于 N_1，若 $n_1 < N_1$，则零件仅仅在 σ_1 作用下循环 n_1 次，不足以使零件疲劳破坏，但是对零件有一定的损伤作用，损伤率为 n_1/N_1。同理，σ_2、σ_3 的损伤率分别为 n_2/N_2、n_3/N_3。σ_4 小于疲劳极限 σ_{-1}，即使 $n_4 \to \infty$ 也不产生损伤作用，所以不计其损伤率。

根据疲劳损伤线性累积假说（即 Miner 法则），当零件受 z 个大于疲劳极限 σ_{-1} 的应力作用的损伤率之和达到 100% 时，将刚好产生疲劳破坏。Miner 法则数学表达式为

$$\sum_{i=1}^{z} \frac{n_i}{N_i} = 1 \tag{2-13}$$

式(2-13)是理论公式,实际上若先作用大的应力,或短时过载,使初始裂纹容易产生,则累计损伤率小于 100% 就将产生疲劳破坏。反之,若先作用小的应力,且无短时过载,则累计损伤率大于 100% 才会产生疲劳破坏。所以,实际上应将 Miner 法则修正为

$$\sum_{i=1}^{z} \frac{n_i}{N_i} = 0.7 \sim 2.2 \tag{2-14}$$

对于有限寿命,根据式(2-1),可求得每一级应力 σ_i 相应的循环次数 N_i 为

$$N_i = N_0 (\sigma_{-1}/\sigma_i)^m \tag{2-15}$$

将式(2-15)代入式(2-13),可得

$$\sum_{i=1}^{z} \sigma_i^m n_i = \sigma_{-1}^m N_0 = \sigma_v^m N_v \tag{2-16}$$

式中,σ_v 和 N_v 分别为当量应力和当量循环次数,由式(2-16)可得

$$N_v = \sum_{i=1}^{z} \left(\frac{\sigma_i}{\sigma_v} \right)^m n_i \tag{2-17}$$

σ_v 由各 σ_i 中选一个,一般取 $\sigma_v = \sigma_1$(最大的一个应力)。求出 N_v 后,将其代入式(2-1),可得当量寿命系数 k_{Nv} 与当量疲劳极限 σ_{-1v} 分别为

$$k_{Nv} = \sqrt[m]{N_0 / N_v} \tag{2-18}$$

$$\sigma_{-1v} = k_{Nv} \sigma_{-1} \tag{2-19}$$

在规律性不稳定变应力作用下,式(2-2)~式(2-12)均可以用。应注意:寿命系数 k_N 要用当量寿命系数 k_{Nv},而 σ_m、τ_m、τ_a 则应该用所选的当量应力 σ_v 相应的值。

例 2-2　已知某轴中某剖面的弯矩图谱如图 2-9 所示。轴的转速 $n = 41$ r/min,要求该轴工作 10 年,每年 330 天,每天 19.5 h。轴的循环基数 $N_0 = 10^7$,疲劳曲线实验常数 $m = 9$,循环特性系数 $r = -1$,危险剖面直径 $d = 180$ mm,有效应力集中系数 $k_\sigma = 1.2$,尺寸系数 $\varepsilon_\sigma = 0.85$,表面状态系数 $\beta_\sigma = 1$,轴材料的对称循环疲劳极限 $\sigma_{-1} = 275$ N/mm²。求:(1)以 M_1 产生的弯曲应力 σ_1 为当量应力时的当量循环次数 N_v;(2)该剖面的当量疲劳极限 σ_{-1v}。

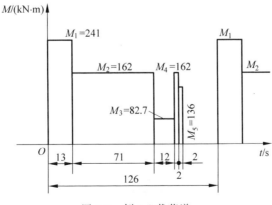

图 2-9　例 2-2 载荷谱

解 解题过程见下表：

计算项目及说明	结　果
1. 零件该剖面上各个应力	
该剖面抗弯剖面模量，$W=0.1d^3=0.1\times180^3$ mm^3	$W=5.832\times10^5$ mm^3
各弯曲应力，$\sigma_1=M_1/W=241\times10^6/(5.832\times10^5)$ N/mm^2	$\sigma_1=413$ N/mm^2
$\sigma_2=M_2/W=162\times10^6/(5.832\times10^5)$ N/mm^2	$\sigma_2=278$ N/mm^2
$\sigma_3=M_3/W=82.7\times10^6/(5.832\times10^5)$ N/mm^2	$\sigma_3=142$ N/mm^2
$\sigma_4=M_4/W=162\times10^6/(5.832\times10^5)$ N/mm^2	$\sigma_4=278$ N/mm^2
$\sigma_5=M_5/W=136\times10^6/(5.832\times10^5)$ N/mm^2	$\sigma_5=233$ N/mm^2
2. 各应力相应的循环次数	
总循环次数，$n_T=10\times330\times19.5\times60\times41$	$n_T=1.583\times10^8$
各应力作用次数，$n_1=n_T\times13/126=1.583\times10^8\times13/126$	$n_1=1.633\times10^7$
$n_2=n_T\times71/126=1.583\times10^8\times71/126$	$n_2=8.92\times10^7$
$n_3=n_T\times12/126=1.583\times10^8\times12/126$	$n_3=1.508\times10^7$
$n_4=n_T\times2/126=1.583\times10^8\times2/126$	$n_4=0.25\times10^7$
$n_5=n_T\times2/126=1.583\times10^8\times2/126$	$n_5=0.25\times10^7$
3. 当量循环次数 N_v 与当量寿命系数 k_{Nv}	
取当量应力 $\sigma_v=\sigma_1$，因为 $\sigma_3<\sigma_{-1}$，所以 σ_3 不计入	
由式(2-17)	
$N_v=\left(\dfrac{\sigma_1}{\sigma_1}\right)^m n_1+\left(\dfrac{\sigma_2}{\sigma_1}\right)^m n_2+\left(\dfrac{\sigma_4}{\sigma_1}\right)^m n_4+\left(\dfrac{\sigma_5}{\sigma_1}\right)^m n_5$	
$=\left[1.633+\left(\dfrac{278}{413}\right)^9\times8.92+\left(\dfrac{278}{413}\right)^9\times0.25+\left(\dfrac{233}{413}\right)^9\times0.25\right]\times10^7$	$N_v=1.89\times10^7$
由式(2-18)，$k_{Nv}=\sqrt[m]{N_0/N_v}=\sqrt[9]{10^7/(1.89\times10^7)}$	$k_{Nv}=0.932$
4. 该剖面上的当量疲劳极限 σ_{-1v}	取 $k_{Nv}=1$
由式(2-2)及式(2-4)，$\sigma_{-1v}=k_{Nv}\sigma_{-1}/K_\sigma=k_{Nv}\sigma_{-1}\varepsilon_\sigma\beta_\sigma/k_\sigma$	
$=1\times275\times0.85\times1/1.2$ N/mm^2	$\sigma_{-1v}=195$ N/mm^2

习　　题

2-1　已知某材料的对称循环疲劳极限 $\sigma_{-1}=180$ N/mm^2，循环基数 $N_0=5\times10^6$，指数 $m=9$，试求循环次数 N 分别为 7000 和 25 000 时的疲劳极限 σ_{-1N}。

2-2　已知材料的屈服极限 $\sigma_s=360$ N/mm^2，对称循环疲劳极限 $\sigma_{-1}=170$ N/mm^2，材料特性系数 $\psi_\sigma=0.2$，此材料做成的轴某剖面有效应力集中系数 $k_\sigma=1.66$，尺寸系数 $\varepsilon_\sigma=0.82$，表面状况系数 $\beta_\sigma=0.92$，工作应力的平均应力 $\sigma_m=20$ N/mm^2，应力幅 $\sigma_a=30$ N/mm^2，寿命系数 $k_N=1$。试：

（1）绘制材料简化的 σ_m-σ_a 图和轴在该剖面简化的 σ_m-σ_a 图。

（2）用图解法求 r 和 σ_m 均为常数时轴在该剖面的安全系数，并用公式验证之。

自测题 2

第3章 摩擦、磨损及润滑

【教学导读】

　　摩擦、磨损及润滑是摩擦学研究范畴的内容。摩擦是引起能量损耗的主要因素；磨损是造成零件失效和材料损耗的主要原因；而润滑则是减小摩擦和磨损的有效手段。本章介绍摩擦和磨损的分类和机理，润滑剂性能，形成油膜的动压和静压原理，以及弹性流体动力润滑的基本知识。

【课前问题】

　　(1) 关于摩擦机理有哪些理论？黏附理论是如何解释金属表面摩擦机理的？

　　(2) 零件的磨损过程大致可分为几个阶段？各有什么特点？如何利用磨损曲线进行零件的故障诊断？

　　(3) 润滑剂的主要性能指标有哪些？设计时如何考虑？

【课程资源】

　　拓展资源：摩擦学研究进展；绿色润滑剂。

3-1

3-2

　　摩擦学(tribology)是研究做相对运动的两零件表面间相互作用及其有关理论与实践的一门学科。它的基本内容是研究工程表面的摩擦、磨损和润滑问题。摩擦(friction)能引起能量转换而消耗能量，磨损(wear)则使摩擦表面损坏并造成材料损耗，润滑(lubrication)是减少摩擦、磨损的重要手段。这三者是相互联系的。

3.1 摩　　擦

　　相互接触的两物体在外力的作用下发生相对运动或有相对运动趋势时，在接触面上就会产生抵抗运动的阻力，这种现象称为摩擦，这时所产生的阻力称为摩擦力。

　　摩擦可分为两大类：一类是发生在物体内部，阻碍分子间相对运动的内摩擦；另一类是在接触表面上产生的阻碍两物体相对运动的外摩擦。根据做相对运动两物体位移形式的不同，摩擦又可分为滑动摩擦与滚动摩擦。本节讨论的是金属表面间滑动摩擦。

　　根据摩擦面间存在润滑剂的情况，滑动摩擦可分为干摩擦、边界摩擦(又称为边界润滑)、液体摩擦(又称为液体润滑)及混合摩擦(又称为混合润滑)，如图 3-1 所示。其中干摩擦的摩擦因数最大，液体摩擦的摩擦因数最小。

1. 干摩擦

　　两摩擦表面间直接接触，不加入任何润滑剂的摩擦称为干摩擦。工程实际中，并不存在真正的干摩擦，因为在任何零件的表面总存在一层氧化膜和污染膜。在机械设计中，通常把人们无意加以润滑而又不会出现明显润滑现象的摩擦当作干摩擦处理。

　　工程设计中，常用库仑摩擦定律(古典摩擦定律)来揭示摩擦现象和计算摩擦力。库仑摩擦定律是基于实验建立的定律，虽然过去了几百年，它仍被认为是合理的。但近代对摩擦

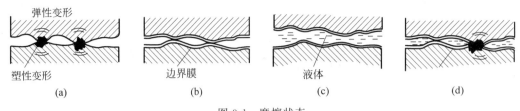

图 3-1　摩擦状态

(a) 干摩擦；(b) 边界摩擦；(c) 液体摩擦；(d) 混合摩擦

的深入研究发现，库仑摩擦定律与实际情况有许多不尽符合的地方，如：对于极硬材料(如金刚石)或极软材料(如聚四氟乙烯)，摩擦力与法向载荷不呈线性关系；当粗糙度低到一定程度时，两相对滑动摩擦表面的摩擦力随着表面粗糙度的降低而增大；当滑动速度较大时，摩擦力与速度有关。

　　关于摩擦机理，有多种学派，其中由英国的 Bowden 和 Tabor 建立的黏着摩擦理论对于摩擦磨损研究具有重要意义，现简介如下。

　　当两金属表面接触时，由于表面是粗糙的，所以不是整个金属表面接触，只是某些凸峰接触，形成接触斑点的微面积，如图 3-2 所示。由于真实接触面积(A_r)只有表面接触面积的 $0.01\% \sim 1\%$，在法向载荷 F_N 的作用下，接触斑点上的压应力很容易达到材料的压缩屈服极限而产生塑性流动，如图 3-3(a)所示。接触点处受到高压力和塑性变形后，金属表面膜遭到破坏，在表面分子结合力的作用下，接触斑点牢固地黏结在一起，发生金属表面的黏着现象。当两金属表面相对滑动时，黏着结点被剪断。设黏着结点的剪切极限为 τ_B，则黏着剪切力总和为 $F_T = A_r \tau_B$。摩擦过程就是黏着和滑动交替进行的过程。摩擦力 F_f 等于黏着效应和犁刨效应产生阻力的总和，即 $F_f = F_T + F_P$，F_P 为犁刨力。相应的摩擦因数 $f = f_a + f_m$，其中 f_a 为黏着分量，f_m 为犁刨分量。除了磨粒磨损外，多数切削加工表面的干摩擦因数可忽略 f_m，故 $f = f_a = F_f/F_N = F_T/F_N$，其中 $F_N = A_r \sigma_s$，经整理得

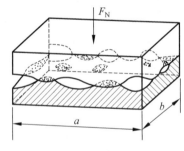

图 3-2　接触面积

$$f = \tau_B / \sigma_s \tag{3-1}$$

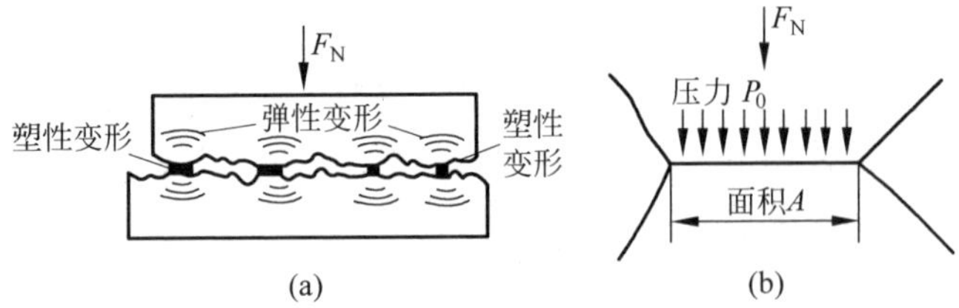

塑性变形　弹性变形　塑性变形

(a)　　　　　　　(b)

图 3-3　黏着

　　一般金属表面膜的剪切极限 τ_f 很低($\tau_f \ll \tau_B$)，当剪切发生在界面上，摩擦因数 f 为

$$f = \tau_f / \sigma_s \tag{3-2}$$

式(3-1)和式(3-2)可以在相当大的范围内解释干摩擦现象。

2．边界摩擦（边界润滑）

边界摩擦是指做相对运动的两金属表面被极薄的边界膜（润滑膜）隔开，两表面之间的摩擦和磨损不是取决于润滑剂的黏度，而是取决于两表面和润滑剂的特性。边界膜有物理吸附膜、化学吸附膜和化学反应膜。

（1）物理吸附膜。当润滑油与金属接触时，靠分子吸力使润滑油中极性分子定向排列吸附在金属表面上，形成物理吸附膜，如图 3-4 所示。在吸附膜中极性分子相互平行，并都垂直于摩擦表面，吸附膜通常由三、四层分子组成，这些极性分子彼此聚集在一起，形成一种能防止粗糙凸峰穿透、避免金属直接接触的薄膜。当两摩擦表面相对滑动时，剪切仅在吸附膜各分子层间进行，所以摩擦因数较低。物理吸附膜很弱，吸附和脱附完全可逆，在高温时容易脱附，所以适用于常温、低速与轻载。

（2）化学吸附膜。润滑剂吸附在金属表面上以后，一些极性分子的有价电子将与金属或其氧化表面的电子发生交换而产生新的化合物，使金属的极性分子定向排列吸附在金属表面上，形成化学吸附膜。化学吸附膜的形成是不可逆的。化学吸附膜适宜在中等载荷、中等温度和中等滑动速度条件下工作。

（3）化学反应膜。化学反应膜是润滑油中的硫、磷、氯等有机化合物在较高的温度下与金属表面发生化学反应而生成的油膜。化学反应膜熔点高，抗剪强度低，比任何吸附膜都要稳定得多，这种反应是不可逆的，一般用于高速、重载和高温条件下润滑。

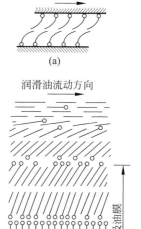

图 3-4　物理吸附边界膜模型

合理选择摩擦副材料和润滑剂，降低零件表面粗糙度，在润滑剂中加入油性添加剂和极压添加剂，都能提高边界膜的强度。

3．液体摩擦（液体润滑）

两摩擦表面被一层具有一定压力、一定厚度、连续的流体润滑剂完全隔开，摩擦性质取决于液体内部分子间黏性阻力的摩擦，称为液体摩擦。

液体摩擦的摩擦阻力小，理论上不发生磨损，是理想的摩擦状态。

4．混合摩擦（混合润滑）

在实际应用中，有较多的摩擦副处于干摩擦、边界摩擦和液体摩擦的混合状态，这种摩擦称为混合摩擦。

研究表明，摩擦副处于何种摩擦润滑状态，可用膜厚比 λ 来表征，即

$$\lambda = \frac{h_{\min}}{R_{a1} + R_{a2}} \tag{3-3}$$

式中，$h_{\min}$——两摩擦表面最小油膜厚度；

R_{a1}、R_{a2}——两摩擦表面轮廓的算术平均偏差。

当 $\lambda \leqslant 1$ 时摩擦副处于边界摩擦润滑状态；当 $1 < \lambda < 5$ 时摩擦副处于混合摩擦状态；当 $\lambda > 5$ 时摩擦副处于液体摩擦润滑状态。

图 3-5 所示为滑动轴承摩擦特性曲线,反映了滑动轴承在各种摩擦润滑状态下,摩擦因数 f 随轴承特性系数 $\eta n/p$(η 为润滑油动力黏度,n 为相对转速,p 为单位面积载荷)的变化规律。在边界摩擦润滑时,f 的变化很小,进入混合摩擦润滑后,f 急剧减小,直到 $\eta n/p$ 达到某一临界值,f 达到最小值,之后随 $\eta n/p$ 的增加,油膜厚度也增加,油膜中的总内摩擦阻力相应有所增加,因而 f 将略有增加。

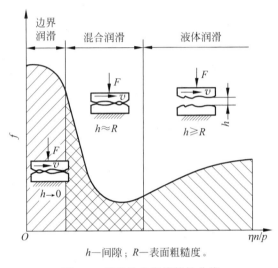

h—间隙; R—表面粗糙度。

图 3-5　滑动轴承摩擦特性曲线

近年来,学者提出了介于液体润滑和边界润滑之间的薄膜润滑,以填补液体润滑和边界润滑之间上述的空白区。薄膜润滑研究不仅对于深化润滑和磨损理论具有重要意义,而且也是现代科学技术发展的需要,具有广泛的应用前景。例如:薄膜润滑已成为保证一些高科技设备和超精密机械正常工作的关键技术;传统机械零件的小型化和大功率要求也有减小机器中润滑油膜厚度的趋势。

随着科学技术的发展,摩擦学研究也逐渐深入微观领域,形成了纳米摩擦学。纳米摩擦学是在原子、分子尺度上研究摩擦界面的行为、损伤及其对策,主要研究内容包括纳米摩擦磨损理论、纳米薄膜润滑理论以及表界面分子工程。纳米摩擦学的学科基础、理论分析及试验测试方法都与宏观摩擦学研究有很大的差别。

纳米摩擦学的研究能够深入到原子、分子尺度,能够动态揭示摩擦过程中的微观现象,还可以在纳米尺度上使摩擦表面改性和排列原子。纳米摩擦学在微机械系统摩擦磨损特性研究等方面具有明显的应用前景,比如,通过最大限度降低磨损来保证诸如计算机大容量高密度磁记录装置等高科技设备的功能和使用寿命。

3.2　磨　　损

零件的相对运动使其表面材料不断损失的现象称为磨损。磨损将消耗能量,降低机械效率;磨损将改变零件的形状和尺寸,降低零件工作的可靠性,缩短设备的使用寿命。因此,在设计时必须考虑如何避免或减轻磨损,以保证机器达到预期寿命。在工程上,有时也利用磨损来加工机械零件,如精加工中的磨削、抛光以及机器的"跑合"等。

磨损过程可分为三个阶段,如图 3-6 所示。

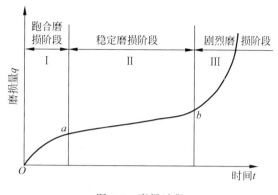

图 3-6　磨损过程

Ⅰ为跑合磨损阶段。新零件开始运转时,由于零件表面粗糙度的影响,使得摩擦副的实际接触面积较小,单位接触面积上的实际载荷较大,故工作初期零件磨损量较大。随着跑合的进行,摩擦面尖峰被逐渐磨平,实际接触面积增大,单位面积载荷减小,磨损速度变慢,转入稳定磨损阶段。由于跑合可改善机器零件摩擦表面的接触性能,故新机器一般需经过跑合后才交付使用。跑合时应注意由轻至重且缓慢加载,跑合后,要全部更换润滑油。Ⅱ为稳定磨损阶段。该阶段零件的磨损速度缓慢而稳定,磨损率 $\varepsilon = \mathrm{d}q/\mathrm{d}t = $ 常数。该阶段是零件的正常工作阶段,时间周期长短代表了零件使用寿命的长短。Ⅲ为剧烈磨损阶段。零件经稳定磨损阶段后,间隙加大,精度下降,润滑状况恶化,出现异常噪声和冲击振动,磨损率急剧上升,温度迅速升高,零件很快就报废。应在零件进入剧烈磨损阶段前对机器及时进行检修。

根据磨损机理的不同,磨损主要有四种基本类型:黏着磨损(adhesive wear)、磨粒磨损(abrasive wear)、接触疲劳磨损(fatigue wear)和腐蚀磨损(corrosive wear)。

1. 黏着磨损

两摩擦表面的不平度凸峰在相互作用的各结点发生黏着,在相对滑动时,由于黏着点被剪切,材料或脱落成磨屑,或由一个表面迁移到另一个表面,这类磨损称为黏着磨损。

黏着磨损按破坏程度的不同可分为五类:①轻微磨损,即剪切破坏发生在界面上,表面材料的转移极为轻微;②涂抹,即剪切破坏发生在软金属浅层,并转移到硬金属表面上;③擦伤,即剪切破坏发生在软金属亚浅层处,有时硬金属表面接近浅层处也有划痕;④撕脱,即剪切破坏发生在摩擦副一方或双方金属较深处;⑤咬死,表面黏着严重,摩擦副不能运动。擦伤、撕脱和咬死通常也称为胶合,胶合是高速重载接触时常见的损伤形式。

减轻黏着磨损可以采取以下措施:①合理选择摩擦副材料,如同类材料之间互溶性比异类材料的大,脆性材料比塑性材料抗黏着性好,采用表面处理可提高抗黏着性;②采用油性好和含有极压添加剂的润滑油;③控制摩擦副表面的温度和压强。

2. 磨粒磨损

从外部进入摩擦表面间的硬质颗粒或摩擦表面上的硬质突起物在摩擦过程中起到切削或刮擦作用,使零件表面材料脱落,这种现象称为磨粒磨损。磨粒磨损与摩擦表面硬度和磨粒硬度有关。

减轻磨粒磨损可采用以下措施：①提高材料硬度；②对零件表面进行处理以提高耐磨性；③定期更换润滑油，防止外部磨粒进入摩擦副表面。

3. 接触疲劳磨损

零件表面在接触处产生接触应力，在此交变接触应力的作用下，经过若干循环次数后，零件表面材料产生小片剥落而使零件表面形成小麻坑，这种由于表面材料接触疲劳而产生物质转移的现象称为接触疲劳磨损（亦称为疲劳点蚀）。接触疲劳磨损是由于接触应力超过材料的接触疲劳极限时，零件表面产生初始疲劳裂纹，裂纹与表面成锐角扩展，达到一定深度，裂纹又越出表面，形成小块材料剥落，呈点蚀现象。润滑油对被追越面的裂纹扩展也起到一定的促进作用。

减轻接触疲劳磨损的措施：①提高润滑油黏度；②提高接触表面硬度；③降低表面粗糙度。

4. 腐蚀磨损

零件在摩擦过程中，金属与周围介质发生化学反应或电化学反应而产生的表面材料损失现象，称为腐蚀磨损。氧化磨损和特殊介质磨损是常见的腐蚀磨损形式。氧化磨损是指金属摩擦表面在氧化性介质中工作时金属表面生成氧化膜，在相对运动过程中氧化膜被磨去，新鲜表面很快又形成新的氧化膜，然后又被磨掉。特殊介质磨损是指金属表面与酸、碱、盐等介质发生化学反应，形成腐蚀磨损。

3.3　润　滑

润滑是指在两摩擦表面间加上润滑剂，使两摩擦表面尽量分开，避免表面直接接触，以减小摩擦，减轻磨损，降低工作表面温度。此外，润滑剂还能防锈、减振、密封、清除污物和传递动力等。

1. 润滑剂的分类

润滑剂有液体、气体、半固体和固体四种。

(1) 液体润滑剂。矿物润滑油、合成润滑油、有机润滑油以及其他液体（例如水）都是液体润滑剂。其中，矿物润滑油应用最广泛，这是因为矿物润滑油来源充足，价格便宜，适用范围广而且稳定性好，加入各种添加剂可以改善它的性能。合成润滑油是化学合成的高分子化合物，它能满足矿物润滑油所不能满足的某些特殊要求，如高温、低温、高速、重载和其他条件，但合成润滑油成本较高。动物油和植物油油性好，但容易变质，常作添加剂使用。近年来，由于环境保护的需要，一种具有生物可降解特性的润滑油——绿色润滑油也在一些特殊行业和场合得到应用。

(2) 气体润滑剂。气体润滑剂是指空气、氢气、氦气、水蒸气、其他工业气体以及液体金属蒸气等。由于气体润滑剂黏度低、温升低、黏-温性质变化小、承载能力低，所以气体润滑剂适用于高速轻载和有放射线的场合，如高速磨头、陀螺仪表等。

(3) 半固体润滑剂。半固体润滑剂主要是指润滑脂，它是在液态润滑剂中加入稠化剂而形成的。稠化剂有钙、钠、锂、铝等金属皂。由于润滑脂呈膏状，不易流失，所以润滑脂应用也相当广泛，常用于低速工况。

（4）固体润滑剂。固体润滑剂有无机化合物、有机化合物和金属三类。无机化合物有石墨、二硫化钼等，它们稳定性好；有机化合物有聚四氟乙烯、尼龙等；金属有铅、锡、铟、钼、银等。固体润滑剂在高温、低温、真空条件下均可正常工作，所以适用于食品工业、纺织工业等。

2. 润滑剂的性质

润滑油的主要性能指标有：

（1）黏度。黏度是润滑油的主要性能指标。它标志着流体流动时内摩擦阻力的大小，黏度越大，内摩擦阻力越大，流动性越差。

如图 3-7 所示，在距离为 h 的两平行平板间（平板面积为 A）充满了一定黏度的润滑油，若移动平板在力 F 作用下以速度 V 沿 x 方向移动，则由于油分子对平板表面的吸附作用，吸附在移动平板上的油层也以 V 沿 x 方向移动，而吸附在静止板上的油层速度为零。由于润滑油内摩擦力的作用，在移动平板和静止板之间各层油的运动速度变化为直线分布，各油层之间都有相对滑动，在各油层界面上就存在着相应的剪切应力。按牛顿黏性定律，润滑油中任一点处的剪切应力与其速度梯度成正比，即

$$\tau = \eta \frac{\mathrm{d}v}{\mathrm{d}y} \tag{3-4}$$

式中，η 为液体动力黏度，又称为绝对黏度。

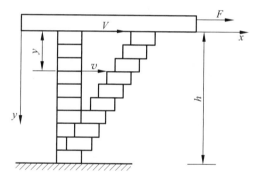

图 3-7　油膜中黏性流动

黏度单位：

① 动力黏度 η。图 3-7 中，若 h 为 1 m，平板面积 A 为 1 m^2，速度 v 为 1 m/s，F 为 1 N 时，则规定该润滑剂的动力黏度为 1 N·s/m^2 或 1 Pa·s。

② 运动黏度 ν。测量液体黏度的黏度计，不能直接测得液体的动力黏度，测得的是液体动力黏度 η 与密度 ρ 的比值，这个比值称为运动黏度 ν：

$$\nu = \eta/\rho \tag{3-5}$$

因油的密度单位为 kg/m^3，故导出运动黏度 ν 的单位为 m^2/s，m^2/s 作为黏度单位太大，实际上常用 cm^2/s 和 mm^2/s，即 St（斯）和 cSt（厘斯）为单位，其换算关系为 1 m^2/s = 10^4 cm^2/s(St) = 10^6 mm^2/s(cSt)。

③ 条件黏度。在石油产品中，普遍采用条件黏度。我国常用恩氏度（°E$_t$）作为条件黏度单位。条件黏度是指 200 mL 待测定的油，在规定的恒温（常为 40℃ 或 100℃，这时恩氏度用 °E$_{40}$ 或 °E$_{100}$ 表示）下流过恩氏黏度计的时间与同体积蒸馏水在 20℃ 时流过黏度计时

间之比。

　　润滑油的黏度随温度的变化而变化,图 3-8 给出部分润滑油的黏度-温度曲线。图中曲线数字代表润滑油在 40℃时的运动黏度值。黏度随温度变化越小的油,其品质越高。

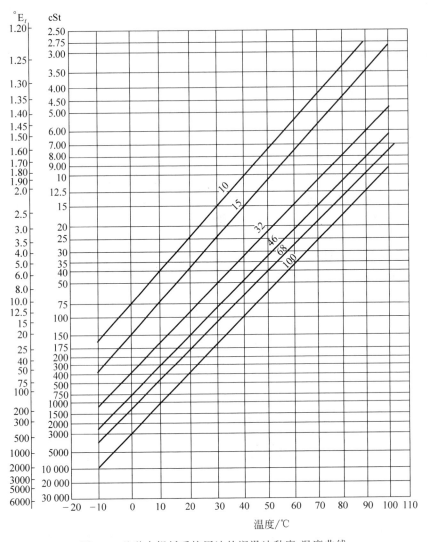

图 3-8　几种全损耗系统用油的润滑油黏度-温度曲线

　　润滑油的黏度随压力增大而增大,不过对于所有的润滑油来说,只有在压力超过 20 MPa 时,黏度才随压力的增高而加大,高压时则更为显著,因此在一般的润滑条件下也同样不予考虑。但在高副接触零件的润滑中,这种影响就变得十分重要。一般矿物油的黏压关系可用下列经验式表示:

$$\eta = \eta_0 e^{\alpha p} \tag{3-6}$$

式中,η_0——润滑油在 1 个标准大气压下的黏度,N·s/m²(Pa·s);

　　　α——黏压指数,$(1\sim3)\times10^{-8}$ m²/N;

　　　p——压力,N/m²。

（2）油性。油性表示润滑油湿润或吸附于摩擦表面的能力。油性越好,吸附能力越强,油膜越不易破裂,这在低速、重载、润滑不充分的场合有重要意义。

（3）闪点。润滑油在标准容器中加热所蒸发出的油蒸气,遇到火焰即能发出闪光的最低温度,称为润滑油的闪点。它是衡量润滑油易燃性的指标。通常使工作温度比润滑油的闪点低 $30\sim40℃$。

（4）凝点。润滑油在规定条件下冷却到不能自由流动时的最高温度,称为润滑油的凝点。它是润滑油在低温下工作的重要指标,直接影响机器在低温下的起动性能和磨损情况。

润滑脂的主要性能指标有:

（1）针入度。针入度是指在 $25℃$ 恒温下,使重量为 1.5 N 的标准锥体在 5 s 内沉入润滑脂的深度（以 0.1 mm 计）。它标志着润滑脂内阻的大小和流动性的强弱。针入度越小,润滑脂越不易从摩擦表面被挤出,故承载能力越强,密封性越好,但同时摩擦阻力也越大,不易填充较小的摩擦间隙。

（2）滴点。滴点指润滑脂受热熔化后从标准测量杯的孔口滴下第一滴时的温度。它标志着润滑脂耐高温的能力。

3. 润滑油、润滑脂的添加剂

普通润滑油、润滑脂在一些十分恶劣的工作条件下（如高温、低温、重载、真空等）会很快劣化变质,失去润滑能力。为了适应这些极端情况,常加入添加剂以改善润滑油、润滑脂的性能。添加剂种类很多,大致可分为两大类:一类是影响润滑剂物理性能的,有降凝剂、增黏剂、消泡剂等,如关于降凝剂,加入 $0.1\%\sim1\%$ 的降凝剂即可降低润滑油的凝点,在严寒地区工作的机器就能得到正常润滑;另一类是影响润滑剂化学性能的,有抗氧化剂、极压剂、油性剂、抗腐剂等,如关于油性添加剂,微量油性添加剂加于润滑油就可使油极易吸附于金属表面,并能提高边界膜强度,常用的油性添加剂有动物油、植物油、油酸、脂肪酸盐、脂肪醇、脂等。

4. 液体摩擦润滑

根据两摩擦表面间形成压力油膜原理的不同,可将液体摩擦润滑分为液体动力润滑、弹性流体动力润滑和液体静压润滑。

（1）液体动力润滑。液体动力润滑靠两摩擦表面相对运动时把一定黏度的润滑油带入其楔形间隙形成承载油膜。承载油膜形成必须具备的必要条件:①两滑动表面沿运动方向的间隙必须为收敛楔形,如图 3-9 所示,即移动平板带润滑油流动方向必须从大口流向小口;②带油速度必须足够大,以便油连续泵入楔形间隙;③润滑油必须具有一定的黏度。关于液体动力润滑的基本理论及设计计算方法将在第 11 章中详述。

（2）弹性流体动力润滑。弹性流体动力润滑研究高副接触（如齿轮传动、滚动轴承和凸轮机构等）摩擦表面间的润滑问题。理论分析与实验研究证实,在一定条件下,高副接触区内可形成将两表面完全分开的润滑油膜。这类润滑问题与低副接触摩擦表面润滑问题的两个突出区别是:既要考虑接触区的弹性变形,又要考虑润滑剂随压力增大后的黏度变化。

弹性流体动力润滑理论及实验研究表明,当接触圆柱体带油速度（U_1+U_2）越小时,油膜压力的分布越接近于干摩擦时的赫兹应力分布。

在弹性流体润滑条件下,接触区的出口附近会突然出现一个第二峰值压力（见图 3-10）。在赫兹接触区内的弹性变形,基本上形成一个平行的油膜厚度 h_0,对应于第二峰值压力处出现一种缩颈现象,形成最小油膜厚度 h_{min}。弹性流体动力润滑最小油膜厚度公式如下。

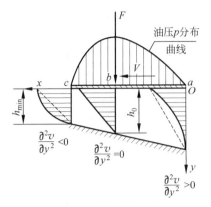

图 3-9　油楔承载原理

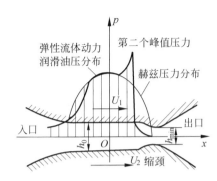

图 3-10　弹性流体动力润滑压力分布

对于线接触：$h_{\min} = 2.65\alpha^{0.54}(\eta_0 U)^{0.7} R^{0.43} E'^{-0.03} p^{-0.13}$　　　　　　（3-7）

对于点接触：$h_{\min} = 3.63\alpha^{0.49}(\eta_0 U)^{0.68} E'^{-0.117} R_x^{0.466} F^{-0.073}(1-e^{0.68k})$　　（3-8）

式中，α——黏压指数；

　　　U——接触圆柱体滚动速度，$U = U_1 + U_2$；

　　　R——综合曲率半径，$1/R = 1/R_1 + 1/R_2$；

　　　E'——综合弹性模量；

　　　p——单位接触宽度上的载荷；

　　　R_x——沿运动方向综合曲率半径；

　　　F——接触处的法向力；

　　　k——椭圆参数，$k = a/b$，a 和 b 分别为接触椭圆的半长轴和半短轴。

（3）液体静压润滑。液体静压润滑指在摩擦副外部用泵将油加压送入摩擦表面间，使得摩擦表面间强迫形成一层油膜，将两表面完全分开，并能承受一定的载荷，如图 3-11 所示。工作时高压油不断送入油腔，又不断从轴承间隙外泄。当整个油封面上保持有均匀油膜时，其压力分布如图 3-11 所示，它的总和与外载荷 F 平衡。油膜厚度随外载荷变化而变化，其变化规律除与载荷变化有关，还与流量补偿性能有关。为了使摩擦副表面间油膜厚度总保持稳定数值，形成液体润滑，在供油路上加一补偿元件，如图 3-11 所示的节流器，用来调节补偿流量。液体静压润滑无论是在低速还是在高速下工作均可实现完全液体润滑，但它需要一套供油装置，这增加了设备费用。因此，液体静压润滑仅在一些重型、精密、高速机器的轴承、导轨、蜗杆副及传动螺旋等零件中应用。

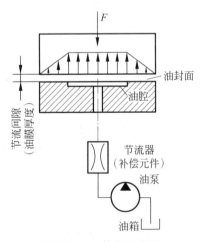

图 3-11　液体静压润滑

第二篇　机械传动

第4章 传动系统的方案设计

【教学导读】

传动系统处于机械的动力系统与执行系统之间，是机械的重要组成部分。合理设计传动系统对提高机械的性能、降低制造成本和维护费用起很大的作用。本章介绍机械传动系统的类型、传动系统设计的基本要求和传动方案设计步骤。

【课前问题】

（1）举例说明机械传动系统的作用。

（2）机械传动系统方案设计的主要内容及步骤是什么？

（3）如何提高机械传动系统的效率？

【课程资源】

拓展资源：常用机械传动型式的性能；Y系列三相异步电动机技术数据。

4-1

4-2

传动系统处于动力系统与执行系统之间，负责动力的传输和运动的变换，例如，汽车发动机的运动和动力要经过减速后输送到车轮，还要按照行驶的需要接合、分离或换向。又如图 4-1 所示的碳化硅管挤压成型机传动系统图，采用电动机驱动，电动机通过联轴器 2 驱动分动减速箱 3，实现螺杆正向慢速推进与快速返回运动。分动减速箱的输出轴驱动同轴式二级行星减速器 4 实现降速，减少机器的轴向长度。外啮合齿轮 6 的输出齿轮内部为螺母，螺母驱动螺杆 5 往复移动，螺杆驱动执行机构推料头挤压与返回。图 4-2 所示为该机器主体主视图。

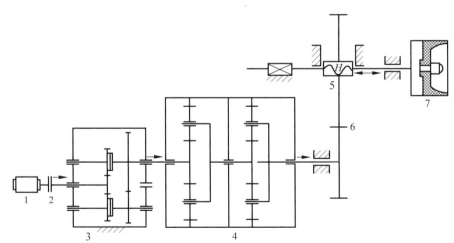

1—三相异步电动机；2—柱销式联轴器；3—分动减速箱；4—同轴式二级行星减速器；

5—螺杆传动组件；6—外啮合齿轮传动组件；7—推料头组件。

图 4-1　碳化硅管挤压成型机传动系统图

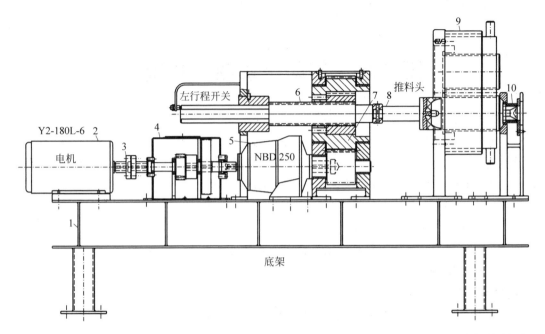

1—机架；2—三相异步电动机；3—柱销式联轴器；4—分动减速箱；5—同轴式二级行星减速器；6—螺杆传动组件；
7—外啮合齿轮传动组件；8—推料头组件；9—可换位供料组件；10—模具组件。

图 4-2　碳化硅管挤压成型机主体主视图

　　传动系统是机械的重要组成部分,合理设计传动系统对提高机械的性能、降低制造成本和维护费用起很大的作用。

4.1　传动系统的类型

　　按照不同的工作原理,传动系统可以分为机械传动、流体传动和电力传动三大类。机械传动直接实现机械能的传输,例如带传动、齿轮传动等。流体传动通过压缩机、液压泵等转换元件将原动机的机械能转换成流体压力能,通过管道传输后,再通过气动马达、汽缸、液压马达、液压缸、涡轮等转换元件将流体压力能转换成机械能,驱动执行机构。电力传动通过电缆传输电能,再利用执行电动机将电能转换为机械能,驱动执行机构运转,例如汽车蓄电池作为动力源,通过电线将电能传递到雨刮器、门锁、玻璃升降器等机构的执行电动机上。

　　流体传动操作简便,具有隔振、减振和过载保护的特点,但是传动效率较低,需要一些辅助设备,密封和维护的要求较高。电力传动布置灵活,便于远距离传输,但是对应每一个执行机构必须配备专用的执行电动机。机械传动的过程无须进行能量转换,传动效率高,适应性广,但是传动过程要伴随机械运动,不适合远距离传动。

　　本章主要介绍机械传动系统。按照工作原理,常用的机械传动分为啮合传动和摩擦传动两大类,啮合传动通过零件表面互相接触的压力进行传动,摩擦传动依靠零件表面互相接触的摩擦力进行传动。一般情况下,啮合传动的传动比准确,传递功率和速度的范围广,效率高,工作可靠,寿命长。摩擦传动效率低,但传动平稳,噪声低,具有过载保护能力。

　　传动系统的方案不同,整机的布局、体积、质量以及零件之间的相对位置也不同,对装配、安装使用和维修将产生影响。不同的传动方案需要不同的连接和支承方式,不同的密封和润滑方式,也将影响机械的制造和运行成本。

　　传动系统设计的基本要求是能满足原动机与执行系统的匹配要求、传动效率高、结构简单紧凑、安全可靠、成本低、便于操作和维护并减少对环境的污染。

　　图 4-3 所示为井下煤炭运输的矿用链板输送机传动系统的 3 种设计方案。图 4-3(a)采用圆柱齿轮传动加链传动的方案,该方案占用空间较大;图 4-3(b)采用蜗杆传动,结构紧凑,但由于蜗杆传动效率低,在长期连续运转条件下,功率损失大,很不经济;图 4-3(c)采用圆锥圆柱齿轮传动,宽度尺寸较小,也适于在恶劣环境下长期连续工作。

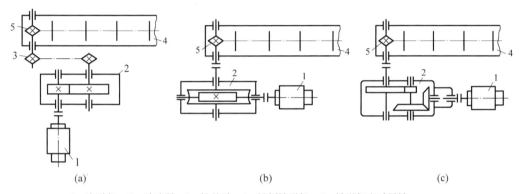

1—电动机;2—减速器;3—链传动;4—链板输送机;5—输送机主动星轮。

图 4-3　井下煤炭运输的矿用链板输送机传动方案设计

　　机械传动系统的方案设计步骤一般是:①确定总传动比;②选择传动类型;③拟定传动路线;④计算传动效率;⑤确定原动机和各级传动机构的运动和动力参数。

4.2　机械传动系统的类型设计

　　传动系统类型设计主要考虑以下 4 个问题。

　　(1)满足原动机与工作机的匹配要求。大多数机械的执行机构速度较低,常用的电动机或内燃机速度较高,需要传动系统具有减速功能。如果执行系统要求输入的速度能根据需要变化而原动机不能满足这个要求,传动系统就要包含变速器。如果在起动时负载扭矩大于原动机的起动转矩,传动系统就要包含离合器或液力耦合器等装置。如果执行系统在运转过程中需要频繁起动、停车、变速或换向,而原动机不能适应这些要求,传动系统就应设置空挡,在中断与原动机连接的条件下完成传动变换。如果执行系统采用运动链分配方式进行运动协调,传动系统就要包含机械正时环节等。

　　(2)考虑传动件的功能限制。各种机械传动都有其自身的技术指标,如功率、速度和传动比的范围,并具有不同的传动效率。在进行设计选用时不能超越传动类型自身的限制。《机械设计手册》列举了各种传动的适用范围,表 4-1 是其中一些常用传动的技术指标。

表 4-1　机械传动和轴承的效率概略值

种　类		效率 η	种　类		效率 η
圆柱齿轮传动	很好跑合的 6 级精度和 7 级精度齿轮传动(油润滑)	0.98～0.99	丝杆传动	滑动丝杆	0.30～0.60
	8 级精度的一般齿轮传动(油润滑)	0.97		滚动丝杆	0.85～0.95
	9 级精度的齿轮传动(油润滑)	0.96	复滑轮组	滑动轴承($i=2～6$)	0.90～0.98
	加工齿的开式齿轮传动(脂润滑)	0.94～0.96		滚动轴承($i=2～6$)	0.95～0.99
	铸造齿的开式齿轮传动	0.90～0.93	联轴器	浮动联轴器(十字沟槽联轴器)	0.97～0.99
圆锥齿轮传动	很好跑合的 6 级和 7 级精度的齿轮传动(油润滑)	0.97～0.98		齿式联轴器	0.99
	8 级精度的一般齿轮传动(油润滑)	0.94～0.97		挠性联轴器	0.99～0.995
	加工齿的开式齿轮传动(脂润滑)	0.92～0.95		万向联轴器($\alpha \leqslant 3°$)	0.97～0.98
				万向联轴器($\alpha > 3°$)	0.95～0.97
	铸造齿的开式齿轮传动	0.88～0.92		梅花形弹性联轴器	0.97～0.98
蜗杆传动	自锁蜗杆(油润滑)	0.40～0.45	滑动轴承	润滑不良	0.94(一对)
	单头蜗杆(油润滑)	0.70～0.75		润滑正常	0.97(一对)
	双头蜗杆(油润滑)	0.75～0.82		润滑特好(压力润滑)	0.98(一对)
	三头和四头蜗杆(油润滑)	0.80～0.92		液体摩擦	0.99(一对)
	圆弧面蜗杆传动(油润滑)	0.85～0.95	滚动轴承	球轴承(稀油润滑)	0.99(一对)
带传动	平带无压紧轮的开式传动	0.98		滚子轴承(稀油润滑)	0.98(一对)
	平带有压紧轮的开式传动	0.97	油池内油的飞溅和密封摩擦		0.95～0.99
	平带交叉传动	0.90	减(变)速器①	单级圆柱齿轮减速器	0.97～0.98
	V 带传动	0.96		双级圆柱齿轮减速器	0.95～0.96
	同步齿形带传动	0.96～0.98		单级行星圆柱齿轮减速器(NGW 类型负号机构)	0.95～0.98
链传动	焊接链	0.93		单级圆锥齿轮减速器	0.95～0.96
	片式关节链	0.95		双级圆锥-圆柱齿轮减速器	0.94～0.95
	滚子链	0.96		无级变速器	0.92～0.95
	齿形链	0.97		摆线-针轮减速器	0.90～0.97
摩擦传动	平摩擦传动	0.85～0.92		轧机人字齿轮座(滑动轴承)	0.93～0.95
	槽摩擦传动	0.88～0.90		轧机人字齿轮座(滚动轴承)	0.94～0.96
	卷绳轮	0.95			
卷筒		0.96		轧机主减速器(包括主接手和电动机接手)	0.93～0.96

①　滚动轴承的损耗考虑在内。

　　(3) 考虑安装和工作条件。不同机械的安装要求不同,质量及外廓的尺寸限制也不同。在相同的功率和速度下,不同传动类型的体积相差很大,在进行传动类型设计时要充分考虑机械的安装要求。例如,对于安装在飞行器上的机械,传动系统设计的主要问题在于减小它的体积和质量;对于建筑工地上的一些重型机械,传动系统设计的主要问题在于适应较恶劣工作环境并实现大功率传输。

一般情况下,要求结构紧凑时宜选用齿轮、蜗杆或行星轮系传动,要求远距离传动时宜选用带、链传动。

不同机械的工作环境不同,多尘、高温、易腐蚀环境不适宜摩擦传动。对于工作过程有可能发生过载的,传动系统要包含过载保护环节。对于工作过程有可能需要紧急停车的,传动系统要设置制动装置。

(4) 考虑机械产品的竞争能力。机械产品的市场竞争能力与很多因素相关,在进行传动系统设计时,主要考虑的因素是性价比。采用新技术、新材料和创新的设计是提高传动系统性能的重要措施,在现有技术的限制下,要设计选择最能适应原动机与执行系统特性匹配要求的传动类型。

机械产品的成本与很多因素有关,在进行传动系统设计时,主要考虑的因素是初始费用、运行费用和维修费用。初始费用包括设计、材料、加工、装配、运输和安装等费用。在可能的情况下,应尽量采用标准化生产的零部件,这样可以有效降低初始费用。运行费用与传动效率相关,尤其是大功率传动,要尽量采用传动效率高的机构。

4.3 传动路线设计

传动路线指机器中的能量从原动机或储能元件向执行系统流动的路线。对应一个原动机,常用的传动路线有串联、并联和混联三种。

如表 4-1 所示,不同的传动机构运行速度不同,传递功率也不同。在进行传动路线设计时,要根据具体情况适当安排各传动机构在传动链中的位置。在一般情况下,靠近原动机的位置速度高,受力小,应尽量安排运转平稳的传动机构。

带传动能缓冲吸收冲击振动,传动平稳,常用于高速级传动,一般被安排在紧靠原动机的位置。但带传动传递的功率相对较小,所以主要用于中小功率的传动;其结构尺寸也比其他传动型式大;同时由于其属于摩擦传动(同步带除外),易产生静电,所以不适用于有瓦斯及煤尘等易燃易爆的危险场合。

链传动能传动较大的功率,但其瞬时传动比是变化的,且有冲击振动,故不适用于高速传动及传动比要求准确的场合,一般多用于低速级、传动比要求不太严格的场所。

齿轮传动具有稳定的瞬时传动比,传动功率、速度范围广,且效率高,结构紧凑,故为使用最多的一种传动机构。其中:直齿圆柱齿轮的设计、加工容易,但速度高时有噪声,故多用于低速级中,亦可用于高速级,但噪声大;斜齿圆柱齿轮传递运动平稳,噪声小,承载能力高,故常用在高速级上,低速级上也可以使用;人字齿轮基本上与斜齿轮相同,它对轴承不产生轴向力,多用于大型减速器;锥齿轮常用于需要改变轴的传动方向(例如两轴线垂直)的场合,且置于高速级上,如弧齿锥齿轮具有噪声小、工作平稳等优点,但是锥齿轮加工相对困难,特别是模数、直径较大时易受到机床的限制。另外,开式齿轮传动磨损大,多用于低速级传动。

蜗杆传动传动比大,传递运动平稳,但效率低,消耗有色金属,因此普通圆柱蜗杆传动主要用于中小功率传动。且由于蜗杆传动效率低,不适用于连续工作,故多用于间歇工作的场合。若蜗杆传动用于高速级,由于相对滑动速度大,便于形成油膜,对提高效率及延长寿命有利,但材料应使用锡青铜类,用于低速级时可用铝铁青铜等材料。

对于变速传动装置应尽量安排在速度较高的位置上,速度高的位置上传递的转矩较小,可以减小变速机构的体积和质量。

4.4 传动系统的效率

传动系统包括若干按照不同传动路线连接起来的机构。在已知各机构的机械效率后,就可以通过计算确定整个传动系统的效率。

对于以串联方式连接的 n 个机构,设各子机构的效率分别为 η_i,P_0 为传动系统的输入功率,P_n 为传动系统的输出功率,则传动系统的总效率为

$$\eta = P_n/P_0 = (P_1/P_0) \times (P_2/P_1) \times \cdots \times (P_n/P_{n-1}) = \eta_1 \eta_2 \eta_3 \cdots \eta_n \qquad (4-1)$$

对于以并联方式连接的 n 个机构,传动系统的总效率为

$$\eta = P_n/P_0 = (P_{01}\eta_1 + P_{02}\eta_2 + \cdots + P_{0n}\eta_n)/(P_{01} + P_{02} + \cdots + P_{0n}) \qquad (4-2)$$

其中,P_{0i} 为各并联子机构的输入功率。

对于混联的连接方式,首先把整体拆分成若干串联或并联的简单支路,分别计算这些支路各自的效率,然后计算整个传动系统的效率,具体可参考《机械原理》教材。需要注意的是,混联路线上不同的支路上传递的功率不同,功率大的支路的效率对整体效率的影响较大。

实际计算传动系统总效率时,还要考虑轴承、联轴器等组成零件的效率。

4.5 原动机及各级传动机构的功率

4.5.1 电动机的选择

电动机可分为交流电动机和直流电动机,一般情况下应采用交流电动机。

交流电动机又分为鼠笼式和绕线式,绕线式交流电动机起动力矩大,能够满载起动,但质量大,价格高,因此一般情况下尽可能采用鼠笼式交流电动机。

交流电动机又可分为同步及异步两种,一般场合都用异步电动机。

总之,无特殊要求时常用交流鼠笼式异步电动机,目前较普遍使用的有 Y 系列三相异步电动机(GB/T 28575—2020)。这种电动机转速系列又有 3000 r/min、1500 r/min、1000 r/min、750 r/min 几种。

通常,电动机转速越高,其质量越小、价格越低。采用高转速系列电动机时虽然电动机便宜,但所设计的传动装置传动比增大,相应的传动系统级数增加,故有可能使其总成本增加;采用低转速电动机时传动系统虽简单,但电动机成本增加,使总费用也有可能增大。故应该综合评价总的经济效益来确定电动机转速,一般场合常用 1500 r/min 及 1000 r/min

系列电动机。

1. 电动机输出功率计算

电动机的输出功率 P' 可根据工作机的动力数据按下式计算。

若已知工作机上作用力 $F(\mathrm{N})$ 和线速度 $v(\mathrm{m/s})$，则

$$P' = Fv/1000\eta,\ \mathrm{kW} \tag{4-3}$$

若已知工作机上的阻力矩 $T(\mathrm{N \cdot m})$ 和转速 $n'(\mathrm{r/min})$，则

$$P' = Tn'/9550\eta,\ \mathrm{kW} \tag{4-4}$$

式中，η——总效率，有

$$\eta = \eta_1 \eta_2 \eta_3 \cdots \eta_n \tag{4-5}$$

式中，η_1、η_2、$\cdots$、η_n——传动系统中每一个机构（带、链、齿轮、蜗杆）、轴承、联轴器等的效率，其值可通过查表 4-1 获得。

2. 确定电动机型号

电动机所需额定功率 P 和电动机输出功率 P' 之间有以下关系：

$$P \geqslant KP' \tag{4-6}$$

式中，K 为功率储备系数，一般取 $K = 1.1 \sim 1.5$，无过载时取 $K = 1$。如果所选电动机（交流电动机）额定功率 P 过大时，功率因数降低，从而驱动效率也随之下降，因此电动机的功率不宜选得过大。

根据 KP' 值及前面确定的转速系列，查《机械设计手册》确定电动机的具体型号。

3. 电动机选择示例

案例 4-1　图 4-4 所示为矿用链板输送机的传动系统。已知：输送机链条拉力 $F = 26\ \mathrm{kN}$，输送机链条速度 $v = 0.5\ \mathrm{m/s}$，主动星轮齿数 $z = 9$，主动星轮节距 $p = 64\ \mathrm{mm}$。试确定矿用链板输送机的电动机输出功率 P'，并选择电动机。已知矿用链板输送机以下信息。①工作情况：单向运输，中等冲击。②运动要求：链板输送机运动误差不超过 7%。③工作能力：储备余量 15%。④使用寿命：10 年，每年 300 天，每天 8 h。⑤检修周期：半年小修，一年大修。⑥生产批量：小批量生产。⑦生产厂型：矿务局中心机厂、中型机械厂。

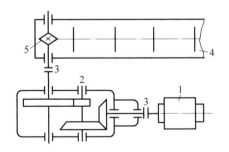

1—电动机；2—减速器；3—联轴器；4—链板输送机；5—输送机主动星轮。

图 4-4　矿用链板输送机传动系统

解　设计过程见下表：

计算项目及说明	结　　果
1. 计算传动系统总效率	
这是一个典型的串联系统,其总效率 $\eta = \eta_1^2 \eta_2^3 \eta_3 \eta_4 \eta_5$	
查表 4-1 得：挠性联轴器效率 $\eta_1 = 0.99$	$\eta_1 = 0.99$
滚动轴承效率 $\eta_2 = 0.99$	$\eta_2 = 0.99$
闭式圆锥齿轮效率 $\eta_3 = 0.95$(按 8 级精度)	$\eta_3 = 0.95$
圆柱齿轮效率 $\eta_4 = 0.97$(按 8 级精度)	$\eta_4 = 0.97$
输送机效率(含滚动轴承效率) $\eta_5 = 0.96$	$\eta_5 = 0.96$
因为 η_5 中已包含一对滚动轴承效率,故 η_2 只考虑 3 对轴承	
总效率 $\eta = \eta_1^2 \eta_2^3 \eta_3 \eta_4 \eta_5 = 0.99^2 \times 0.99^3 \times 0.95 \times 0.97 \times 0.96 = 0.84$	$\eta = 0.84$
2. 计算电动机输出功率	
按式(4-3)计算电动机输出功率 P'：$P' = Fv/1000\eta$	
式中,$F = 26$ kN $= 26\,000$ N,$v = 0.5$ m/s,$\eta = 0.84$	
把上述值代入式中得	
$P' = 26\,000 \times 0.5/(1000 \times 0.84)$ kW $= 15.48$ kW	
3. 选择电动机	
矿用链板输送机的工作能力要求有 15% 储备余量,取 $K = 1.15$,故	
$P = KP' = 1.15 \times 15.48$ kW $= 17.80$ kW	Y180M-4-B3 型
查《机械设计手册》得：Y 系列 1000 r/min 电动机的具体牌号为 Y180M-4-B3 型,额定功率为 18.5 kW,满载转速为 970 r/min	额定功率为 18.5 kW 满载转速为 970 r/min

4.5.2　传动装置运动参数的计算

从电动机的高速轴开始将各轴命名为Ⅰ轴、Ⅱ轴、Ⅲ轴。

1. 各轴转速计算

Ⅰ轴转速　　　$n_Ⅰ = n/i_0$,r/min　　　　　　　　　　　　　　　　　　(4-7)

Ⅱ轴转速　　　$n_Ⅱ = n_Ⅰ/i_1$,r/min　　　　　　　　　　　　　　　　　(4-8)

Ⅲ轴转速　　　$n_Ⅲ = n_Ⅱ/i_2$,r/min　　　　　　　　　　　　　　　　　(4-9)

式中,n——电动机转速,r/min;

　　i_0——电动机至Ⅰ轴传动比;

　　i_1、i_2——Ⅰ轴至Ⅱ轴,Ⅱ轴至Ⅲ轴传动比。

2. 各轴功率计算

Ⅰ轴功率　　　$P_Ⅰ = P\eta_1$,kW　　　　　　　　　　　　　　　　　　(4-10)

Ⅱ轴功率　　　$P_Ⅱ = P_Ⅰ\eta_2\eta_3$,kW　　　　　　　　　　　　　　　　(4-11)

Ⅲ轴功率　　　$P_Ⅲ = P_Ⅱ\eta_2\eta_3$,kW　　　　　　　　　　　　　　　　(4-12)

式中,η_1——联轴器或带传动效率;

　　η_2——轴承效率;

η_3——齿轮或蜗杆传动效率。

3. 各轴扭矩计算

I 轴扭矩 $T_{\mathrm{I}}=9550\,P_{\mathrm{I}}/n_{\mathrm{I}}$,N・m   (4-13)

II 轴扭矩 $T_{\mathrm{II}}=9550\,P_{\mathrm{II}}/n_{\mathrm{II}}$,N・m   (4-14)

III 轴扭矩 $T_{\mathrm{III}}=9550P_{\mathrm{III}}/n_{\mathrm{III}}$,N・m   (4-15)

案例 4-2 计算案例 4-1 矿用链板输送机中各轴转速、功率及扭矩。

解 设计过程见下表：

计算项目及说明	结　果
1. 计算传动系统总传动比 已知主动星轮齿数 $z_5=9$，节距 $p=64$ mm 由式(5-28)，链条速度 $v=n_5 z_5 p/(60\times1000)=0.5$ m/s 可得主动星轮轴转速 $n_5=52.08$ r/min 则该传动系统的总传动比 $i=n/n_5=970/52.08=18.63$	$i=18.63$
2. 传动比分配 为使大锥齿轮尺寸不致过大,取高速级圆锥齿轮传动比 $i_1=3.5$ 则低速级圆柱齿轮传动比 $i_2=i/i_1=5.32$	$i_1=3.5$ $i_2=5.32$

3. 各轴转速计算
    $n_{\mathrm{I}}=n/i_0=970/1$ r/min$=970$ r/min
    $n_{\mathrm{II}}=n_{\mathrm{I}}/i_1=970/3.5$ r/min$=277.14$ r/min
    $n_{\mathrm{III}}=n_{\mathrm{II}}/i_2=277.14/5.32$ r/min$=52.09$ r/min
	$n_{\mathrm{I}}=970$ r/min
	$n_{\mathrm{II}}=277.14$ r/min
	$n_{\mathrm{III}}=52.09$ r/min

4. 各轴功率计算
    $P_{\mathrm{I}}=P\eta_1=17.80\times0.99$ kW$=17.62$ kW
    $P_{\mathrm{II}}=P\eta_1\eta_2\eta_3=17.80\times0.99\times0.99\times0.95$ kW$=16.57$ kW
据案例 4-1,圆柱齿轮效率 $\eta_4=0.97$,故
$P_{\mathrm{III}}=P_{\mathrm{II}}\eta_2\eta_4=P\eta_1\eta_2^2\eta_3\eta_4=17.80\times0.99^3\times0.95\times0.97=15.92$ kW
	$P_{\mathrm{I}}=17.62$ kW
	$P_{\mathrm{II}}=16.57$ kW
	$P_{\mathrm{III}}=15.92$ kW

5. 各轴扭矩计算
    $T_{\mathrm{I}}=9550\,P_{\mathrm{I}}/n_{\mathrm{I}}=9550\times17.62/970$ N・m$=173.48$ N・m
    $T_{\mathrm{II}}=9550\,P_{\mathrm{II}}/n_{\mathrm{II}}=9550\times16.57/277.14$ N・m$=570.99$ N・m
    $T_{\mathrm{III}}=9550P_{\mathrm{III}}/n_{\mathrm{III}}=9550\times15.92/52.09$ N・m$=2918.72$ N・m
	$T_{\mathrm{I}}=173.48$ N・m
	$T_{\mathrm{II}}=570.99$ N・m
	$T_{\mathrm{III}}=2918.72$ N・m

6. 将以上计算数据列表(见表 4-2)	

表 4-2 案例 4-1 矿用链板输送机中各轴转速、功率及扭矩计算结果

轴　号	转速 $n/(\mathrm{r/min})$	输入功率 P/kW	输入扭矩 $T/(\mathrm{N・m})$	传动比 i	效率 η
电动机轴	970	17.80	175.24	1	0.99
I	970	17.62	173.48	3.5	0.94
II	277.14	16.57	570.99		
III	52.09	15.92	2918.72	5.32	0.96
主动星轮轴	52.09	15.60	2860.05	1	0.98

习　题

4-1　试计算题 4-1 图所示传动系统的机械效率。

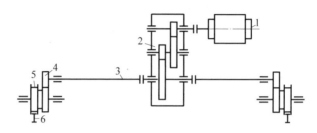

1—电动机；2—减速器；3—传动轴；4—齿轮传动；5—车轮；6—轨道。

题 4-1 图

自测题 4

第5章 挠性传动

【教学导读】

挠性传动是指通过带、链挠性件为中间体的机械传动形式。挠性传动适用于中心距较大的传动。本章介绍 V 带传动、套筒滚子链传动的工作原理和设计方法。

【课前问题】

(1) 与平带传动相比，V 带传动有何优缺点？带传动的弹性滑动与打滑现象有何不同？

(2) 链传动与带传动相比，有何异同之处？何为链传动的多边形效应？

(3) 带传动与链传动的张紧方式各有哪些？有何异同？

【课程资源】

拓展资源：带传动计算机辅助设计程序。

5-1

5.1 带传动概述

带传动是应用极为广泛的一种挠性传动，它由主动轮 1、从动轮 3 和张紧在两轮上的传动带 2 组成（见图 5-1）。当驱动力矩使主动轮转动时，靠带与带轮间的摩擦力（或啮合）作用，拖动从动轮转动，传递运动和动力。带传动的优点是：运行平稳无噪声；可缓和冲击，吸收振动；过载时带与带轮间会出现打滑，可防止损坏其他零件；适用于中心距较大的传动；结构简单，成本较低，装拆方便。其主要缺点是：有弹性滑动和打滑，使效率降低，不能保持准确的传动比；需要张紧装置；带的寿命较短；轴及轴承受力较大。

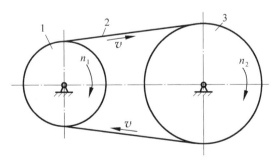

图 5-1 带传动组成

5.1.1 带传动类型及应用

带传动类型、特点及应用见表 5-1。

表 5-1　带传动类型、特点及应用

类型		简　图	特　点	应　用
摩擦型带传动	平带	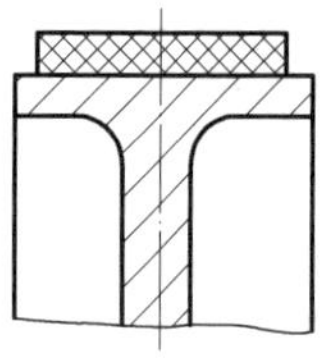	横截面为扁平矩形,其工作面是与轮面相接触的内表面。结构简单,带挠性好	多用于中心距较大或速度较高的场合
	V带	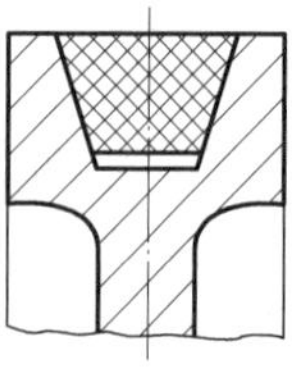	横截面为等腰梯形,其工作面是与轮槽相接触的两侧面,V带传动较平带传动能产生更大的摩擦力,故具有较大的牵引能力	在一般机械传动中应用最广
	多楔带	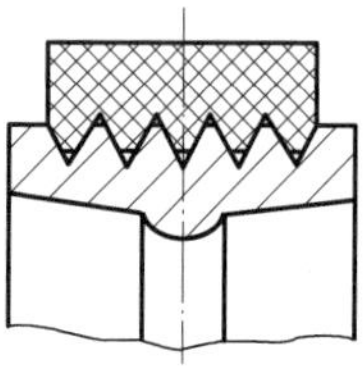	平带和V带的组合结构,摩擦力和横向刚度较大,兼有平带和V带的优点	用于载荷变动较大或有冲击载荷的传动
	圆带	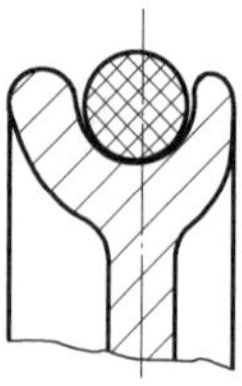	牵引力小	用于轻、小型机械,如缝纫机等
啮合型带传动	同步带	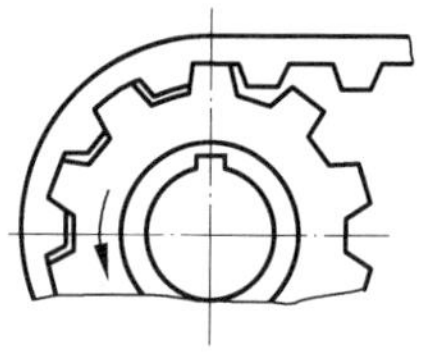	传动结构紧凑,主、从动轮可做无滑动的同步传动,传动效率和传动精度高。安装中心距要求高,价格较高	用于要求传动比准确的中、小功率传动中,如电子计算机、放映机、录音机、磨床、纺织机械等

　　带的工作速度一般为 5～25 m/s,使用高速环形胶带时可达 60 m/s;使用锦纶片复合平带时,可达 80 m/s。胶帆布平带传递功率小于 500 kW,普通 V 带传递功率小于 700 kW。

5.1.2　普通 V 带的规格

　　普通 V 带由伸张层 1、强力层 2、压缩层 3 和包布层 4 组成(见图 5-2)。强力层是承受拉力的主体部分,有帘布芯和绳芯两种,其中绳芯 V 带柔韧性好,适用于转速较高、带轮直径较小的场合。为了提高带的承载能力,强力层的材料可采用合成纤维或钢丝绳。

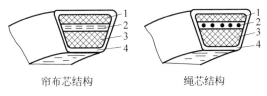

帘布芯结构　　　　　　绳芯结构

图 5-2　普通 V 带剖面结构

普通 V 带已标准化,按截面尺寸分为 Y、Z、A、B、C、D、E 七种型号,各型号的基本尺寸见表 5-2。当带垂直其底边弯曲时,剖面内保持原长度不变的周线称为节线,由全部节线构成的面称为节面。带的节面宽度称为节宽(b_p)。与所配用 V 带的节宽相对应的带轮直径称为基准直径(d_d)。V 带在规定的张紧力下,位于带轮基准直径上的周线长度称为基准长度(L_d),普通 V 带基准长度系列见表 5-3。普通 V 带单位长度的质量见表 5-4。

表 5-2　普通 V 带剖面尺寸(摘自 GB/T 11544—2012)

尺　寸	型　号						
	Y	Z	A	B	C	D	E
节宽 b_p/mm	5.3	8.5	11	14	19	27	32
顶宽 b/mm	6	10	13	17	22	32	38
高度 h/mm	4	6	8	11	14	19	23
横截面积 A/mm²	18	47	81	143	237	476	722
楔角 φ	40°						

表 5-3　普通 V 带的基准长度 L_d(mm)及长度系数 K_L(摘自 GB/T 13575.1—2022)

Y		Z		A		B		C		D		E	
L_d	K_L	L_d	K_L	L_d	K_L	L_d	K_L	L_d	K_L	L_d	K_L	L_d	K_L
200	0.81	405	0.87	630	0.81	930	0.83	1565	0.82	2740	0.82	4660	0.91
224	0.82	475	0.90	700	0.83	1000	0.84	1760	0.85	3100	0.86	5040	0.92
250	0.84	530	0.93	790	0.85	1100	0.86	1950	0.87	3330	0.87	5420	0.94
280	0.87	625	0.96	890	0.87	1210	0.87	2195	0.90	3730	0.90	6100	0.96
315	0.89	700	0.99	990	0.89	1370	0.90	2420	0.92	4080	0.91	6850	0.99
355	0.92	780	1.00	1100	0.91	1560	0.92	2715	0.94	4620	0.94	7650	1.01
400	0.96	920	1.04	1250	0.93	1760	0.94	2880	0.95	5400	0.97	9150	1.05
450	1.00	1080	1.07	1430	0.96	1950	0.97	3080	0.97	6100	0.99	12 230	1.11
500	1.02	1330	1.13	1550	0.98	2180	0.99	3520	0.99	6840	1.02	13 750	1.15
		1420	1.14	1640	0.99	2300	1.01	4060	1.02	7620	1.05	15 280	1.17
		1540	1.54	1750	1.00	2500	1.03	4600	1.05	9140	1.08	16 800	1.19
				1940	1.02	2700	1.04	5380	1.08	10 700	1.13		
				2050	1.04	2870	1.05	6100	1.11	12 200	1.16		
				2200	1.06	3200	1.07	6815	1.14	13 700	1.19		
				2300	1.07	3600	1.09	7600	1.17	15 200	1.21		
				2480	1.09	4060	1.13	9100	1.21				
				2700	1.10	4430	1.15	10 700	1.24				
						4820	1.17						
						5370	1.20						
						6070	1.24						

表 5-4　普通 V 带单位长度的质量

带型号	Y	Z	A	B	C	D	F
$q/(\text{kg/m})$	0.023	0.060	0.105	0.170	0.300	0.630	0.970

5.2　V 带传动的工作情况分析

5.2.1　带传动受力分析

工作前,带必须以一定的张紧力 F_0 张紧在带轮上。静止时,带两边的拉力都等于张紧力 F_0(见图 5-3(a));传动时,由于带与轮面间摩擦力的作用,即将绕进主动轮的一边,拉力由 F_0 增加到 F_1,称为紧边;而另一边带的拉力由 F_0 减为 F_2,称为松边(见图 5-3(b))。两边拉力之差称为带传动的有效拉力,也就是带所传递的圆周力 F,即

$$F = F_1 - F_2 \tag{5-1}$$

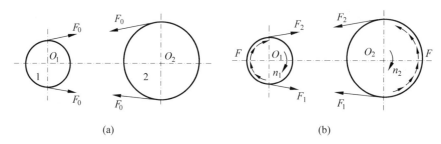

图 5-3　带传动受力分析

设环形带的总长度不变,则紧边拉力的增加量应等于松边拉力的减少量,即

$$F_1 - F_0 = F_0 - F_2 \tag{5-2}$$

联立解式(5-1)和式(5-2)得

$$\begin{cases} F_1 = F_0 + F/2 \\ F_2 = F_0 - F/2 \end{cases} \tag{5-3}$$

设带传动速度为 $v(\text{m/s})$,则带传动传递功率 $P(\text{kW})$ 为

$$P = \frac{Fv}{1000} \tag{5-4}$$

带速 v 不变时,传递的功率 P 取决于带与带轮间的摩擦力。若带所传递的圆周力超过带与轮面间的极限摩擦力总和,带与带轮将发生显著的相对滑动,这种现象称为打滑。

由柔韧体摩擦的欧拉公式可知,带在即将打滑时紧边拉力 F_{1c} 与松边拉力 F_{2c} 的关系为

$$\frac{F_{1c}}{F_{2c}} = e^{f\alpha} \tag{5-5}$$

式中,f ——带与轮面间的摩擦因数(对于 V 带则为当量摩擦因数 f_v);

　　　α ——带轮的包角,rad;

e——自然对数的底。

将式(5-5)代入式(5-1)、式(5-2),整理后可得 V 带在打滑临界状态下的最大有效拉力

$$F_{max} = 2F_0 \frac{e^{f_v \alpha} - 1}{e^{f_v \alpha} + 1} = 2F_0 \left(1 - \frac{2}{e^{f_v \alpha} + 1}\right) \tag{5-6}$$

由式(5-6)可知,增大张紧力、包角和摩擦因数,都可提高带传动所能传递的圆周力,但过量增大 F_0 将会降低带的寿命。

5.2.2　带传动运动分析

带是弹性体,在拉力作用下会产生弹性伸长。由于紧边拉力大于松边拉力,所以紧边的弹性伸长量必然大于松边的弹性伸长量。如图 5-4 所示,带自 A 点绕上主动轮,在 AE_1 段,带的速度与带轮圆周速度相等,但当它沿 E_1B 继续绕进时,带所受拉力由 F_1 逐渐降至 F_2,其弹性伸长量也随之减小,带在带轮上微微向后收缩,而主动轮的圆周速度 v_1 保持不变,所以带的速度逐渐落后于主动轮的圆周速度,从绕上主动轮时的速度 v_1 逐渐降至 v_2,在带和主动轮之间局部出现相对滑动。

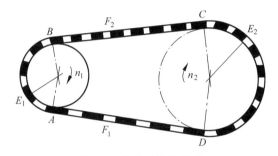

5-2

图 5-4　带传动弹性滑动

同样的现象亦发生在从动轮上,带在 CE_2 段与带轮具有同一速度,但当带沿 E_2D 前进时,带弹性伸长量逐渐增大,使带微微向前拉伸,即带的速度超前于从动轮的圆周速度,带和从动轮之间局部出现相对滑动。这种因带的两边拉力不等而使带弹性变形量不等,引起的带与带轮之间局部微小的相对滑动称为弹性滑动。

打滑是带所传递的圆周力超过带与轮面间的极限摩擦力总和时,带与带轮间发生的显著相对滑动现象。打滑将使带的磨损加剧、传动效率降低,以致传动失效。

弹性滑动和打滑是两个截然不同的概念。打滑是由过载引起的全面滑动,应当避免。弹性滑动是由拉力差引起的,只要传递圆周力,必然会发生弹性滑动,所以,弹性滑动是带传动固有的物理现象。

由于弹性滑动是不可避免的,所以 v_2 总是低于 v_1。传动中由带的滑动引起的从动轮圆周速度的相对降低率称为滑动率 ε,即

$$\varepsilon = \frac{v_1 - v_2}{v_1} = \frac{d_{d1} n_1 - d_{d2} n_2}{d_{d1} n_1} \tag{5-7}$$

由此得带传动的传动比

$$i = \frac{n_1}{n_2} = \frac{d_{d2}}{d_{d1}(1 - \varepsilon)} \tag{5-8}$$

或从动轮的转速

$$n_2 = \frac{n_1 d_{d1}(1-\varepsilon)}{d_{d2}} \qquad (5\text{-}9)$$

带传动的滑动率 ε 一般为 $1\% \sim 2\%$，其值甚微，在一般计算中可不予考虑。

5.2.3　带传动工作应力分析

传动时，带中应力由拉应力、离心拉应力和弯曲应力三部分组成。

1. 松、紧边拉应力

紧边拉应力 $\qquad\qquad\qquad \sigma_1 = F_1/A \qquad\qquad (5\text{-}10)$

松边拉应力 $\qquad\qquad\qquad \sigma_2 = F_2/A \qquad\qquad (5\text{-}11)$

式中，A——带的横截面积，mm^2，见表 5-2。

2. 离心拉应力

当带绕过带轮时，将引起离心拉力 F_c，由此产生的离心拉应力为

$$\sigma_c = \frac{F_c}{A} = \frac{qv^2}{A} \qquad (5\text{-}12)$$

其中，q 为带单位长度的质量，见表 5-4。离心力虽只发生在带做圆周运动的部分，但由此引起的拉力却作用于带的全长。

3. 弯曲应力

带绕过带轮时，因弯曲而产生弯曲应力。V 带中的弯曲应力的大小为

$$\sigma_b = \frac{2yE}{d_d} \qquad (5\text{-}13)$$

式中，y——带的中性层到最外层的垂直距离，mm；

$\quad\quad E$——带的弹性模量，$\mathrm{N/mm}^2$；

$\quad\quad d_d$——带轮基准直径，mm。

图 5-5 所示为带的应力分布情况。由图 5-5 可知，在运转过程中，带经受变应力。最大应力发生在紧边与小轮的接触处，其值为

$$\sigma_{max} = \sigma_1 + \sigma_{b1} + \sigma_c \qquad (5\text{-}14)$$

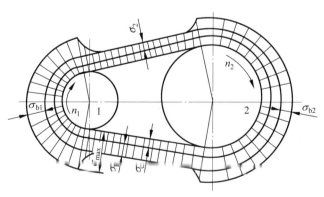

图 5-5　带传动应力分析

5.3　V 带传动的承载能力与设计计算

5.3.1　带传动承载能力

1. 失效形式

带传动的主要失效形式是：带在带轮上打滑和带的疲劳损坏（撕裂、脱层或断裂）。因此，其设计准则是：保证带在传动时不打滑，同时具有足够的疲劳强度。

2. 单根 V 带所能传递的功率

为保证带传动工作时不打滑，必须限制带所需传递的圆周力，使其不超过带传动的最大有效拉力（摩擦力总和的极限值），即

$$F_{\max} = F_1 - F_2 = F_1\left(1 - \frac{1}{\mathrm{e}^{f_v\alpha}}\right) = \sigma_1 A\left(1 - \frac{1}{\mathrm{e}^{f_v\alpha}}\right) \tag{5-15}$$

则带传动不发生打滑所能传递的功率为

$$P \leqslant \frac{F_{\max}v}{1000} = \frac{\sigma_1 A\left(1 - \dfrac{1}{\mathrm{e}^{f_v\alpha}}\right)v}{1000}, \mathrm{kW} \tag{5-16}$$

为保证传动带有足够的疲劳寿命，应满足 $\sigma_{\max} \leqslant [\sigma]$。式中 $[\sigma]$ 为保证带具有一定寿命的许用应力。由

$$\sigma_{\max} = \sigma_1 + \sigma_{b1} + \sigma_c \leqslant [\sigma]$$

或

$$\sigma_1 \leqslant [\sigma] - \sigma_{b1} - \sigma_c$$

得带传动既不打滑又有一定疲劳强度的单根带所能传递的功率为

$$P \leqslant \frac{([\sigma] - \sigma_{b1} - \sigma_c)A\left(1 - \dfrac{1}{\mathrm{e}^{f_v\alpha}}\right)v}{1000}, \mathrm{kW} \tag{5-17}$$

由实验得出，在 $10^8 \sim 10^9$ 次循环应力下，普通 V 带的疲劳强度许用应力为

$$[\sigma] = \left(\frac{CL_d}{3600 L_h j v}\right)^{0.09} \tag{5-18}$$

式中，L_d——V 带的基准长度，m；

j——带绕过的带轮数；

L_h——带的使用寿命，h；

v——带速，m/s；

C——由带的材质和结构决定的实验常数。

将 $[\sigma]$、σ_{b1}、σ_c 代入式(5-17)，取 $\alpha_1 = \alpha_2 = 180°$，$j = 2$，对特定带长，载荷平稳时，得到单根普通 V 带能够传递的功率为

$$P \leqslant \frac{\left[\left(\dfrac{CL_d}{7200 L_h v}\right)^{0.09} - \dfrac{2yE}{d_{d1}} - \dfrac{qv^2}{A}\right]Av\left(1 - \dfrac{1}{\mathrm{e}^{f_v\alpha}}\right)}{1000} \tag{5-19}$$

记式(5-19)右边为 P_0，P_0 称为带的基本额定功率，其值见表5-5。

表 5-5　单根普通 V 带的基本额定功率 P_0（摘自 GB/T 13575.1—2022）　　　单位：kW

带型	小带轮的基准直径 d_{d1}/mm	小带轮转速 n_1/(r/min)									
		400	700	800	950	1200	1450	1600	2000	2400	2800
Y	20	—	—	—	0.01	0.02	0.02	0.03	0.03	0.04	0.04
	25	—	—	0.03	0.03	0.03	0.04	0.05	0.05	0.06	0.07
	28	—	—	0.03	0.04	0.04	0.05	0.05	0.06	0.07	0.08
	31.5	—	0.03	0.04	0.04	0.05	0.06	0.06	0.07	0.09	0.10
	35.5	—	0.04	0.05	0.05	0.06	0.06	0.07	0.08	0.09	0.11
	40	—	0.04	0.05	0.06	0.07	0.08	0.09	0.11	0.12	0.14
	45	0.04	0.05	0.06	0.07	0.08	0.09	0.11	0.12	0.14	0.16
	50	0.05	0.06	0.07	0.08	0.09	0.11	0.12	0.14	0.16	0.18
Z	50	0.06	0.09	0.10	0.12	0.14	0.16	0.17	0.20	0.22	0.26
	56	0.06	0.11	0.12	0.14	0.17	0.19	0.20	0.25	0.30	0.33
	63	0.08	0.13	0.15	0.18	0.22	0.25	0.27	0.32	0.37	0.41
	71	0.09	0.17	0.20	0.23	0.27	0.30	0.33	0.39	0.46	0.50
	80	0.14	0.20	0.22	0.26	0.30	0.35	0.39	0.44	0.50	0.56
	90	0.14	0.22	0.24	0.28	0.33	0.36	0.40	0.48	0.54	0.60
A	75	0.26	0.40	0.45	0.51	0.60	0.68	0.73	0.84	0.92	1.00
	90	0.39	0.61	0.68	0.77	0.93	1.07	1.15	1.34	1.50	1.64
	100	0.47	0.74	0.83	0.95	1.14	1.32	1.42	1.66	1.87	2.05
	112	0.56	0.90	1.00	1.15	1.39	1.61	1.74	2.04	2.30	2.51
	125	0.67	1.07	1.19	1.37	1.66	1.92	2.07	2.44	2.74	2.98
	140	0.78	1.26	1.41	1.62	1.96	2.28	2.45	2.87	3.22	3.48
	160	0.94	1.51	1.69	1.95	2.36	2.73	2.94	3.42	3.80	4.06
	180	1.09	1.76	1.97	2.27	2.74	3.16	3.40	3.93	4.32	4.54
B	125	0.84	1.30	1.44	1.64	1.93	2.19	2.33	2.64	2.85	2.96
	140	1.05	1.64	1.82	2.08	2.47	2.82	3.00	3.42	3.70	3.85
	160	1.32	2.09	2.32	2.66	3.17	3.62	3.86	4.40	4.75	4.89
	180	1.59	2.53	2.81	3.22	3.85	4.39	4.68	5.30	5.67	5.76
	200	1.85	2.96	3.30	3.77	4.50	5.13	5.46	6.13	6.47	6.43
	224	2.17	3.47	3.86	4.42	5.26	5.97	6.33	7.02	7.25	6.95
	250	2.50	4.00	4.46	5.10	6.04	6.82	7.20	7.87	7.89	7.14
	280	2.89	4.61	5.13	5.85	6.90	7.76	8.13	8.60	8.22	6.80
C	200	2.41	3.69	4.07	4.58	5.29	5.84	6.07	6.34	6.02	5.01
	224	2.99	4.64	5.12	5.78	6.71	7.45	7.75	8.06	7.57	6.08
	250	3.62	5.64	6.23	7.04	8.21	9.04	9.38	9.62	8.75	6.56
	280	4.32	6.76	7.52	8.49	9.81	10.72	11.06	11.04	9.50	6.13
	315	5.11	8.00	8.92	10.05	11.53	12.46	12.72	12.14	9.43	4.16
	355	6.05	9.50	10.46	11.73	13.31	14.12	14.19	12.59	7.98	—
	400	7.06	11.02	12.10	13.48	15.04	15.53	15.24	11.95	4.34	—
	450	8.20	12.63	13.80	15.23	16.59	16.47	15.57	9.64	—	—

续表

带型	小带轮的基准直径 d_{d1}/mm	小带轮转速 n_1/(r/min)									
		400	700	800	950	1200	1450	1600	2000	2400	2800
D	355	9.24	13.70	14.83	16.15	17.25	16.77	15.63	—	—	—
	400	11.45	17.07	18.46	20.06	21.20	20.15	18.31			
	450	13.85	20.63	22.25	24.01	24.84	22.02	19.59	—	—	—
	500	16.20	23.99	25.76	27.50	26.71	23.59	18.88	—	—	—
	560	18.95	27.73	29.55	31.04	29.67	22.58	15.13	—	—	—
	630	22.05	31.68	33.38	34.19	30.15	18.06	6.25	—	—	—
	710	25.45	35.59	36.87	36.35	27.88	7.99	—	—	—	—
	800	29.08	39.14	39.55	36.76	21.32	—	—	—	—	—

当传动比 $i>1$ 时,从动轮直径比主带轮直径大,带在大带轮上的弯曲应力比在小带轮上的小,故其传动能力得到提高,在寿命相同的条件下,传递的功率可以大一些。用额定功率的增量 ΔP_0 来考虑此影响,其值见表 5-6。

表 5-6　单根普通 V 带 $i>1$ 时传动功率的增量 ΔP_0(摘自 GB/T 13575.1—2022)　　单位:kW

带型	传动比 i	小带轮转速 n_1/(r/min)									
		400	700	800	950	1200	1450	1600	2000	2400	2800
Y	1.00~1.01	0.00	0.00	0.00	0.00	0.00	0.00	0.00	0.00	0.00	0.00
	1.02~1.04	0.00	0.00	0.00	0.00	0.00	0.00	0.00	0.00	0.00	0.00
	1.05~1.08	0.00	0.00	0.00	0.00	0.00	0.00	0.00	0.00	0.00	0.00
	1.09~1.12	0.00	0.00	0.00	0.00	0.00	0.00	0.00	0.00	0.01	0.01
	1.13~1.18	0.00	0.00	0.00	0.00	0.00	0.00	0.00	0.01	0.01	0.01
	1.19~1.24	0.00	0.00	0.00	0.00	0.00	0.01	0.01	0.01	0.01	0.01
	1.25~1.34	0.00	0.00	0.01	0.01	0.01	0.01	0.01	0.01	0.01	0.02
	1.35~1.50	0.00	0.00	0.00	0.00	0.00	0.00	0.01	0.01	0.02	0.02
	1.51~1.99	0.00	0.00	0.01	0.01	0.01	0.01	0.01	0.02	0.02	0.02
	≥2.00	0.00	0.00	0.01	0.01	0.01	0.01	0.01	0.02	0.02	0.02
Z	1.00~1.01	0.00	0.00	0.00	0.00	0.00	0.00	0.00	0.00	0.00	0.00
	1.02~1.04	0.00	0.00	0.00	0.00	0.00	0.00	0.01	0.01	0.01	0.01
	1.05~1.08	0.00	0.00	0.00	0.00	0.00	0.01	0.01	0.02	0.02	0.02
	1.09~1.12	0.00	0.00	0.00	0.01	0.01	0.01	0.01	0.02	0.02	0.02
	1.13~1.18	0.00	0.00	0.01	0.01	0.01	0.01	0.01	0.02	0.02	0.03
	1.19~1.24	0.00	0.00	0.01	0.01	0.01	0.02	0.02	0.02	0.03	0.03
	1.25~1.34	0.00	0.01	0.01	0.01	0.02	0.02	0.02	0.03	0.03	0.03
	1.35~1.50	0.00	0.01	0.01	0.02	0.02	0.02	0.02	0.03	0.03	0.04
	1.51~1.99	0.01	0.01	0.02	0.02	0.02	0.02	0.03	0.03	0.04	0.04
	≥2.00	0.01	0.02	0.02	0.02	0.03	0.03	0.03	0.04	0.04	0.04

带型	传动比 i	小带轮转速 n_1/(r/min)									
		400	700	800	950	1200	1450	1600	2000	2400	2800
A	1.00～1.01	0.00	0.00	0.00	0.00	0.00	0.00	0.00	0.00	0.00	0.00
	1.02～1.04	0.01	0.01	0.01	0.01	0.02	0.02	0.02	0.03	0.03	0.04
	1.05～1.08	0.01	0.02	0.02	0.03	0.03	0.04	0.04	0.06	0.07	0.08
	1.09～1.12	0.02	0.03	0.03	0.04	0.05	0.06	0.06	0.08	0.10	0.11
	1.13～1.18	0.02	0.04	0.04	0.05	0.07	0.08	0.09	0.11	0.13	0.15
	1.19～1.24	0.03	0.05	0.05	0.06	0.08	0.09	0.11	0.13	0.16	0.19
	1.25～1.34	0.03	0.06	0.06	0.07	0.10	0.11	0.13	0.16	0.19	0.23
	1.35～1.50	0.04	0.07	0.08	0.08	0.11	0.13	0.15	0.19	0.23	0.26
	1.51～1.99	0.04	0.08	0.09	0.10	0.13	0.15	0.17	0.22	0.26	0.30
	≥2.00	0.05	0.09	0.10	0.11	0.15	0.17	0.19	0.24	0.29	0.34
B	1.00～1.01	0.00	0.00	0.00	0.00	0.00	0.00	0.00	0.00	0.00	0.00
	1.02～1.04	0.01	0.02	0.03	0.03	0.04	0.05	0.06	0.07	0.08	0.10
	1.05～1.08	0.03	0.05	0.06	0.07	0.08	0.10	0.11	0.14	0.17	0.20
	1.09～1.12	0.04	0.07	0.08	0.10	0.13	0.15	0.17	0.21	0.25	0.29
	1.13～1.18	0.06	0.10	0.11	0.13	0.17	0.20	0.23	0.28	0.34	0.39
	1.19～1.24	0.07	0.12	0.14	0.17	0.21	0.25	0.28	0.35	0.42	0.49
	1.25～1.34	0.08	0.15	0.17	0.20	0.25	0.31	0.34	0.42	0.51	0.59
	1.35～1.50	0.10	0.17	0.20	0.23	0.30	0.36	0.39	0.49	0.59	0.69
	1.51～1.99	0.11	0.20	0.23	0.26	0.34	0.40	0.45	0.56	0.68	0.79
	≥2.00	0.13	0.22	0.25	0.30	0.38	0.46	0.51	0.63	0.76	0.89
C	1.00～1.01	0.00	0.00	0.00	0.00	0.00	0.00	0.00	0.00	0.00	0.00
	1.02～1.04	0.04	0.07	0.08	0.09	0.12	0.14	0.16	0.20	0.23	0.27
	1.05～1.08	0.08	0.14	0.16	0.19	0.24	0.28	0.31	0.39	0.47	0.55
	1.09～1.12	0.12	0.21	0.23	0.27	0.35	0.42	0.47	0.59	0.70	0.82
	1.13-1.18	0.16	0.27	0.31	0.37	0.47	0.58	0.63	0.78	0.94	1.10
	1.19～1.24	0.20	0.34	0.39	0.47	0.59	0.71	0.78	0.98	1.18	1.37
	1.25～1.34	0.23	0.41	0.47	0.56	0.70	0.85	0.94	1.17	1.41	1.64
	1.35～1.50	0.27	0.48	0.55	0.65	0.82	0.99	1.10	1.37	1.65	1.92
	1.51～1.99	0.31	0.55	0.63	0.74	0.94	1.14	1.25	1.57	1.88	2.19
	≥2.00	0.35	0.62	0.71	0.83	1.06	1.27	1.41	1.76	2.12	2.47

5.3.2 V带传动的设计计算

1) 已知数据及设计内容

V 带设计已知数据：所需传递的额定功率 P，带轮转速，工作条件及外廓尺寸要求等。

设计内容包括：确定 V 带的型号,标准长度,根数,中心距,带轮直径、材料和结构,张紧力以及对带轮轴的压力等。

2）设计步骤

（1）选择 V 带型号。计算功率

$$P_c = K_A P \tag{5-20}$$

式中,P——所需传递的额定功率,如电动机的额定功率或名义的负载功率,kW;

K_A——工作情况系数,见表 5-7。

表 5-7 工作情况系数 K_A

工作机		原动机（一天工作时数/h）					
		I 类			II 类		
		≤10	10~16	>16	≤10	10~16	>16
载荷严稳	液体搅拌机,离心式水泵,通风机和鼓风机（≤7.5 kW）,离心式压缩机,轻型运输机	1.0	1.1	1.2	1.1	1.2	1.3
载荷变动小	带式运输机（运送砂石、谷物）,通风机（>7.5 kW）,发电机,旋转式水泵,金属切削机床,剪床,压力机,印刷机,振动筛	1.1	1.2	1.3	1.2	1.3	1.4
载荷变动较大	螺旋式运输机,斗式提升机,往复式水泵和压缩机,锻锤,磨粉机,锯木机和木工机械,纺织机械	1.2	1.3	1.4	1.4	1.5	1.6
载荷变动很大	破碎机（旋转式、颚式等）,球磨机,棒磨机,起重机,挖掘机,橡胶辊压机	1.3	1.4	1.5	1.5	1.6	1.8

注：I 类——直流电动机、Y 系列三相异步电动机、汽轮机、水轮机;

II 类——交流同步电动机、交流异步滑环电动机、内燃机、蒸汽机。

根据计算功率 P_c 和小带轮转速 n_1,由图 5-6 初选带的型号。

（2）确定带轮基准直径。带轮直径小能使传动尺寸紧凑,但直径过小,将使带的弯曲应力过大,寿命降低,因此带轮直径应适中。小带轮直径 d_{d1} 应大于或等于表 5-8 所示的最小基准直径 d_{dmin},大带轮直径一般可按 $d_{d2} = (n_1/n_2)d_{d1}$ 计算,并按表 5-8 取标准值。

表 5-8 V 带带轮最小基准直径 d_{dmin} 和基准直径系列 d_d 　　　　单位：mm

型号	Y	Z	A	B	C	D	E
最小基准直径 d_{dmin}	20	50	75	125	200	355	500
基准直径系列 d_d	20,22.4,25,28,31.5,35.5,40,45,50,56,63,71,75,80,85,90,95,100,106,112,118,125,132,140,150,160,170,180,200,212,224,236,250,265,280,300,315,355,375,400,425,450,475,500,530,560,600,630,670,710,750,800,900,1000						

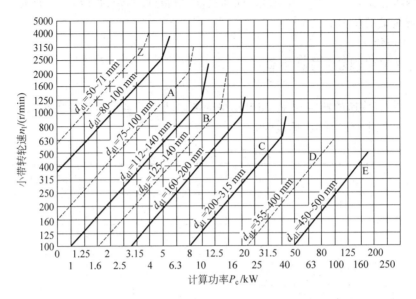

图 5-6　普通 V 带选型图

（3）验算带速 v。带速 v 按 $\pi d_{d1} n_1/60\,000$（m/s）计算，一般应使带速在 $5\sim25$ m/s 的范围内。这是因为：若带速过小，则当传递的功率一定时，有效拉力将增大，将增加带的根数；带速过高，会导致离心力增大，使带和带轮间正压力减小而降低传动能力，并影响带的寿命。带速过高或过低时，可调整 d_{d1} 或 n_1。

（4）确定中心距 a、带基准长度 L_d。若没有给定中心距，可按 $0.7(d_{d1}+d_{d2})\leqslant a_0\leqslant 2(d_{d1}+d_{d2})$ 初选 a_0。这是因为：若带传动的中心距过小，则在一定的速度下，单位时间内带的应力变化次数越多，会加速带的疲劳损坏；若中心距过大，则带的横向颤动严重。

初选中心距 a_0 之后，可根据下式计算初定带长 L'：

$$L' = 2a_0 + \frac{\pi(d_{d1}+d_{d2})}{2} + \frac{(d_{d2}-d_{d1})^2}{4a_0}$$　　　　　（5-21）

根据初算的带长 L'，由表 5-3 选取接近的基准长度 L_d。实际中心距 a 可根据选定的 L_d 计算：

$$a \approx a_0 + \frac{L_d - L'}{2}$$　　　　　（5-22）

考虑安装调整和补偿张紧力的需要，中心距的变动范围为 $(a-0.015L_d)\sim(a+0.03L_d)$。

（5）验算带轮的包角。带轮直径和中心距确定之后，可按下式验算带轮的包角：

$$\alpha_1 = 180° - (d_{d2}-d_{d1}) \times \frac{57.3°}{a} \geqslant 120°$$　　　　　（5-23）

（6）确定 V 带根数。V 带根数 z 可按下式计算：

$$z = \frac{P_c}{(P_0 + \Delta P_0)K_\alpha K_L}$$　　　　　（5-24）

式中，K_α——包角系数，考虑 $\alpha \neq 180°$ 时对传动能力的影响，见表 5-9；

K_L——长度系数，考虑带长不等于特定带长时对寿命的影响，见表 5-3。

带的根数不宜过多，否则将使载荷分布不均，一般 $z_{max} \leqslant 10$。如果计算出的根数过多，应改选带的型号，重新计算。

表 5-9　包角系数 K_α

包角 α_1	180°	175°	170°	165°	160°	155°	150°	145°	140°	135°	130°	125°	120°
K_α	1.00	0.99	0.98	0.96	0.95	0.93	0.92	0.91	0.89	0.88	0.86	0.84	0.82

（7）确定张紧力。能保证传递功率要求，而又不出现打滑时的单根普通 V 带合适的张紧力可按下式计算：

$$F_0 = \frac{500 P_c}{zv}\left(\frac{2.5}{K_\alpha} - 1\right) + qv^2 \tag{5-25}$$

（8）计算带轮轴上压力。在设计带轮的轴和轴承时，必须确定 V 带作用在轴上的压力 F_p，F_p 可近似地按下式计算（见图 5-7）：

$$F_p = 2zF_0 \sin\frac{\alpha_1}{2} \tag{5-26}$$

为使带拉力不作用在轴上以减小轴的挠度和提高轴的旋转精度，可以采用卸载带轮（见图 5-8）。图 5-8 中带拉力由安装在砂轮架后盖上的滚动轴承承受，转矩则通过一对相互啮合的内齿和外齿齿轮使砂轮主轴旋转。传递功率不大时，装在轴上的齿轮可用塑料制造，有利于缓冲、减振。

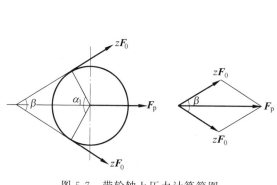

图 5-7　带轮轴上压力计算简图

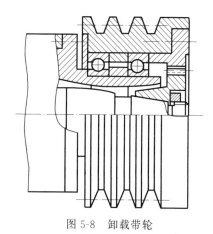

图 5-8　卸载带轮

例 5-1　设计带式输送机的 V 带传动装置，原动机为 Y 型异步电动机，功率 $P = 7.5$ kW，转速 $n_1 = 1450$ r/min，$n_2 = 630$ r/min，工作中有轻度冲击，单班制工作，要求中心距为 $600 \sim 800$ mm。

解　设计过程见下表：

计 算 项 目 及 说 明	结　　　果
1. 确定 V 带型号	
工作情况系数 K_A,查表 5-7	$K_A = 1.1$
计算功率 P_c,由式(5-20),$P_c = K_A P = 1.1 \times 7.5$ kW	$P_c = 8.25$ kW
V 带型号,根据 P_c 和 n_1 值查图 5-6	A 型
2. 确定带轮基准直径 d_{d1}、d_{d2}	
小带轮直径 d_{d1},查表 5-8	$d_{d1} = 100$ mm
大带轮直径 d_{d2},$d_{d2} = (n_1/n_2)d_{d1} = 1450/630 \times 100$ mm $= 230.16$ mm,按	$d_{d2} = 224$ mm
表 5-8 圆整	
3. 验算带速 v	
$v = \pi d_{d1} n_1 / 60\ 000 = \pi \times 100 \times 1450 / 60\ 000$ m/s	$v = 7.59$ m/s
要求带速在 5～25 m/s 范围	带速符合要求
4. 确定 V 带长度 L_d 和中心距 a	
初取中心距 $a_0 = 700$ mm,由式(5-21)初算带的基准长度 L'	
$L' = 2a_0 + \dfrac{\pi(d_{d1}+d_{d2})}{2} + \dfrac{(d_{d2}-d_{d1})^2}{4a_0}$	
$= \left[2\times700 + \dfrac{\pi(100+224)}{2} + \dfrac{(224-100)^2}{4\times700} \right]$ mm	
$= 1914$ mm	
按表 5-3 圆整	$L_d = 2000$ mm
由式(5-22),$a \approx a_0 + \dfrac{L_d - L'}{2} = [700 + (2000-1914)/2]$ mm	$a = 743$ mm
5. 验算小带轮包角 α_1	
由式(5-23),$\alpha_1 = 180° - \dfrac{d_{d2}-d_{d1}}{a} \times 57.3° = 180° - (224-100)/743 \times 57.3°$	$\alpha_1 = 170.4° > 120°$
6. 确定 V 带根数 z	
单根 V 带试验条件下基本额定功率 P_0,查表 5-5	$P_0 = 1.32$ kW
传递功率增量 ΔP_0,查表 5-6($i = 224/100 = 2.24$)	$\Delta P_0 = 0.17$ kW
包角系数 K_α,查表 5-9	$K_\alpha = 0.98$
长度系数 K_L,查表 5-3	$K_L = 1.03$
由式(5-24),$z = \dfrac{P_c}{(P_0 + \Delta P_0)K_\alpha K_L} = \dfrac{8.25}{(1.32+0.17)\times0.98\times1.03} = 5.49$	圆整取 $z = 6$
7. 计算初拉力 F_0	
由式(5-25),$F_0 = \dfrac{500P_c}{zv}\left(\dfrac{2.5}{K_\alpha} - 1\right) + qv^2$	
带单位长度质量 q,查表 5-4	$q = 0.1$ kg/m
则 $F_0 = \dfrac{500P_c}{zv}\left(\dfrac{2.5}{K_\alpha} - 1\right) + qv^2 = \left[\dfrac{500\times8.25}{6\times7.58}\left(\dfrac{2.5}{0.98} - 1\right) + 0.1\times7.58^2 \right]$ N	$F_0 = 146.25$ N
8. 计算压轴力 F_p	
由式(5-26),$F_p = 2zF_0 \sin\dfrac{\alpha_1}{2} = 2\times6\times146.25\times\sin(170.4°/2)$ N	$F_p = 1749$ N

5.4　带传动的张紧

带传动在工作一段时间后会发生塑性伸长而松弛,使张紧力降低。因此,带传动需要有重新张紧的装置,以保持正常工作。张紧装置分定期张紧和自动张紧两类,见表 5-10。

表 5-10　带传动的张紧装置

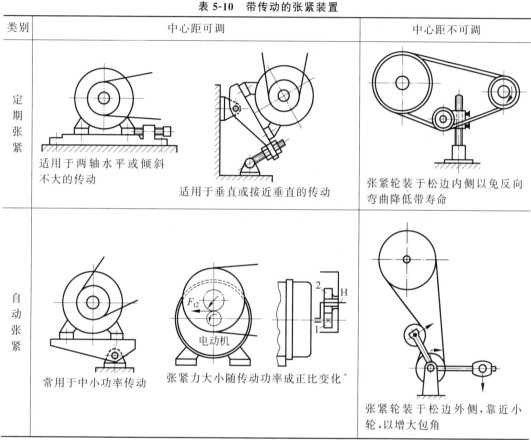

类别	中心距可调		中心距不可调
定期张紧	适用于两轴水平或倾斜不大的传动	适用于垂直或接近垂直的传动	张紧轮装于松边内侧以免反向弯曲降低带寿命
自动张紧	常用于中小功率传动	张紧力大小随传动功率成正比变化*	张紧轮装于松边外侧,靠近小轮,以增大包角

* 带轮与齿轮 2 为一体,套在系杆 H 上,可绕电动机轴上齿轮 1 摆动,当传递功率增大时,F_{t2} 增加,带张紧力加大。

5.5　链传动概述

链传动由主动链轮、从动链轮和链条组成(见图 5-9),靠链条与链轮轮齿的啮合来传递运动和动力。由于链传动经济可靠,故广泛应用于农业机械、矿山机械、冶金机械、起重机械、运输机械、石油机械、化工机械、纺织机械等各种机械中。

与带传动相比,链传动的主要优点是:没有弹性滑动和打滑,能保持准确的平均传动比;需要的张紧力小,作用在轴上的压力也

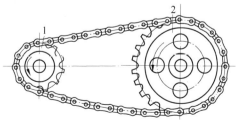

图 5-9　链传动组成

小；工况相同时，传动尺寸较紧凑；能在温度较高、湿度较大、有油污等恶劣环境条件下工作；效率较高，与齿轮传动相比，链传动的制造和安装精度要求较低，中心距较大时传动结构简单。链传动的主要缺点是：只能用于平行轴间的传动；瞬时链速和瞬时传动比不是常数，传动平稳性较差，工作中有冲击和噪声；不宜在载荷变化很大和急促反向的传动中应用；磨损后易发生跳齿；制造费用比带传动高。

按用途不同，链传动可分为传动链、起重链和曳引链三种。起重链和曳引链主要用在起重机械和运输机械中提升重物和移动重物。一般机械传动中常用传动链。本节只讨论传动链。

目前，链传动最大传递功率可达到 5000 kW，常用链传动的传递功率通常在 100 kW 以下。最高链速可达到 40 m/s，常用链速不超过 15 m/s。最大传动比达到 15，常用传动比小于 8。

5.6　传动链的结构特点

按结构不同，传动链主要有齿形链（见图 5-10）和套筒滚子链（简称为滚子链，见图 5-11），滚子链结构简单，应用最广。齿形链传动平稳，能承受较大冲击，适用于高速，但结构复杂，成本高。本章介绍滚子链。

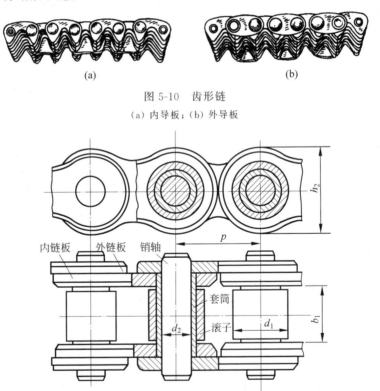

(a)　　　　　　　　　　　(b)

图 5-10　齿形链

（a）内导板；（b）外导板

图 5-11　滚子链结构

5.6.1　滚子链结构

如图 5-11 所示，滚子链由内链板、外链板、销轴、套筒和滚子等组成。滚子与套筒、套筒与销轴均为间隙配合。套筒与内链板、销轴与外链板分别为过盈配合。当链条在链轮上啮入和啮出时,滚子沿链轮轮齿滚动,磨损小。链板一般做成 8 字形,以减轻重量并保持链板各横截面的强度大致相等。

滚子链上相邻两滚子中心的距离称为链的节距,用 p 表示,它是链条的主要参数。节距越大,链条各零件的尺寸越大,所能传递的功率也越大。若要求传递功率大且结构尺寸小时,可采用小节距的双排链(见图 5-12)或多排链等。多排链是把一根以上的单排链并列,用长销轴连接起来形成的。由于排数越多,各排受力越不均匀,故实际应用中一般不超过 4 排。

滚子链接头形式如图 5-13 所示。当链节数为偶数时,链条的封闭接头可用开口销(见图 5-13(a))或弹簧夹(见图 5-13(b));当链节数为奇数时,需采用一个过渡链节(见图 5-13(c))。由于过渡链节的链板在工作时要承受附加的弯矩,所以通常应避免采用过渡链节。

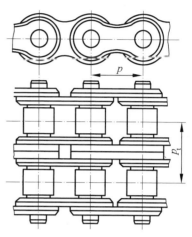

图 5-12 双排滚子链

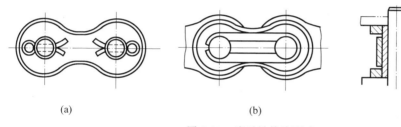

(a)　　　　　　　　　(b)　　　　　　　　　(c)

图 5-13 滚子链接头形式

滚子链已标准化,分为 A、B 两个系列,常用的是 A 系列。表 5-11 列出了部分滚子链的主要参数。

表 5-11 部分滚子链的主要参数(GB/T 1243—2006)

链号	节距 p/mm	滚子外径 d_1(max)/mm	销轴直径 d_2(max)/mm	内链节内宽 b_1(min)/mm	内链板高度 h_2(max)/mm	排距 p_t/mm	单排每米质量 q/(kg/m)	单排链板极限拉伸载荷 F_B/N
06B	9.525	6.35	3.28	5.72	8.26	10.24	0.4	8920
08B	12.70	8.51	4.45	7.75	11.81	13.92	0.7	17 820
10A	15.875	10.16	5.08	9.40	15.09	18.11	1.0	21 770
12A	19.05	11.91	5.96	12.57	18.08	22.78	1.5	31 180
16A	25.40	15.88	7.94	15.75	24.13	29.29	2.6	55 590
20A	31.75	19.05	9.54	18.90	30.18	35.76	3.8	86 770
24A	38.10	22.23	11.11	25.22	36.20	45.44	5.6	124 510
28A	44.45	25.40	12.71	25.22	42.24	48.87	7.5	169 020
32A	50.80	28.58	14.29	31.55	48.26	58.55	10.10	222 350
40A	63.50	39.68	19.85	37.85	60.33	71.55	16.10	346 860

注:滚子链的标记规定为链号—排数×链节数标准号。

例如:10A—1×88,GB/T 1243—2006 表示:A 系列、节距 15.875 mm、单排、88 节的滚子链。

5.6.2　滚子链链轮齿形、材料

为了减少传动中的冲击、振动,减少链与链轮的磨损,链轮必须具有正确的齿形。

滚子链与链轮的啮合属于非共轭啮合,其链轮齿形的设计比较灵活。国家标准 GB/T 1243—2006 只规定了链轮的最大和最小齿槽尺寸,见表 5-12。链轮分度圆直径 d 计算公式如下:

$$d = \frac{p}{\sin\dfrac{180°}{z}} \tag{5-27}$$

表 5-12　滚子链链轮的齿槽形状(GB/T 1243—2006)

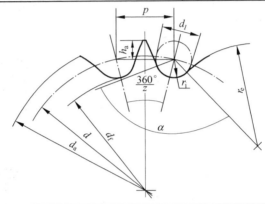

名　　称	符　　号	计算公式	
		最小齿槽	最大齿槽
齿槽圆弧半径	r_e	$r_{emax} = 0.12d_1(z+2)$	$r_{emin} = 0.008d_1(z^2+180)$
齿沟圆弧半径	r_i	$r_{imin} = 0.505d_1$	$r_{imax} = 0.505d_1 + 0.069\sqrt[3]{d_1}$
齿沟角	α	$\alpha_{max} = 140° - 90°/z$	$\alpha_{min} = 120° - 90°/z$

链轮的主要尺寸及轴面齿形尺寸见 16.2.4 节。

链轮材料应能保证轮齿具有足够的强度和耐磨性。由于小链轮的啮合次数比大链轮多,所受冲击力也大,故所用材料一般优于大链轮。链轮的常用材料、热处理和应用范围见表 5-13。

表 5-13　链轮常用材料及、热处理及应用范围

材　　料	热处理	热处理后的硬度	应用范围
15、20	渗碳、淬火、回火	50～60HRC	$z \leqslant 25$,有冲击载荷的主、从动轮
35	正火	160～200HRC	正常工作条件下,齿数较多($z > 25$)的链轮
40、50、ZG310-570	淬火、回火	40～50HRC	无剧烈振动及冲击的链轮
15Cr、20Cr	渗碳、淬火、回火	50～60HRC	有动载荷及传递较大功率的重要链轮($z < 25$)
5SiMn、40Cr、35CrMo	淬火、回火	40～50HRC	使用优质链条,重要的链轮
Q235、Q275	焊接后退火	140HBW	中等速度、传递中等功率的较大链轮
普通灰铸铁(不低于 HT150)	淬火、回火	260～280HBW	$z_2 > 50$ 的从动链轮
夹布胶木	—	—	功率小于 6 kW、速度较高、要求平稳传动和噪声小的链轮

5.7　链传动的运动特性

5.7.1　链传动的运动不均匀性

链条与链轮啮合,相当于链条折绕在边长为节距 p、边数为链轮齿数 z 的正多边形上(见图 5-14)。链轮每转一周,链条移动的距离为 zp,链的平均速度和平均传动比分别为

$$v = \frac{z_1 p n_1}{60 \times 1000} = \frac{z_2 p n_2}{60 \times 1000} \tag{5-28}$$

$$i = \frac{n_1}{n_2} = \frac{z_2}{z_1} \tag{5-29}$$

式中,z_1、z_2——两链轮的齿数;

n_1、n_2——两链轮的转速,r/min。

实际上,即使主动链轮以等角速度 ω_1 回转,瞬时链速 v、瞬时传动比 i 以及从动链轮角速度 ω_2 都是变化的。如图 5-14 所示,当主动链轮以等角速度 ω_1 转动时,销轴轴心做等速圆周运动,其值为 $v_1 = \dfrac{d_1 \omega_1}{2}$。设紧边在传动时始终处于水平位置,当销轴轴心位于 β 角时,v_1 可分解为沿着水平方向的链速 v 和垂直方向的移动速度 v'。其值分别为

$$v = \frac{d_1 \omega_1}{2}\cos\beta$$

$$v' = \frac{d_1 \omega_1}{2}\sin\beta \tag{5-30}$$

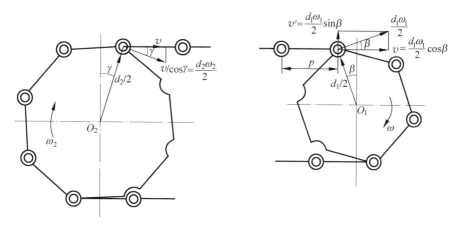

图 5-14　链传动速度分析

当 β 角在 $-\varphi_1/2 \sim +\varphi_1/2(\varphi_1 = 360°/z_1)$ 的范围内变化时,v 和 v' 随 β 周期性变化,当 $\beta = \pm\varphi_1/2$ 时得 $v_{\min}$,$\beta = 0$ 时得 $v_{\max}$。链速变化规律如图 5-15 所示。

由此可见,虽然主动链轮做等角速度转动,链条的瞬时速度却周期性地发生变化。链轮的节距越大,齿数越少,β 角的变化范围就越大,链速的变化也就越大。与此同时,链条的垂直分速度 v' 也在周期性地变化,给链传动带来工作的不稳定性和有规律的振动。

同理,每一链节在与从动轮轮齿啮合的过程中,链节铰链在从动轮上的相位角 γ,亦不断地在 $-180°/z_2 \sim +180°/z_2$ 范围内变化(见图 5-14),所以从动链轮的角速度为

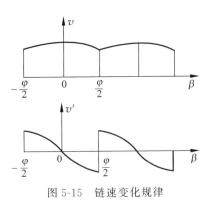

$$\omega_2 = \frac{2v}{d_2\cos\gamma} = \frac{d_1\omega_1\cos\beta}{d_2\cos\gamma} \qquad (5\text{-}31)$$

链传动的瞬时传动比 $\quad i = \dfrac{\omega_1}{\omega_2} = \dfrac{d_2\cos\gamma}{d_1\cos\beta} \qquad (5\text{-}32)$

由式(5-31)、式(5-32)可知,随着 β 角和 γ 角的不断

图 5-15　链速变化规律

变化,链传动从动轮角速度和瞬时传动比也是不断变化的。只有在 $z_1 = z_2$,且传动的中心距恰为节距 p 的整数倍时,即 β 角和 γ 角的变化时时相等时,ω_2 和 i 才能得到恒定值。

5.7.2　链传动的动载荷

链传动工作中产生的附加动载荷有:

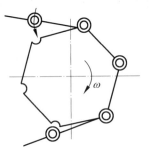

(1) 链速和从动轮角速度周期性变化引起的附加动载荷;

(2) 链在垂直方向分速度 v' 周期性变化引起的附加动载荷;

(3) 链节进入链轮的瞬间,链节和轮齿以一定的相对速度相啮合(见图 5-16),使链和轮齿受到冲击,产生附加动载荷;

(4) 若链张紧不好,链条松弛,在起动、制动、反转、载荷变化等情况下,将产生惯性冲击,使链传动产生很大的动载荷。

图 5-16　链条与链轮啮合瞬间冲击

由于链传动的附加动载荷,产生振动和噪声,加速链的损坏和轮齿的磨损,同时降低了传动效率。显然,链节距越大,链轮齿数越少,链轮转速越高,则附加动载荷也越大。

5.8　滚子链传动的选择与计算

5.8.1　失效形式和功率曲线图

1. 失效形式

链传动的失效主要是链条的破坏,具体形式有:①铰链磨损,使链节距过度伸长,从而破坏正确啮合,产生脱链现象;②链板由于疲劳强度不足而破坏;③润滑不当或转速过高时,销轴和套间的摩擦表面易发生胶合破坏;④经常起动、反转、制动的链传动,由于过载套筒和滚子发生冲击破坏;⑤低速重载的链传动发生静强度破坏。

2. 极限功率曲线

链传动的失效形式与其承载能力有关。工作情况不同,失效形式也不同,链传动的承载能

力也就不同。图 5-17 所示是链在一定的使用寿命内,小链轮在不同转速时,由各种失效形式所限定的极限功率曲线。若润滑条件不好或工作环境恶劣,磨损将很严重,极限功率会大幅度下降,如图 5-17 中虚线所示。

3. 许用功率曲线

图 5-18 所示为 A 系列单排滚子链在特定条件下的许用功率曲线。试验条件为:小链轮齿数 $z_1 = 19$、链节数 $L_p = 100$、单排链水平布置、载荷平稳、工作环境正常、采用推荐的方式润滑、使用寿命为 15 000 h、链因磨损而引起链节距的相对伸长量 $\Delta p / p \leqslant 3\%$。

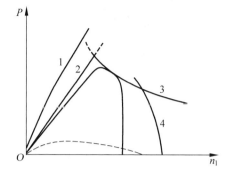

1—磨损破坏限定;2—链板疲劳破坏限定;3—套筒、滚子冲击疲劳破坏限定;4—销轴与套筒胶合限定。

图 5-17 极限功率曲线

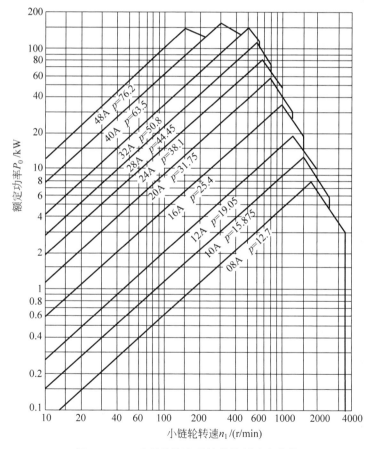

图 5-18 A 系列单排滚子链的许用功率曲线

若润滑不良或不能按推荐的方式润滑时,应将 P_0 降低:当链速 $v \leqslant 1.5$ m/s 时,取 $(0.3 \sim 0.6) P_0$;当 1.5 m/s $< v \leqslant 7$ m/s 时,取 $(0.15 \sim 0.3) P_0$;当 $v > 7$ m/s,必须保证充分、完善的润滑。

5.8.2 链传动的选择计算

1. 已知条件及设计内容

链传动设计已知数据：传递的功率 P、小链轮和大链轮的转速 n_1、n_2（或传动比 i）、原动机种类、载荷性质、外廓尺寸要求以及传动用途等。

设计计算的主要内容：确定链条的型号、节距、排数，链轮齿数、尺寸、材料和结构，润滑方式以及作用在链轮轴上的压力。

2. 链速 $v \geqslant 0.6$ m/s 时的链传动设计计算

1）确定传动比

传动比过大时，由于小链轮上的包角过小，同时啮合的齿数太少，会加速链轮轮齿的磨损。链传动的传动比一般为 $i \leqslant 8$，推荐 $i = 2 \sim 3.5$，当 $v < 3$ m/s 且载荷平稳时允许 $i = 10$。

2）确定链轮齿数

小链轮齿数 z_1 较小可减小外廓尺寸，但如果链轮的齿数过少，会引起以下问题：①增加传动的不均匀性和附加动载荷；②链条进入和退出啮合时，链节间的相对转角增大，使铰链的磨损加剧；③链轮小，链传递的圆周力增大，从而加速了链条和链轮的损坏。对于小链轮最少齿数 z_1 建议按表 5-14 的链速 v 选取。

表 5-14　小链轮最少齿数 z_1 的选择

链速 $v/(\text{m/s})$	$0.6 \sim 3$	$3 \sim 8$	$8 \sim 25$	> 25
最少齿数 z_1	$\geqslant 17$	$\geqslant 21$	$\geqslant 25$	$\geqslant 35$

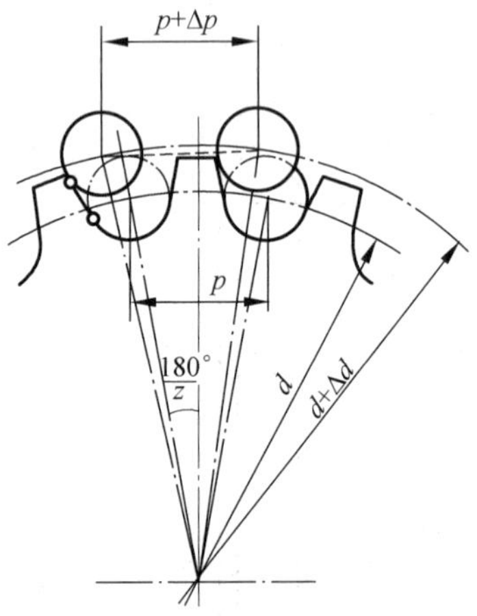

图 5-19　链节距伸长量与节圆直径关系

由于链节磨损后，链节距会伸长，其伸长量 Δp 和啮合圆外移量 Δd 之间的关系（见图 5-19）为 $\Delta p = \Delta d \sin \dfrac{180°}{z}$，若 Δp 不变，则齿数 z 越多，Δd 就越大，链节越向外移，链从链轮上脱落下来的可能性也就越大，链的使用寿命也就越短。所以大链轮的齿数一般限制为 $z_{2\max} \leqslant 120$。由于链节数通常为偶数，为使磨损均匀，链轮齿数一般应取与链节数互为质数的奇数。

3）确定链的型号、节距和排数

一般链节距越大，链传动的承载能力也会越高，但传动平稳性越差，冲击、振动和噪声将增大，传动尺寸也越大。因此设计时，在满足承载能力的条件下，应尽量选取小节距的单排链。高速重载时，可选用小节距的多排链。

在确定链的型号时，如果链传动实际工作条件与图 5-18 试验条件不同时，应对 P_0 加以修正。修正公式为

$$P_0' = \frac{K_A P}{K_z K_L K_m} \leqslant P_0 \tag{5-33}$$

式中，P——传递的额定功率，kW；

P_0——试验条件下的许用功率(见图 5-18),kW;

P_0'——把实际工作条件修正为试验条件后的传递功率,kW;

K_A——工作情况系数(见表 5-15);

K_z、K_z'——小链轮齿数系数(见表 5-16),当工作点落在图 5-18 中曲线顶点的左侧时(链板疲劳),查表 5-16 中的 K_z,落在右侧时(滚子、套筒冲击疲劳),查表 5-16 中的 K_z';

K_m——多排链系数(见表 5-17);

K_L——链长系数(见图 5-20),链板疲劳时查曲线 1,滚子、套筒冲击疲劳时查曲线 2,当失效形式难以预知时,可按曲线 1、曲线 2 中的最小值决定。

根据式(5-33)计算出修正后的实际传递功率 P_0',再根据 P_0' 和小链轮转速 n_1 由图 5-18 确定链条型号、链节距。

表 5-15　工作情况系数 K_A

载 荷 种 类	原 动 机	
	电动机或汽轮机	内 燃 机
载荷平稳	1.0	1.2
中等冲击	1.3	1.4
较大冲击	1.5	1.7

表 5-16　小链轮齿数系数 K_z、K_z'

z_1	9	10	11	12	13	14	15	16	17
K_z	0.446	0.500	0.554	0.609	0.664	0.719	0.775	0.831	0.887
K_z'	0.326	0.382	0.441	0.502	0.566	0.633	0.701	0.773	0.846
z_1	19	21	23	25	27	29	31	33	35
K_z	1.00	1.11	1.23	1.34	1.46	1.58	1.70	1.82	1.93
K_z'	1.00	1.16	1.33	1.51	1.69	1.89	2.08	2.29	2.50

表 5-17　多排链系数 K_m

排　　数	1	2	3	4	5	6
K_m	1.0	1.7	2.5	3.3	4.0	4.6

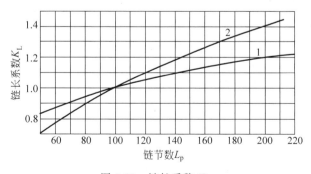

图 5-20　链长系数 K_L

4) 确定中心距和链条长度

一般情况下,初定中心距 $a_0 = (30 \sim 50)p$。因为链速不变时,如果中心距过小,则单位时间内每一链节的应力变化次数和屈伸次数增加,会加剧链的磨损和疲劳;中心距太大时,会发生松边链的颤抖现象,使传动的平稳性降低。

最大中心距 $a_{\max}=80p$。最小中心距 $a_{\min}$ 受小链轮上包角不小于 $120°$ 的限制,通常取

$$i<4,\quad a_{\min}=0.2z_1(i+1)p$$
$$i\geqslant4,\quad a_{\min}=0.33z_1(i-1)p \tag{5-34}$$

链条长度用链节数 L_p 表示:

$$L_p=\frac{2a_0}{p}+\frac{z_1+z_2}{2}+\frac{p}{a_0}\left(\frac{z_2-z_1}{2\pi}\right)^2 \tag{5-35}$$

链节数必须取整数,最好取偶数,以避免使用过渡链节。

选择好链节数后,可按下式计算实际中心距:

$$a=\frac{p}{4}\left[\left(L_p-\frac{z_1+z_2}{2}\right)+\sqrt{\left(L_p-\frac{z_1+z_2}{2}\right)^2-8\left(\frac{z_2-z_1}{2\pi}\right)^2}\right] \tag{5-36}$$

5) 计算压轴力 F_p

链传动是啮合传动,无需很大的张紧力,故作用在链轮轴上的压力也较小,可近似取

$$F_p=K_qF \tag{5-37}$$

式中,F——工作拉力,$F=1000P/v$,N;

K_q——压轴力系数,$K_q=1.2\sim1.3$,有冲击和振动时取大值。

3. 链速 $v<0.6$ m/s 时的低速链传动设计计算

对于链速 $v<0.6$ m/s 的低速链传动,其主要失效形式是链条的静力拉断,故应进行静强度校核。静强度安全系数应满足下式要求:

$$S=\frac{F_B}{K_AF}\geqslant4\sim8 \tag{5-38}$$

式中,F_B——单排链的极限拉伸载荷(见表 5-11);

K_A——工作情况系数(见表 5-15);

F——工作拉力。

例 5-2　设计一螺旋输送机的滚子链传动,已知电动机额定功率 $P=10$ kW,转速 $n_1=970$ r/min,要求传动比 $i=2.8$,链传动中心距不大于 800 mm,水平布置,载荷平稳。

解　设计过程见下表:

计算项目及说明	结　　果
1. 选择链轮齿数 z_1、z_2 　　小链轮齿数 z_1,估计链速为 $0.6\sim8$ m/s,查表 5-14 　　大链轮齿数 z_2,$z_2=iz_1=2.8\times19=53.2$,圆整为奇数	$z_1=19$ $z_2=53$
2. 确定链节数 L_p 　　初取中心距 $a_0=40p$,则链节数为 $$L_p=\frac{2a_0}{p}+\frac{z_1+z_2}{2}+\frac{p}{a_0}\left(\frac{z_2-z_1}{2\pi}\right)^2$$ 　　$$=\frac{80p}{p}+\frac{19+53}{2}+\frac{p}{40p}\left(\frac{53-19}{2\pi}\right)^2=116.73$$	$L_p=116$ 节

续表

计算项目及说明	结　　果
3. 确定链节距 p 　工作情况系数 K_A,查表 5-15 　小链轮齿数系数 K_z,查表 5-16,估计为链板疲劳 　多排链系数 K_m,查表 5-17 　链长系数 K_L,查图 5-20 　由式(5-33),$P_0 \geqslant \dfrac{K_A P}{K_z K_L K_m} = \dfrac{1.0 \times 10}{1.00 \times 1.02 \times 1.0}$ kW 　根据小链轮转速 n_1 和 P_0,查图 5-18,确定链条型号	$K_A = 1.0$ $K_z = 1.00$ $K_m = 1.0$ $K_L = 1.02$ $P_0 = 9.8$ kW 12A 单排链 $p = 19.05$ mm
4. 确定中心距 a 　由式(5-36),$a = \dfrac{p}{4}\left[\left(L_p - \dfrac{z_1 + z_2}{2}\right) + \sqrt{\left(L_p - \dfrac{z_1 + z_2}{2}\right)^2 - 8\left(\dfrac{z_2 - z_1}{2\pi}\right)^2}\right]$ 　$= \dfrac{19.05}{4}\left[\left(116 - \dfrac{19 + 53}{2}\right) + \sqrt{\left(116 - \dfrac{19 + 53}{2}\right)^2 - 8\left(\dfrac{53 - 19}{2\pi}\right)^2}\right]$ mm	$a = 755$ mm
5. 验算链速 v 　$v = \dfrac{z_1 n_1 p}{60 \times 1000} = \dfrac{19 \times 970 \times 19.05}{60 \times 1000}$ m/s	$v = 5.85$ m/s 符合估计
6. 计算压轴力 F_p 　链条工作拉力 F,$F = 1000P/v = 1000 \times 10/5.85$ N 　压轴力系数 K_q,$K_q = 1.2$ 　由式(5-37),压轴力 $F_p = K_q F = 1.2 \times 1709$ N	$F = 1709$ N $K_q = 1.2$ $F_p = 2051$ N

5.9　链传动的润滑、布置和张紧

5.9.1　链传动的润滑

链传动的常用润滑方式及其特点见表 5-18。

表 5-18　链传动润滑方式及其特点

润滑方式	特　　点
人工定期润滑	用油壶或油刷进行人工定期润滑
滴油润滑	用油杯通过油管向松边内外链板间隙处滴油
油浴润滑或飞溅润滑	用甩油盘将油甩起进行润滑
压力喷油润滑	用油泵经油管对链条连续供油进行润滑

　　推荐的具体润滑方式根据链速 v 和链节距 p 由图 5-21 选定。

　　润滑油的选择:L-AN32、L-AN46、L-AN68 全损耗系统用油。对开式和重载低速链传动应在油中加入 MoS_2、WS_2 等添加剂。

5.9.2　链传动的布置

　　链传动布置的一般原则见表 5-19。

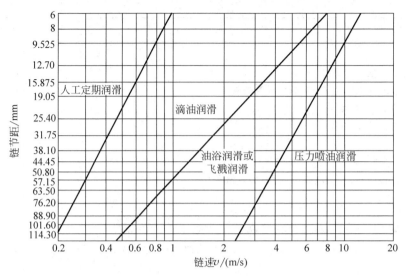

图 5-21　推荐润滑方式

表 5-19　链传动布置的一般原则

传动参数	布　置　方　式	说　　明
$i=2\sim3$ $a=(30\sim50)p$		两轮轴线在同一水平面,以紧边在上为佳
$i>2$ $a<30p$		两轮轴线不在同一水平面,松边应在下面,两轮轴心线与水平面的夹角小于45°
$i<1.5$ $a>60p$		两轮轴线在同一水平面,松边应在下面,需经常调整中心距
i、a 为任意值		两轮轴线在同一铅垂面内,下垂量增大,会减少下链轮的有效啮合齿数,降低传动能力,为此应采用: (1) 中心距可调; (2) 张紧装置; (3) 上下两轮错开,使其轴线不在同一铅垂面内

5.9.3　链传动的张紧

链传动中松边垂度过大,将引起啮合不良和链条颤动现象,因此应调整中心距或设置张紧装置。链传动常用的张紧方法见表 5-20。

表 5-20　链传动常用的张紧方法

中心距是否可调	张　紧　方　法		
可调	通过调节中心距控制张紧程度		
不可调	在链条磨损变长后拆下一二个链节，以恢复原来的长度		
	设置张紧轮	自动张紧	定期张紧
	采用托板控制垂度，适用于中心距大的场合		

习　　题

5-1　常用带传动有哪几种类型？各有何特点？为什么常用 V 带传动？

5-2　带传动中的弹性滑动和打滑有什么区别？对传动有什么影响？

5-3　如何选择带传动设计参数？

5-4　已知 V 带传递的实际功率 $P=7$ kW，带速 $v=10$ m/s，紧边拉力是松边拉力的 2 倍。试求有效圆周力 F_e 和紧边拉力 F_1 的值。

5-5　设单根 V 带所能传递的最大功率 $P=5$ kW，已知主动轮直径 $d_{d1}=140$ mm，转速 $n_1=1460$ r/min，包角 $\alpha_1=140°$，带与带轮间的当量摩擦因数 $f_v=0.5$。试求最大有效圆周力 F_e 和紧边拉力 F_1。

5-6　有一 A 型普通 V 带传动，主动轴转速 $n_1=1480$ r/min，从动轴转速 $n_2=600$ r/min，传递的最大功率 $P=1.5$ kW。假设带速 $v=7.75$ m/s，中心距 $a=800$ mm，当量摩擦因数 $f_v=0.5$。试求带轮基准直径 d_{d1}、d_{d2}，带基准长度 L_d 和初拉力 F_0。

5-7　设计一破碎机装置用普通 V 带传动。已知电动机型号为 Y132S-4，电动机额定功率 $P=5.5$ kW，转速 $n_1=1440$ r/min，传动比 $i=2$，两班制工作，希望中心距不超过 600 mm。要求绘制大带轮的工作图（设该轮轴孔直径 $d=35$ mm）。

5-8　已知一 V 带传动，主动轴转速 $n_1=1450$ r/min，从动轴转速 $n_2=400$ r/min，主动轮直径 $d_{d1}=160$ mm，中心距 $a=1000$ mm，使用 B 型普通 V 带，根数 $z=4$，工作时有较大振动，一天工作 16 h，试求带能够传递的功率。

5-9　试设计一鼓风机使用的普通 V 带传动。已知电动机功率 $P=11$ kW，主动轴转速 $n_1=970$ r/min，从动轴转速 $n_2=370$ r/min，二班制工作，中心距约为 1000 mm。

5-10　某车床的电动机和主轴箱之间采用普通 V 带传动,已知电动机额定功率 $P = 7.5$ kW,转速 $n_1 = 1440$ r/min,要求传动比 $i = 2.1$,取工作情况系数 $K_A = 1.2$。试设计此带传动。

5-11　一链传动经计算,当齿数 $z_1 = 25$,$z_2 = 75$ 及主动链轮转速 $n_1 = 800$ r/min 时,能传递功率 $P = 25$ kW,在其后的使用过程中,需使从动轮转速降到 $n_2 = 200$ r/min,试问:

(1) 当从动轮齿数及其他条件不变时,应将主动轮齿数减少到多少? 此时链条能传递多大功率?

(2) 当主动轮齿数及其他条件不变时,应将从动轮齿数增加到多少? 此时链条能传递多大功率?

(3) 上述两种方案中,哪种方案比较合适? 为什么?

5-12　一滚子链传动,已知链节距 $p = 15.875$ mm,齿数 $z_1 = 18$,$z_2 = 60$,中心距 $a \approx 700$ mm,主动链轮转速 $n_1 = 730$ r/min,载荷平稳,试计算链节数、链所能传递的最大功率及链的工作拉力。

5-13　试设计一带式输送机的滚子链传动,已知传递的功率 $P = 7.5$ kW,主动链轮转速 $n_1 = 960$ r/min,轴径 $d = 38$ mm,从动链轮转速 $n_2 = 330$ r/min。电动机驱动,载荷平稳,一班制。按规定条件润滑,两链轮中心线与水平线成30°夹角。

5-14　设计一均匀加料胶带输送机的滚子链传动。已知条件:传递的功率 $P = 7.5$ kW,主动链轮转速 $n_1 = 240$ r/min,从动链轮转速 $n_2 = 80$ r/min。载荷平稳,要求中心距 $a \approx 600$ mm。

5-15　已知滚子链型号为 10A,单排,链长 100 节,齿数 $z_1 = 21$,$z_2 = 53$,小链轮转速 $n_1 = 600$ r/min,载荷平稳,试求:(1)该链传动能够传递的最大功率;(2)工作中可能出现的失效形式;(3)应该采用何种润滑方式。

5-16　已知链传递的功率 $P = 1$ kW,主动链轮转速 $n_1 = 48$ r/min,从动链轮转速 $n_2 = 14$ r/min,载荷平稳,定期人工润滑,水平布置,试设计此链传动。

5-17　某液体搅拌机的链传动,电动机功率 $P = 5.5$ kW,主动链轮转速 $n_1 = 1450$ r/min,从动链轮转速 $n_2 = 450$ r/min,水平布置,试设计此链传动。

自测题 5

第6章 齿轮传动

【教学导读】

齿轮传动是应用最广泛的一种机械传动。齿轮传动设计内容较多，涉及的先修知识较广，设计程序较繁，查阅的图表等资料较多。本章介绍圆柱齿轮传动和圆锥齿轮传动的失效形式、设计准则、基本设计原理、设计程序及强度计算方法。

【课前问题】

（1）齿轮传动常见的失效形式有哪些？如何根据工作条件及失效情况，辩证地确定设计准则？

（2）齿轮传动中哪些因素影响齿轮实际承受载荷的大小？是怎样影响的？如何减少它们的影响？

（3）直齿圆柱齿轮传动设计的接触强度力学模型和弯曲强度力学模型是如何建立的？

（4）直齿圆锥齿轮的强度计算是按照什么原则进行的？与圆柱齿轮传动强度计算有何异同？

6-1

【课程资源】

拓展资源：机器人用 RV 减速器；齿轮失效形式；齿轮传动计算机辅助设计程序。

6-2

6.1 概　　述

齿轮传动是机械传动中应用最广泛的一种传动。目前，齿轮传动的功率可高达数万千瓦，圆周速度可达 300 m/s，直径可达 33 m 以上，单级传动比可达 8 以上，传动效率达 0.98～0.995。齿轮传动承载能力大，效率高，传动比准确，结构紧凑，工作可靠，使用寿命长。但制造和安装精度要求高，制造费用高，不宜用于中心距较大的场合。

6-3

按工作条件，齿轮传动可做成开式和闭式齿轮传动。开式齿轮传动的齿轮完全外露，易落入灰砂和杂物，不能保证良好的润滑，故轮齿易磨损，多用于低速度、不重要的场合。闭式齿轮传动的齿轮和轴承完全封闭在箱体内，能保证良好的润滑和较好的啮合精度，为多数齿轮传动所采用。半开式齿轮传动的齿轮浸入油池内，上装防护罩，但不封闭。

按齿面硬度，齿轮可分为软齿面（≤350HBW 或 38HRC）和硬齿面（＞350HBW 或 38HRC）齿轮。

6.2 齿轮传动的失效形式与设计准则

6.2.1 齿轮传动的失效形式

齿轮传动的失效主要发生在轮齿部位，其他部位很少失效。齿轮的主要失效形式见表 6-1。

表 6-1 齿轮的失效形式

失效形式	实　例	特　征	防止失效的措施
轮齿折断		轮齿折断是指齿轮一个或多个齿在齿根部位整体或局部的断裂。轮齿受到短时过载或冲击载荷时,轮齿突然断裂,称为过载折断。轮齿在多次重复的弯曲应力和应力集中作用下的折断,称为疲劳折断	(1) 采用正变位; (2) 增加齿根圆角半径; (3) 降低齿面的粗糙度; (4) 对齿根处进行强化处理
齿面点蚀	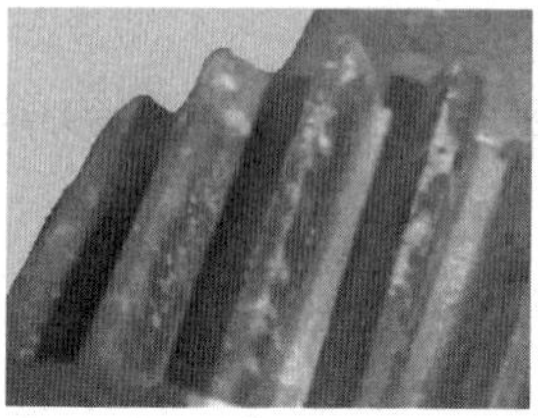	在交变的接触应力多次反复作用下,在齿面节线附近,会出现若干小裂纹。封闭在裂纹中的润滑油,在压力作用下,产生楔挤作用而使裂纹扩大,最后导致表层小片状剥落而形成麻点状凹坑,形成齿面疲劳点蚀	(1) 提高齿面硬度; (2) 采用正角度变位传动; (3) 提高润滑油的黏度
齿面胶合		在高速重载和低速重载传动时,相啮合齿面金属发生粘焊现象,随着齿面相对运动,粘焊处被撕脱后,轮齿表面沿滑动方向形成沟痕,这种现象称为齿面胶合,齿面胶合一般出现在齿顶和齿根处	(1) 减小模数、降低齿高以减小滑动系数; (2) 提高齿面硬度; (3) 采用抗胶合能力强的润滑油
齿面磨损		当外界的硬屑落入运动着的齿面间,就可能产生磨粒磨损。另外当表面粗糙的硬齿与较软的轮齿相啮合时,由于相对滑动,软齿表面易被划伤,也可能产生齿面磨粒磨损	(1) 改善润滑、密封条件,保持润滑油清洁; (2) 在润滑油中加入减摩添加剂; (3) 提高齿面硬度等
塑性变形		当齿轮材料较软而载荷及摩擦力又很大时,啮合过程中,齿面表层材料就会沿着摩擦力的方向产生塑性变形从而破坏正确齿形。主动轮在节线附近形成凹槽,从动轮在节线附近形成凸脊	(1) 适当提高齿面硬度; (2) 采用黏度较大的润滑油

6.2.2　齿轮传动的设计准则

根据齿轮传动的失效形式,确立相应的设计准则。由于磨损、塑性变形等的设计计算至今尚未建立完善的计算方法,所以目前一般齿轮传动设计计算,通常按保证齿面接触疲劳强度和保证齿根弯曲疲劳强度准则进行设计。对于高速、大功率的齿轮传动,还应进行抗胶合计算。

由实践得知,在闭式齿轮传动中,通常以保证齿面接触疲劳强度为主。对于齿面硬度很高、齿心强度又低的齿轮(如用 20、20Cr 钢经渗碳后淬火的齿轮)或材质较脆的齿轮,通常以保证齿根弯曲疲劳强度为主。如果两齿轮均为硬齿面且齿面硬度一样高,则视具体情况而定。

开式齿轮传动的主要失效形式是疲劳折断和齿面磨损。目前只能进行弯曲疲劳强度计算,并采用将模数加大 10%～20%的办法来考虑磨损的影响。

6.3 齿轮材料及其热处理

齿轮材料需要强度高,韧性好,耐磨性好,具有良好的加工性能、良好的热处理性能等。常用的齿轮材料有锻钢、铸钢、铸铁和非金属材料。

1. 锻钢

一般的齿轮都采用锻钢制造,常用的是含碳量在 0.15%～0.6%范围内的碳钢或合金钢。按热处理方式和齿面硬度不同制造齿轮的锻钢可分为以下两种情况。

(1)用于一般场合的齿轮,可采用软齿面以便于切齿。常用材料为 45、40Cr、35SiMn、42SiMn 等中碳钢和中碳合金钢。工艺上应将齿轮毛坯经过常化(正火)或调质处理后切齿。切齿后即为成品。其精度一般为 8 级,精切可达 7 级。这类齿轮制造简单、较经济,且生产率高。

(2)对于高速、重载以及高精度要求的齿轮传动,一般选用硬齿面齿轮,同时进行精加工处理。工艺上目前多为先切齿,再进行表面硬化处理,最后进行精加工,精度可达 5 级或 4 级。所采用的热处理方法有表面淬火、渗碳淬火、氮化等。这类齿轮精度高,价格较贵。

2. 铸钢

铸钢常用于尺寸较大或结构形状复杂的齿轮。铸钢的耐磨性以及强度均较好,一般需经退火及常化处理,必要时也可进行调质。

3. 铸铁

铸铁齿轮常用于工作平稳、速度较低、功率不大和对尺寸与质量要求不高的开式齿轮传动中。铸铁的抗弯及耐冲击性能较差,但抗点蚀及抗胶合的能力较好。

4. 非金属材料

非金属材料的硬度、接触强度和抗弯强度低,常用于轻载、要求噪声低及精度要求不高的齿轮传动中。

对于相啮合的一对齿轮,由于小齿轮啮合齿数多,齿根弯曲应力大,所以小齿轮的材料和齿面硬度通常比大齿轮的要好些和高些。

常用的齿轮材料及其机械性能见表 6-2。

表 6-2　常用齿轮材料及其机械性能

材料牌号	热处理方式	强度极限 $\sigma_b/(\text{N/mm}^2)$	屈服极限 $\sigma_s/(\text{N/mm}^2)$	硬度/HBW 齿心部	硬度/HBW 齿面
45	正火	588	294	169～217	
	调质	647	373	229～286	
	表面淬火			217～255	40～50HRC
35SiMn	调质	785	510	229～286	
42SiMn	表面淬火			217～255	45～55HRC
40Cr	调质	735	539	241～286	
	表面淬火			241～286	48～55HRC
20CrMnTi	渗碳淬火	1100	850	300	58～62HRC
ZG310～570	正火	570	310	162～197	
ZG340～640	正火	640	340	179～207	
	调质	700	380	241～269	
HT250		250		170～211	
HT300		300		187～255	
QT500—5	正火	500		147～241	
QT600—2	正火	600		229～302	

6.4　齿轮传动的计算载荷

按齿轮传递的名义功率确定的载荷是作用在齿轮上的名义载荷,在实际齿轮传动中,考虑到啮合轮齿间附加的动载荷,应引入多个载荷系数,将名义载荷修正为计算载荷,并按计算载荷进行齿轮强度计算。

名义载荷 F_t 对应的计算载荷 F_c 为

$$F_c = K_A K_V K_\alpha K_\beta F_t = K F_t \tag{6-1}$$

式中,K——载荷系数;

　　K_A——工作情况系数;

　　K_V——动载系数;

　　K_α——齿间载荷分配系数;

　　K_β——齿向载荷分布系数。

(1) 工作情况系数 K_A。用以考虑由原动机和工作机的运转特性等外部因素引起的附加动载荷而引入的系数。可按表 6-3 选取。

表 6-3　工作情况系数 K_A

原动机工作特性	工作机工作特性			
	均匀平稳	轻微冲击	中等冲击	严重冲击
均匀平稳	1.00	1.25	1.50	1.75
轻微冲击	1.10	1.35	1.60	1.85
中等冲击	1.25	1.50	1.75	2.00
严重冲击	1.50	1.75	2.00	≥2.25

注:对于增速传动,建议取表中值的 1.1 倍;当外部机械与齿轮装置之间挠性连接时,K_A 值可适当减小,但不得小于 1。

（2）动载系数 K_V。动载系数 K_V 用来考虑齿轮副在啮合过程中，由基节误差、齿形误差和轮齿变形等啮合误差引起的内部附加动载荷对轮齿受载的影响。

对于直齿圆柱齿轮传动，可取 $K_V = 1.05 \sim 1.4$；对于斜齿圆柱齿轮传动，因传动较平稳，可取 $K_V = 1.02 \sim 1.2$。当齿轮精度低、速度高时，K_V 取大值；反之，K_V 取小值。

（3）齿间载荷分配系数 K_α。为保证传动的连续性，齿轮传动的重合度一般都大于 1，所以工作时单对齿啮合和双对齿啮合交替进行。当有双对齿工作时，由于制造误差和轮齿变形等原因，载荷在各啮合齿对之间的分配是不均匀的。齿间载荷分配系数 K_α 就是考虑到同时啮合的各对轮齿间载荷分配不均匀而引入的。它受轮齿啮合刚度、基圆齿距误差、修缘量、跑合量等多方面因素的影响。

简化计算方法的齿间载荷分配系数：对于直齿圆柱齿轮传动取 $K_\alpha = 1.0 \sim 1.2$；对于斜齿圆柱齿轮传动取 $K_\alpha = 1.0 \sim 1.4$。当齿轮制造精度低、齿面硬度高时，K_α 取大值；反之，K_α 取小值。

（4）齿向载荷分布系数 K_β。在齿轮传动时，轴的弯曲和扭转变形、轴承的弹性位移以及传动装置的制造和安装误差等，都将导致齿轮副相互倾斜以及轮齿扭曲。齿向载荷分布系数 K_β 就是考虑到轮齿沿接触线方向载荷分布不均匀的现象而引入的。

由于影响齿向载荷分布的因素很多，计算方法也比较复杂，设计时，可简化认为：当两轮之一为软齿面时，取 $K_\beta = 1.0 \sim 1.2$；当两轮均为硬齿面时，取 $K_\beta = 1.1 \sim 1.35$；当宽径比 b/d_1 较小、齿轮在两支承中间对称布置、轴的刚性大时，K_β 取小值；反之，K_β 取大值。

6.5　标准直齿圆柱齿轮传动的强度计算

6-4

6.5.1　标准直齿圆柱齿轮传动的受力分析

在理想情况下，作用于齿轮上的力是沿齿宽接触线方向均匀分布的，为了简化，常用集中力代替。若忽略齿面的摩擦力，则法向力 F_n 沿啮合线方向垂直于齿面。法向力 F_n 在分度圆上可分解为两个互相垂直的分力：切于分度圆的圆周力 F_t 和半径方向的径向力 F_r，如图 6-1 所示。

$$\begin{cases} F_t = \dfrac{2T_1}{d_1} \\ F_r = F_t \cdot \tan\alpha \\ F_n = \dfrac{F_t}{\cos\alpha} = \dfrac{2T_1}{d_1 \cos\alpha} \end{cases} \tag{6-2}$$

式中，d_1——主动齿轮的分度圆直径；

　　α——分度圆压力角，20°；

　　T_1——主动齿轮传递的名义转矩，$T_1 = 9.55 \times 10^6 P_1 / n_1$，N·mm；其中，$P_1$ 为主动齿轮传递的功率，kW；n_1 为主动齿轮的转速，r/min。

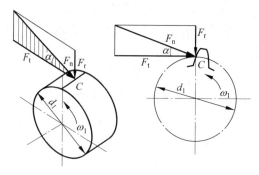

图 6-1　直齿圆柱齿轮轮齿的受力分析

6.5.2　齿面接触疲劳强度计算

在预定的工作寿命内,为了防止齿轮齿面产生疲劳点蚀,要求齿面最大接触应力 σ_{Hmax} 小于或等于材料许用接触应力 $[\sigma_H]$,即 $\sigma_{Hmax} \leqslant [\sigma_H]$。

1. 校核公式

由弹性力学可知,长度为 L,曲率半径分别为 ρ_1、ρ_2 的两圆柱体在法向力 F_n 的作用下,接触处产生的最大接触应力为

$$\sigma_H = \sqrt{\dfrac{F_n}{\pi L}\dfrac{\dfrac{1}{\rho_1} \pm \dfrac{1}{\rho_2}}{\dfrac{1-\mu_1^2}{E_1} + \dfrac{1-\mu_2^2}{E_2}}} = Z_E\sqrt{\dfrac{F_n}{L}\left(\dfrac{1}{\rho_1} \pm \dfrac{1}{\rho_2}\right)} \tag{6-3}$$

式中,Z_E——材料弹性系数,见表 6-4;"+"号用于外接触,"-"号用于内接触。

表 6-4　材料弹性系数 Z_E　　　　　　　　单位:$\sqrt{N/mm^2}$

齿轮材料	配对齿轮材料			
	锻钢	铸钢	球墨铸铁	灰铸铁
锻钢	189.8	188.9	186.4	162.0
铸钢		188.0	180.5	161.4
球墨铸铁			173.9	156.6
灰铸铁				143.7

一对渐开线圆柱齿轮啮合可以近似认为是半径与齿廓啮合点上的曲率半径相当的两圆柱体的接触,故齿面的接触应力可近似地用式(6-3)计算。

由于轮齿在啮合过程中,齿廓接触点是不断变化的,因此,啮合点处的曲率半径也随着啮合位置而变化。对于直齿圆柱齿轮传动,节点 P 处的接触应力虽不是最大,但该点一般为单对齿啮合,润滑条件最不利,且点蚀一般先在节点附近的表面出现,为简化计算,通常按节点 P 处来计算齿面接触应力(见图 6-2)。

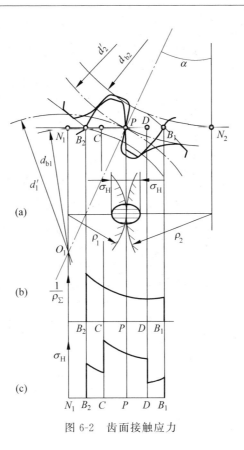

图 6-2　齿面接触应力

节点 P 处齿廓曲率

$$\rho_1 = \frac{d'_1}{2}\sin\alpha', \quad \rho_2 = \frac{d'_2}{2}\sin\alpha'$$

法向计算载荷

$$F_{nc} = KF_n = \frac{2KT_1}{d_1\cos\alpha}$$

接触线总长度

$$L = b / Z_\varepsilon^2$$

式中，b——齿宽；

　　Z_ε——重合度系数，用以考虑由重合度的增加，接触长度增加而造成的接触应力降低
　　　　的影响，一般取 $Z_\varepsilon = 0.85 \sim 0.92$，齿多时，$Z_\varepsilon$ 取小值；反之，Z_ε 取大值。

　　将齿数比 $u = \dfrac{z_2}{z_1} = \dfrac{d'_2}{d'_1}$，$d'_1 = \dfrac{d_1\cos\alpha}{\cos\alpha'}$，以及上述各参数代入式(6-3)，化简后得直齿圆柱
齿轮的齿面接触疲劳校核公式：

$$\sigma_H = Z_E Z_H Z_\varepsilon \sqrt{\frac{2KT_1(u \pm 1)}{bd_1^2 u}} \leqslant [\sigma_H] \tag{6-4}$$

式中，Z_H——节点区域系数，用于考虑节点处齿廓形状对接触应力的影响，可由图 6-3 查
　　　　得，相应计算公式为 $Z_H = \sqrt{\dfrac{2}{\cos^2\alpha\tan\alpha'}}$。

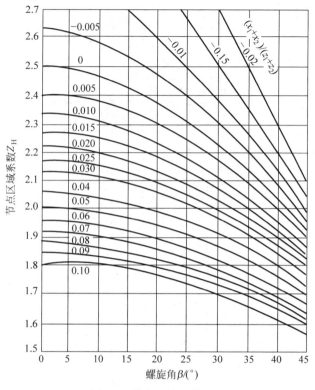

图 6-3　节点区域系数 Z_H

2. 设计公式

引入齿宽系数 $\psi_d = b/d_1$，将 $b = \psi_d d_1$ 代入式(6-4)，得齿面接触疲劳强度设计公式：

$$d_1 \geqslant \sqrt[3]{\left(\frac{Z_E Z_H Z_\varepsilon}{[\sigma_H]}\right)^2 \frac{2KT_1}{\psi_d} \frac{u \pm 1}{u}} \tag{6-5}$$

设计中，$[\sigma_H]$ 取大、小齿轮材料许用接触应力的较小值，将其代入式(6-5)。

3. 许用接触应力

许用接触应力与齿轮材料、热处理方法、齿面硬度、应力循环次数等因素有关。计算公式为

$$[\sigma_H] = \frac{\sigma_{Hlim}}{S_{Hmin}} Z_N \tag{6-6}$$

式中，σ_{Hlim}——试验齿轮的接触疲劳强度极限，N/mm^2，参考图 6-4 查取，一般取区域图的中间或中间偏下值，若齿面硬度超出了图 6-4 中列出的范围，可大体按外延法查取相应的极限应力值；

S_{Hmin}——接触强度计算的最小安全系数，通常 $S_{Hmin} = 1.0 \sim 1.5$；

Z_N——接触强度计算的寿命系数，考虑当齿轮只要求有限寿命时，齿轮的许用应力可以提高的系数，由图 6-5 按应力循环次数 N 选取。

$$N = 60njL_h \tag{6-7}$$

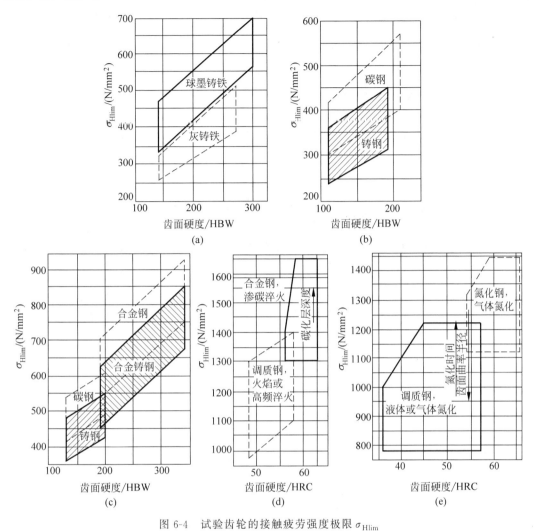

图 6-4 试验齿轮的接触疲劳强度极限 σ_{Hlim}

(a) 铸铁；(b) 碳钢正火；(c) 调质；(d) 渗碳、淬火；(e) 氮化

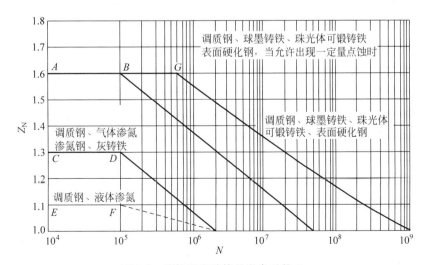

图 6-5 接触强度计算的寿命系数 Z_N

式中,n——齿轮的转速,r/min;

　　j——齿轮每转一圈时同一齿面的啮合次数;

　　L_h——齿轮的工作寿命,h。

6.5.3 齿根弯曲疲劳强度计算

在预定的工作寿命内,为了防止齿根产生疲劳折断,要求齿根危险截面处最大弯曲应力σ_{Fmax}小于材料许用弯曲应力$[\sigma_F]$,即$\sigma_{Fmax} \leqslant [\sigma_F]$。

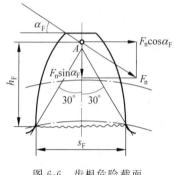

图 6-6　齿根危险截面

1. 校核公式

轮齿弯曲疲劳强度,在齿根处最弱。如图 6-6 所示,齿根弯曲疲劳强度力学模型,将轮齿视为宽度为 b 的悬臂梁,齿根危险截面用 30°切线法确定。虽然齿根所受的最大弯矩发生在轮齿啮合点位于单对齿啮合区上界点处,但为了便于计算,通常按全部载荷作用于齿顶来计算齿根的弯曲强度,然后通过引入重合度系数 Y_ε,将力作用于齿顶的应力折算为力作用于单对齿啮合区上界点的齿根应力。

如图 6-6 所示,若忽略摩擦力和压应力,则齿根危险截面的弯曲应力为

$$\sigma_F = \frac{M}{W} = \frac{F_{nc}\cos\alpha_F h_F}{bs_F^2/6} \tag{6-8}$$

将 $F_{nc} = KF_n = 2KT_1/(d_1\cos\alpha)$ 代入式(6-8),引入齿形系数 Y_{Fa},则齿根弯曲应力为

$$\sigma_F = \frac{2KT_1}{d_1bm}\frac{6(h_F/m)\cos\alpha_F}{(s_F/m)^2\cos\alpha} = \frac{2KT_1}{d_1bm}Y_{Fa} \tag{6-9}$$

考虑齿根应力集中和重合度对弯曲应力的影响,引入应力修正系数 Y_{Sa} 和重合度系数 Y_ε 进行修正,得直齿圆柱齿轮齿根弯曲强度校核公式为

$$\sigma_F = \frac{2KT_1}{bd_1m}Y_{Fa}Y_{Sa}Y_\varepsilon \leqslant [\sigma_F] \tag{6-10}$$

式中,Y_{Fa}——齿形系数,考虑当载荷作用于齿顶时齿形对弯曲应力的影响,与齿数、变位系数有关,与模数无关,标准齿轮齿形系数可查表 6-5;

　　Y_{Sa}——应力修正系数,考虑齿根过渡曲线处的应力集中及其他应力对齿根应力的影响,与齿数、变位系数有关,与模数无关,标准齿轮应力修正系数可查表 6-5;

　　Y_ε——重合度系数,它是将载荷作用于齿顶时的齿根弯曲应力折算为载荷作用在单齿对啮合区上界点时齿根弯曲应力的系数,$Y_\varepsilon = 0.25 + 0.75/\varepsilon_\alpha$。

相啮合的大、小齿轮,由于其齿数不同,两轮的 Y_{Fa} 和 Y_{Sa} 不相等,故它们的弯曲应力一般是不相等的,而且,当大、小齿轮的材料及热处理不同时,其许用应力也不相等,所以进行轮齿的弯曲疲劳强度校核时,对大、小齿轮应分别计算。

表 6-5 齿形系数 Y_{Fa} 和应力修正系数 Y_{Sa}

$z(z_v)$	17	18	19	20	21	22	23	24	25	26	27	28	29
Y_{Fa}	2.97	2.91	2.85	2.80	2.76	2.72	2.69	2.65	2.62	2.60	2.57	2.55	2.53
Y_{Sa}	1.52	1.53	1.54	1.55	1.56	1.57	1.575	1.58	1.59	1.595	1.60	1.61	1.62
$z(z_v)$	30	35	40	45	50	60	70	80	90	100	150	200	∞
Y_{Fa}	2.52	2.45	2.40	2.35	2.32	2.28	2.24	2.22	2.20	2.18	2.14	2.12	2.06
Y_{Sa}	1.63	1.65	1.67	1.68	1.70	1.73	1.75	1.77	1.78	1.79	1.83	1.87	1.97

2. 设计公式

将 $b = \psi_d d_1 = \psi_d m z_1$ 代入式(6-10)，则得齿轮传动弯曲疲劳强度设计公式为

$$m \geqslant \sqrt[3]{\frac{2KT_1}{z_1^2 \psi_d} \frac{Y_{Fa} Y_{Sa} Y_\varepsilon}{[\sigma_F]}} \tag{6-11}$$

设计时，$Y_{Fa} Y_{Sa}/[\sigma_F]$ 取大、小齿轮中较大的值，将其代入式(6-11)。计算出模数，按表 6-6 取标准值。

表 6-6 齿轮标准模数系列(GB/T 1357—2008) 单位：mm

第一系列	1　1.25　1.5　　2　2.5　　3　　4　　5　　6　　8　　10　12　16　20　25　32　40　50
第二系列	1.375　1.75　2.25　2.75　　3.5　4.5　　5.5　　7　　9　11　14　18　22　28　35　45

3. 许用弯曲应力

许用弯曲应力与齿轮材料、热处理方法、齿面硬度、应力循环次数等因素有关。计算公式为

$$[\sigma_F] = \frac{\sigma_{Flim}}{S_{Fmin}} Y_N Y_X \tag{6-12}$$

式中，σ_{Flim}——试验齿轮的弯曲疲劳强度极限，N/mm^2，参考图 6-7 查取，一般取区域图的中间或中间偏下值，若齿面硬度超出了图 6-7 中列出的范围，可大体按外延法查取相应的极限应力值，对于受对称双向弯曲应力作用的齿轮(如中间轮、行星轮)，应将图 6-7 中得的值乘上系数 0.7；

　　Y_N——弯曲强度计算的寿命系数，它是考虑当齿轮只要求有限寿命时，齿轮的许用应力可以提高的系数，由图 6-8 按应力循环次数 N 选取；

　　Y_X——弯曲强度计算的尺寸系数，它是考虑计算齿轮的尺寸比试验齿轮的尺寸大时，使材料强度降低的系数，其值可按图 6-9 选取；

　　S_{Fmin}——弯曲强度计算的最小安全系数，由于断齿破坏比点蚀破坏具有更严重的后果，所以通常设计时，弯曲强度的安全系数应大于接触强度的安全系数，$S_{Fmin} = 1.4 \sim 3$。

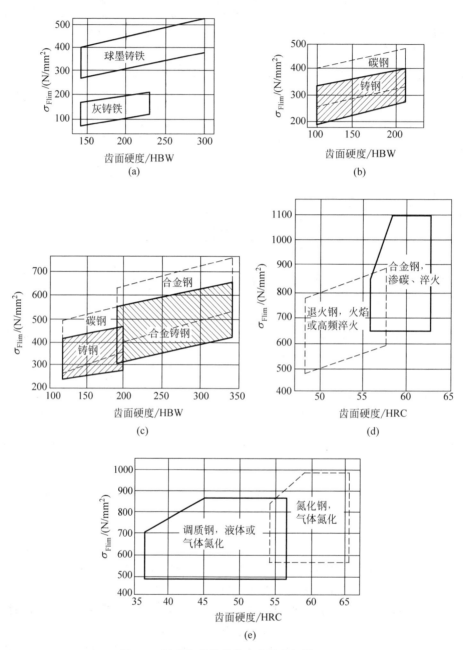

图 6-7　试验齿轮的弯曲疲劳强度极限 σ_{Flim}

（a）铸铁；（b）碳钢正火；（c）调质；（d）渗碳、淬火；（e）氮化

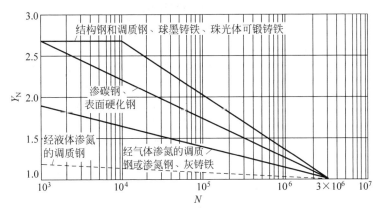

图 6-8 弯曲强度计算的寿命系数 Y_N

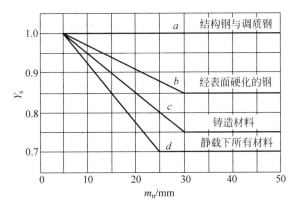

图 6-9 弯曲强度计算的尺寸系数 Y_X

6.6 设计参数选择

1. 齿轮的精度等级

提高齿轮的精度,将改善齿轮传动性能,但制造成本增加较快,所以应选择合适的齿轮传动精度。通用机器所用齿轮传动的精度等级范围见表 6-7。齿轮第Ⅱ公差组精度可按齿轮圆周速度参照表 6-8 选择。

表 6-7 通用机器所用齿轮传动的精度等级范围

机 器 名 称	精 度 等 级	机 器 名 称	精 度 等 级
金属切削机床	3～8	轻型汽车	5～8
通用减速器	6～8	载重汽车	7～9
锻压机床	6～9	拖拉机	6～8
起重机	7～10	农业机器	8～11

表 6-8 齿轮某些精度等级应用范围

精度等级	4 级	5 级	6 级	7 级	8 级	9 级
应用范围	极精密分度机构的齿轮,非常高速并要求平稳、无噪声的齿轮,高速涡轮机齿轮	精密分度机构的齿轮,高速并要求平稳、无噪声的齿轮,高速涡轮机齿轮	高速、平稳、无噪声、高效率齿轮,航空、汽车、机床中的重要齿轮,分度机构齿轮,读数机构齿轮	高速、动力小而需逆转的齿轮,机床中的进给齿轮,航空齿轮,读数机构齿轮,具有一定速度的减速器齿轮	一般机器中的普通齿轮,汽车、拖拉机、减速器中的一般齿轮,航空器中的不重要齿轮,农机中的重要齿轮	精度要求低的齿轮

齿轮圆周速度/(m/s)	直齿	<35	<20	<15	<10	<6	<2
	斜齿	<70	<40	<30	<15	<10	<4

2. 齿数 z_1

增加齿数 z_1,可以提高传动的平稳性和减少噪声。减小模数,能降低齿高,减小滑动系数,减少磨损,提高齿轮的抗胶合能力。另外模数减小,还可减少金属的切削量,节省制造费用。对闭式软齿面齿轮传动,若按齿面的接触疲劳强度进行齿轮设计,则在满足弯曲强度条件下,应取较小的模数和较多的齿数,一般可取 $z_1 \geqslant 20 \sim 40$。

对于闭式硬齿面齿轮传动、开式齿轮传动,若按齿根的弯曲疲劳强度进行齿轮设计,则应取较少的齿数和较大的模数,一般取 $z_1 \geqslant 17 \sim 25$。

3. 齿宽系数

轮齿愈宽,承载能力也愈高,但增大齿宽会使齿面上的载荷分布更趋不均匀,所以齿宽系数应取适当值。圆柱齿轮轮齿宽度系数可参考表 6-9 选用。

表 6-9 圆柱齿轮的齿宽系数 ψ_d

齿轮相对轴承的位置	一对或其中一轮齿面硬度≤350HBW	两轮齿面硬度>350HBW
对称布置	0.8~1.4	0.4~0.9
非对称布置	0.6~1.2	0.3~0.6
悬臂布置	0.3~0.4	0.2~0.5

注:载荷稳定时取大值;轴与轴承的刚度较大时取大值;斜齿轮与人字齿轮取大值。

4. 变位系数的选择

变位系数的选择方法较多,通常采用查表法和图解法,查表法简单易行,设计时可根据不同的变位准则从表 6-10、表 6-11、表 6-12 中选用。

表 6-10 等变位传动对弯曲强度最有利的变位系数 x_1 值

z_1 \ z_2	18	20	28	34	42	50	65	80	100	125	155	190
12	0.19	0.24	0.29	0.34	0.38	0.42	0.48	0.54	0.52			
	—	—	—	—	—	—	—	—				
15	0.13	0.20	0.27	0.32	0.36	0.41	0.47	0.52	0.57			
	—	—	0.03	0.05	0.07	0.09	0.12	0.15	0.16			
18	0.09	0.17	0.24	0.30	0.34	0.39	0.46	0.52	0.56			
	−0.09	−0.07	−0.04	0.00	0.03	0.05	0.07	0.09	0.11			
22		0.15	0.21	0.28	0.32	0.37	0.45	0.51	0.56	0.56		
		−0.15	−0.10	−0.07	0.04	−0.02	0.00	0.02	0.04	0.04		
28			0.18	0.24	0.29	0.35	0.44	0.50	0.56	0.56	0.56	0.56
			−0.18	−0.15	−0.13	−0.10	−0.07	−0.05	−0.03	−0.03	−0.03	−0.03
34				0.20	0.27	0.33	0.42	0.48	0.55	0.55	0.55	0.55
				−0.20	−0.18	−0.16	−0.14	−0.13	−0.12	−0.12	−0.12	−0.12
42					0.26	0.30	0.40	0.47	0.55	0.54	0.55	0.55
					−0.26	−0.22	−0.20	−0.18	−0.17	−0.26	−0.17	−0.17
50						0.29	0.38	0.45	0.54	0.55	0.54	0.54
						−0.29	−0.27	−0.26	−0.26	−0.38	−0.26	−0.26

注：表格中每行上面的数值是 z_1 为主动轮时的 x_1 值；下面的数值是 z_1 为从动轮时的 x_1 值。

表 6-11　等变位传动对抗胶合与抗磨损最有利的变位系数 x_1 值（$\alpha=20°$，$h_a^*=1$）

z_1 ＼ z_2	17	18	19	20	21	22	24	27	28	32	34	40	42	50	60	65	72	80	90	100	110	140	170	210
10							0.458	0.475	0.480	0.499	0.507	0.529	0.535	0.554	0.570	0.576	0.582	0.588						
11							0.408	0.430	0.436	0.460	0.470	0.495	0.503	0.520	0.540	0.547	0.554	0.559	0.563		0.566			
12						0.328	0.357	0.389	0.396	0.422	0.432	0.460	0.466	0.487	0.510	0.518	0.527	0.534	0.537		0.541			
13					0.264	0.283	0.313	0.347	0.356	0.385	0.398	0.427	0.434	0.457	0.479	0.488	0.499	0.507	0.511		0.515			
14				0.199	0.220	0.239	0.271	0.308	0.318	0.348	0.363	0.395	0.404	0.427	0.450	0.461	0.472	0.479	0.485		0.493	0.499	0.468	
15			0.134	0.159	0.181	0.201	0.235	0.271	0.281	0.315	0.329	0.363	0.372	0.398	0.423	0.434	0.445	0.454	0.462		0.472	0.479	0.462	
16		0.062	0.094	0.120	0.144	0.165	0.199	0.232	0.249	0.282	0.296	0.333	0.342	0.373	0.397	0.408	0.421	0.428	0.440	0.448	0.452	0.462	0.452	
17	0.000	0.032	0.060	0.086	0.110	0.131	0.165	0.205	0.216	0.251	0.265	0.306	0.316	0.348	0.374	0.385	0.398	0.408	0.418	0.428	0.433	0.445	0.451	0.458
18		0.000	0.036	0.056	0.080	0.101	0.136	0.178	0.189	0.224	0.238	0.282	0.288	0.326	0.353	0.364	0.378	0.390	0.400	0.408	0.414	0.427	0.434	0.440
19			0.000	0.027	0.052	0.073	0.109	0.152	0.163	0.200	0.215	0.260	0.270	0.305	0.334	0.347	0.361	0.373	0.382	0.390	0.396	0.410	0.427	0.424
20				0.000	0.025	0.047	0.085	0.128	0.140	0.178	0.194	0.240	0.250	0.285	0.316	0.329	0.344	0.355	0.365	0.373	0.379	0.393	0.418	0.408
21					0.000	0.023	0.052	0.107	0.119	0.159	0.175	0.222	0.234	0.268	0.299	0.312	0.328	0.341	0.350	0.357	0.364	0.379	0.402	0.395
22						0.000	0.041	0.087	0.100	0.141	0.158	0.205	0.216	0.251	0.283	0.297	0.313	0.326	0.335	0.342	0.350	0.366	0.389	0.382
24							0.000	0.051	0.064	0.110	0.130	0.173	0.184	0.219	0.252	0.266	0.281	0.310	0.305		0.324	0.341	0.379	0.358
27								0.000	0.017	0.065	0.085	0.129	0.141	0.176	0.212	0.226	0.243	0.281	0.267		0.289	0.308	0.351	0.328
28									0.000	0.051	0.070	0.116	0.128	0.164	0.199	0.214	0.231	0.257	0.255		0.259	0.278	0.318	0.302
30										0.025	0.047	0.089	0.101	0.138	0.176	0.192	0.208	0.245	0.235		0.232	0.252	0.278	0.280
33												0.057	0.089	0.108	0.149		0.180	0.222	0.206		0.208	0.230	0.252	0.262
36												0.029	0.057	0.082	0.122		0.154		0.181		0.178	0.203	0.230	0.239
40												0.000	0.029	0.052	0.090		0.124		0.151				0.203	

表 6-12 对接触强度、弯曲强度、抗胶合与抗磨损最有利的正传动变位系数值

z_1	$z_2=12$		$z_2=15$		$z_2=18$		$z_2=22$		$z_2=28$		$z_2=34$		$z_2=42$		$z_2=50$		$z_2=65$		$z_2=80$		$z_2=100$		$z_2=125$		$z_2=155$		适用条件
	x_1	x_2	x_1	x_2	x_1	x_2	x_1	x_2	x_1	x_2	x_1	x_2	x_1	x_2	x_1	x_2	x_1	x_2	x_1	x_2	x_1	x_2	x_1	x_2	x_1	x_2	
12	0.38*	0.38	0.30*	0.50	0.30*	0.61	0.30*	0.66	0.30*	0.88	0.30*	1.03	0.30*	1.30	0.30	1.43	0.30	1.69	0.30	1.96	0.30	2.30					1
	0.47	0.23	0.53	0.22	0.57	0.25	0.62	0.28	0.70	0.25	0.76	0.22	0.75	0.21	0.58	−0.16	0.55	−0.35	0.54	−0.54	0.53	−0.76					2
	0.36	0.36	0.43	0.34	0.49	0.35	0.53	0.38	0.57	0.48	0.60	0.53	0.63	0.67	0.63	0.77	0.64	1.00	0.65	1.18	0.65	1.42					3
15			0.45*	0.45	0.34*	0.64	0.38*	0.75	0.26*	1.04	0.23*	1.42	0.20*	1.53	0.25*	1.65	0.26	1.87	0.30	2.14	0.36	2.32					1
			0.58	0.28	0.64	0.29	0.73	0.32	0.79	0.35	0.83	0.34	0.92	0.32	0.97	0.31	0.80	0.04	0.73	−0.15	0.71	−0.22					2
			0.44	0.44	0.48	0.46	0.55	0.54	0.60	0.63	0.63	0.72	0.66	0.88	0.66	1.02	0.67	1.22	0.67	1.36	0.66	1.70					3
18					0.54*	0.54	0.60*	0.64	0.40*	1.02	0.30*	1.30	0.29*	1.48	0.32*	1.63	0.41*	1.89	0.48	2.08	0.52	2.31					1
					0.72	0.34	0.81	0.38	0.89	0.38	0.93	0.37	1.02	0.36	1.05	0.36	1.10	0.40	1.14	0.40	1.00	0.28					2
					0.54	0.54	0.60	0.63	0.63	0.72	0.67	0.82	0.68	0.94	0.70	1.11	0.71	1.35	0.71	1.61	0.71	1.90					3
22							0.68*	0.68	0.59*	0.94	0.48*	1.20	0.40*	1.48	0.43*	1.60	0.53*	1.80	0.61	1.99	0.65	2.19	0.75	2.43	0.82	2.65	1
							0.95	0.39	1.04	0.40	1.08	0.38	1.18	0.38	1.22	0.42	1.17	0.36	1.15	0.26	1.12	0.22	1.11	0.21	1.08	0.05	2
							0.67	0.67	0.71	0.81	0.74	0.90	0.76	1.03	0.76	1.17	0.76	1.44	0.76	1.73	0.76	1.98	0.76	2.38	0.84	2.60	3
28									0.86	0.86	0.80*	1.08	0.72	1.33	0.64*	1.60	0.70	1.84	0.75	2.04	0.80	2.26	0.83	2.47	1.05	2.66	1
									1.26	0.42	1.30	0.36	1.24	0.31	1.22	0.25	1.19	0.20	1.16	0.12	1.14	0.08	1.12	0.07	1.10	−0.03	2
									0.85	0.85	0.86	1.00	0.88	1.12	0.91	1.26	0.88	1.56	0.87	1.85	0.86	2.12	0.86	2.40	0.85	2.53	3
34											1.01*	1.01	0.90	1.30	0.80	1.58	0.83	1.79	0.89	1.97	0.94	1.97	1.05	2.46			1
											1.38	0.34	1.31	0.27	1.25	0.20	1.23	0.15	1.19	0.07	1.19	0.07	1.10	0.00			2
											1.00	1.00	1.00	1.16	1.00	1.31	0.99	1.55	0.98	1.81	0.98	1.81	0.85	2.40			3
42													1.17*	1.17	1.11*	1.42	1.05	1.75	1.09	1.95	1.12	2.20	1.36	2.52	1.34	2.72	1
													1.35	0.20	1.30	0.12	1.25	0.02	1.20	−0.06	1.15	−0.14	1.12	−0.15	1.10	−0.16	2
													1.15	1.15	1.16	1.32	1.17	1.59	1.14	1.86	1.12	2.18	1.03	2.37	0.96	2.50	3
50															1.34*	1.34	1.32	1.60	1.26	1.89	1.28	2.13	1.44	2.42	1.40	2.62	1
															1.34	0.04	1.28	−0.05	1.21	−0.15	1.14	−0.22	1.13	−0.22	1.10	−0.23	2
															1.31	1.31	1.32	1.58	1.28	1.84	1.20	2.09	1.06	2.22	0.98	2.40	3

注：在适用条件中，1——接触强度；2——弯曲强度；3——抗胶合及抗磨损。

* 表示增大变位系数受到重合度 $\varepsilon_\alpha = 1.2$ 条件的限制。

案例 6-1　设计案例 4-1 所示矿用链板输送机用圆锥圆柱齿轮减速器中低速级的齿轮传动。已知原动机为电动机,低速圆柱齿轮传递功率 $P = 16.57$ kW,小齿轮转速 $n_1 = 277.14$ r/min,传动比 $i = 5.32$,链板输送机运动误差不超过 7%,单向运输,中等冲击,每天工作 8 h,每年工作 300 天,预期寿命 10 年。

解　设计过程见下表:

设计项目及说明	结　　果
1. 选择齿轮材料,确定许用应力	
由表 6-2 选,小齿轮 40Cr,表面淬火	$\text{HRC}_1 = 52\text{HRC}$
大齿轮 45,表面淬火	$\text{HRC}_2 = 45\text{HRC}$
许用接触应力 $[\sigma_H]$,由式(6-6),$[\sigma_H] = \dfrac{\sigma_{Hlim}}{S_{Hmin}} Z_N$	
接触疲劳极限 σ_{Hlim},查图 6-4	$\sigma_{Hlim1} = 1160$ N/mm²
接触强度寿命系数 Z_N,应力循环次数 N 由式(6-7)得	$\sigma_{Hlim2} = 1120$ N/mm²
$N_1 = 60 n_1 j L_h = 60 \times 277.14 \times 1 \times (10 \times 300 \times 8)$	$N_1 = 3.99 \times 10^8$
$N_2 = N_1 / i$	$N_2 = 7.5 \times 10^7$
查图 6-5 得 Z_{N1}、Z_{N2}	$Z_{N1} = Z_{N2} = 1$
接触强度最小安全系数 S_{Hmin}	$S_{Hmin} = 1$
则　　$[\sigma_{H1}] = 1160 \times 1/1$ N/mm²	$[\sigma_{H1}] = 1160$ N/mm²
$[\sigma_{H2}] = 1120 \times 1/1$ N/mm²	$[\sigma_{H2}] = 1120$ N/mm²
	$[\sigma_H] = 1120$ N/mm²
许用弯曲应力 $[\sigma_F]$,由式(6-12),$[\sigma_F] = \dfrac{\sigma_{Flim}}{S_{Fmin}} Y_N Y_X$	
弯曲疲劳强度极限 σ_{Flim},查图 6-7	$\sigma_{Flim1} = 650$ N/mm²
	$\sigma_{Flim2} = 620$ N/mm²
弯曲强度寿命系数 Y_N,查图 6-8	$Y_{N1} = Y_{N2} = 1$
弯曲强度尺寸系数 Y_X,查图 6-9(设模数 $m \leqslant 5$ mm)	$Y_X = 1$
弯曲强度最小安全系数 S_{Fmin}	$S_{Fmin} = 1.4$
则　　$[\sigma_{F1}] = 650 \times 1 \times 1/1.4$ N/mm²	$[\sigma_{F1}] = 464$ N/mm²
$[\sigma_{F2}] = 620 \times 1 \times 1/1.4$ N/mm²	$[\sigma_{F2}] = 443$ N/mm²
2. 齿面接触疲劳强度设计计算	
确定齿轮传动精度等级,按 $v_t = (0.013 \sim 0.022) n_1 \sqrt[3]{P/n_1}$ 估取圆周速度	8 级精度
$v_t = 2$ m/s,参考表 6-7、表 6-8 选取	
小轮分度圆直径 d_1,由式(6-5)得 $d_1 \geqslant \sqrt[3]{\left(\dfrac{Z_E Z_H Z_\varepsilon}{[\sigma_H]}\right)^2 \dfrac{2K T_1}{\psi_d} \dfrac{u+1}{u}}$	
齿宽系数 ψ_d,查表 6-9,按齿轮相对轴承为非对称布置	$\psi_d = 0.5$
小轮齿数 z_1,在推荐值 $17 \sim 25$ 中选	$z_1 = 19$
大轮齿数 z_2,$z_2 = i z_1 = 5.32 \times 19 = 101.08$,圆整 z_2	$z_2 = 101$
齿数比 u,$u = z_2/z_1 = 101/19$	$u = 5.316$
传动比误差 $\Delta i/i$,$\Delta i/i = (5.32 - 5.316)/5.32 = 0.00075 < 0.07$	合适
小轮转矩 T_1,$T_1 = 9.55 \times 10^6 P/n_1 = 9.55 \times 10^6 (16.57/277.14)$ N·mm	$T_1 = 570988$ N·mm
载荷系数 K,$K = K_A K_V K_\alpha K_\beta$	
K_A——工作情况系数,查表 6-3	$K_A = 1.5$
K_V——动载系数,由推荐值 $1.05 \sim 1.4$	$K_V = 1.3$
K_α——齿间载荷分配系数,由推荐值 $1.0 \sim 1.2$	$K_\alpha = 1.15$

设计项目及说明	结　果
K_β——齿向载荷分布系数　由推荐值 $1.1\sim1.35$	$K_\beta=1.2$
载荷系数 K，$K=K_A K_V K_\alpha K_\beta=1.5\times1.3\times1.15\times1.2$	$K=2.691$
材料弹性系数 Z_E，查表 6-4	$Z_E=189.8\sqrt{\text{N/mm}^2}$
节点区域系数 Z_H，查图 6-3($\beta=0$，$x_1=x_2=0$)	$Z_H=2.5$
重合度系数 Z_ε，由推荐值 $0.85\sim0.92$	$Z_\varepsilon=0.87$

故　　$d_1\geqslant\sqrt[3]{\left(\dfrac{189.8\times2.5\times0.87}{1120}\right)^2\dfrac{2\times2.691\times570\,988}{0.5}\dfrac{5.316+1}{5.316}}$ mm

$d_1\geqslant99.73$ mm

3. 齿根弯曲疲劳强度设计计算

齿轮模数 m，由式(6-11)得 $m\geqslant\sqrt[3]{\dfrac{2KT_1}{z_1^2\psi_d}\dfrac{Y_{Fa}Y_{Sa}Y_\varepsilon}{[\sigma_F]}}$

齿形系数 Y_{Fa}，查表 6-5，小轮 Y_{Fa1}	$Y_{Fa1}=2.85$
大轮 Y_{Fa2}	$Y_{Fa2}=2.18$
应力修正系数 Y_{Sa}，查表 6-5，小轮 Y_{Sa1}	$Y_{Sa1}=1.54$
大轮 Y_{Sa2}	$Y_{Sa2}=1.79$

比较

$Y_{Fa1}Y_{Sa1}/[\sigma_{F1}]=2.85\times1.54/464=0.009\,46$

$Y_{Fa2}Y_{Sa2}/[\sigma_{F2}]=2.18\times1.79/443=0.008\,81$

因为 $Y_{Fa1}Y_{Sa1}/[\sigma_{F1}]>Y_{Fa2}Y_{Sa2}/[\sigma_{F2}]$

取小齿轮的 $Y_{Fa1}Y_{Sa1}/[\sigma_{F1}]$，将其代入设计公式

$Y_{Fa}Y_{Sa}/[\sigma_F]=0.009\,46$

齿顶圆压力角

$\alpha_{a1}=\arccos[z_1\cos\alpha/(z_1+2h_a^*)]=\arccos[19\times\cos20°/(19+2\times1)]=31.77°$

$\alpha_{a2}=\arccos[z_2\cos\alpha/(z_2+2h_a^*)]=\arccos[101\times\cos20°/(101+2\times1)]=22.86°$

齿轮按标准中心距安装，则啮合角 α' 等于压力角 α

端面重合度 ε_α

$\varepsilon_\alpha=[z_1(\tan\alpha_{a1}-\tan\alpha')+z_2(\tan\alpha_{a2}-\tan\alpha')]/2\pi$

$=[19\times(\tan31.77°-\tan20°)+101\times(\tan22.86°-\tan20°)]/2\pi=1.70$

$\varepsilon_\alpha=1.70$

重合度系数 $Y_\varepsilon=0.25+0.75/\varepsilon_\alpha$

$Y_\varepsilon=0.69$

$m\geqslant\sqrt[3]{\dfrac{2KT_1}{z_1^2\psi_d}\dfrac{Y_{Fa}Y_{Sa}Y_\varepsilon}{[\sigma_F]}}=\sqrt[3]{\dfrac{2\times2.691\times570\,988\times0.69}{19^2\times0.5}\times0.009\,46}$ mm

$=4.81$ mm

按表 6-6 圆整

$m=5$ mm

故按照齿根弯曲强度确定齿轮的模数，按照齿面接触强度算的齿轮分度圆直径重新确定小齿轮的齿数

$z_1=d_1/m=99.73/5=19.95$

$z_1=20$

取 $z_1=20$，则大齿轮齿数 $z_2=20\times5.32=106.4$，圆整为 $z_2=107$

$z_2=107$

齿数比 u，$u=z_2/z_1=107/20$

$u=5.35$

传动比误差 $\Delta i/i$，$\Delta i/i=(5.35-5.32)/5.32=0.0056<0.07$

合适

4. 齿轮主要尺寸计算

小轮分度圆直径 d_1，$d_1=mz_1=5\times20$ mm	$d_1=100$ mm
大轮分度圆直径 d_2，$d_2=mz_2=5\times107$ mm	$d_2=535$ mm
根圆直径 d_f，$d_{f1}=d_1-2h_f=(100-2\times1.25\times5)$ mm	$d_{f1}=87.5$ mm
$d_{f2}=d_2-2h_f=(535-2\times1.25\times5)$ mm	$d_{f2}=522.5$ mm
顶圆直径 d_a，$d_{a1}=d_1+2h_a=(100+2\times5)$ mm	$d_{a1}=110$ mm

续表

设计项目及说明	结　　果
$d_{a2}=d_2+2h_a=(535+2\times5)$ mm	$d_{a2}=545$ mm
中心距 a，$a=(d_1+d_2)/2=(100+535)/2$ mm	$a=317.5$ mm
齿宽 b，$b=\psi_d d_{1t}=0.5\times99.73$ mm=49.86 mm	
大轮齿宽 b_2，$b_2=b$	$b_2=50$ mm
小轮齿宽 b_1，$b_1=b_2+(5\sim10)$ mm	$b_1=55$ mm

6.7　标准斜齿圆柱齿轮传动的强度计算

6.7.1　标准斜齿圆柱齿轮传动的受力分析

忽略齿面摩擦力，在斜齿轮传动中，作用于齿面上的法向载荷 F_n 垂直于齿面。

如图 6-10 所示，法向力可沿齿轮的周向、径向及轴向分解为三个相互垂直的分力，各力大小计算公式为

$$\begin{cases} 圆周力 \quad F_t=2T_1/d_1 \\ 径向力 \quad F_r=F_t\tan\alpha_n/\cos\beta \\ 轴向力 \quad F_a=F_t\tan\beta \\ 法向力 \quad F_n=F_t/(\cos\alpha_n\cos\beta)=F_t/(\cos\alpha_t\cos\beta_b) \end{cases} \tag{6-13}$$

式中，β——分度圆螺旋角；

β_b——基圆螺旋角；

α_n——法面压力角，$\alpha_n=20°$；

α_t——端面压力角。

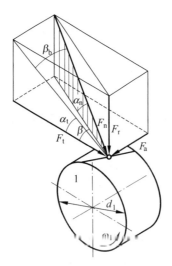

图 6-10　斜齿圆柱齿轮轮齿的受力分析

6.7.2 标准斜齿圆柱齿轮传动的强度计算

斜齿圆柱齿轮传动疲劳强度计算公式是它的当量直齿圆柱齿轮的疲劳强度计算公式,因此公式中使用当量齿轮的参数和尺寸,并考虑到斜齿轮总重合度大、总接触线较长且变化的特点,引入与螺旋角 β 有关的系数。

1. 齿面接触疲劳强度计算

以斜齿圆柱齿轮法向齿廓啮合点处的曲率半径为计算值,由直齿圆柱齿轮接触疲劳强度计算公式,并考虑斜齿圆柱齿轮传动的特点,可导出斜齿圆柱齿轮传动的接触疲劳强度校核公式和设计公式为

$$\sigma_H = Z_E Z_H Z_\epsilon Z_\beta \sqrt{\frac{2KT_1}{bd_1^2} \frac{u \pm 1}{u}} \leqslant [\sigma_H] \tag{6-14}$$

$$d_1 \geqslant \sqrt[3]{\left(\frac{Z_E Z_H Z_\epsilon Z_\beta}{[\sigma_H]}\right)^2 \frac{2KT_1}{\psi_d} \frac{u \pm 1}{u}} \tag{6-15}$$

式中,Z_H——节点区域系数,由图 6-3 查得;

$\quad Z_\beta$——螺旋角系数,它是考虑接触线倾斜有利于提高接触疲劳强度的系数,$Z_\beta = \sqrt{\cos\beta}$;

$\quad Z_\epsilon$——重合度系数,它是考虑斜齿轮工作时接触线总长度随啮合位置的不同而变化,同时还受到齿轮的端面重合度和纵向重合度的共同影响的系数,可取 $Z_\epsilon = 0.75 \sim 0.88$,齿数多时,$Z_\epsilon$ 取小值;反之,Z_ϵ 取大值。

2. 齿根弯曲疲劳强度计算

斜齿轮传动时,其接触线和危险截面的位置都在不断变化,精确计算轮齿的齿根应力十分困难,只能近似按它的当量直齿圆柱齿轮进行计算。斜齿圆柱齿轮的弯曲疲劳强度的校核公式和设计公式为

$$\sigma_F = \frac{2KT_1}{bd_1 m_n} Y_{Fa} Y_{Sa} Y_\epsilon Y_\beta \leqslant [\sigma_F] \tag{6-16}$$

$$m_n \geqslant \sqrt[3]{\frac{2KT_1 \cos^2\beta Y_\epsilon Y_\beta}{\psi_d z_1^2} \frac{Y_{Fa} Y_{Sa}}{[\sigma_F]}} \tag{6-17}$$

式中,Y_β——螺旋角系数,它是考虑到斜齿圆柱齿轮倾斜的接触线对提高弯曲强度有利的系数,$Y_\beta = 0.85 \sim 0.92$,β 角大时,Y_β 取小值,反之 Y_β 取大值;

$\quad Y_{Fa}、Y_{Sa}$——按当量齿数由表 6-5 查得。

为了减小轴承承受的轴向力,斜齿圆柱齿轮传动的螺旋角 β 不宜选得过大,常在 $\beta = 8° \sim 20°$ 范围内选择。在人字齿轮传动中,由于轴向力的合力为零,因而人字齿轮的螺旋角可取较大的数值($\beta = 15° \sim 40°$),传递的功率也可较大。

其余参数的意义与取法与直齿圆柱齿轮相同。

案例 6-2 将案例 6-1 的设计直齿圆柱齿轮传动改为设计斜齿圆柱齿轮传动,其余条件不变。

解　设计过程见下表：

计算项目及说明	结　果
1. 选择齿轮材料,确定许用应力 　同案例 6-1 2. 齿面接触疲劳强度设计计算 　确定齿轮传动精度等级,按 $v_t=(0.013\sim0.022)n_1\sqrt[3]{P/n_1}$ 估取圆周速度 $v_t=$ 2 m/s,参考表 6-7、表 6-8 选取 　小轮分度圆直径 d_1,由式(6-15)得	8 级精度

$$d_1\geqslant\sqrt[3]{\left(\frac{Z_E Z_H Z_\varepsilon Z_\beta}{[\sigma_H]}\right)^2\frac{2KT_1}{\psi_d}\frac{u\pm1}{u}}$$

齿宽系数 ψ_d(同案例 6-1)	$\psi_d=0.5$
小轮齿数 z_1(同案例 6-1)	$z_1=19$
大轮齿数 z_2(同案例 6-1)	$z_2=101$
齿数比 u(同案例 6-1)	$u=5.316$
小轮转矩 T_1(同案例 6-1)	$T_1=570\,988$ N·mm
初定螺旋角 β_0	$\beta_0=12°$
K_A——工作情况系数(同案例 6-1)	$K_A=1.5$
K_V——动载系数,由推荐值 1.02~1.2	$K_V=1.1$
K_α——齿间载荷分配系数,由推荐值 1.0~1.4	$K_\alpha=1.2$
K_β——齿向载荷分布系数,由推荐值 1.1~1.35	$K_\beta=1.2$
载荷系数 K,$K=K_A K_V K_\alpha K_\beta=1.5\times1.1\times1.2\times1.2$	$K=2.376$
材料弹性系数 Z_E(同案例 6-1)	$Z_E=189.8\sqrt{\text{N/mm}^2}$
节点区域系数 Z_H,查图 6-3($\beta=12°,x_1=x_2=0$)	$Z_H=2.45$
重合度系数 Z_ε,由推荐值 0.75~0.88	$Z_\varepsilon=0.80$
螺旋角系数 Z_β,由 $Z_\beta=\sqrt{\cos\beta}=\sqrt{\cos12°}$	$Z_\beta=0.99$

$$\text{故 } d_1\geqslant\sqrt[3]{\left(\frac{Z_E Z_H Z_\varepsilon Z_\beta}{[\sigma_H]}\right)^2\frac{2KT_1}{\psi_d}\frac{u+1}{u}}$$

$$=\sqrt[3]{\left(\frac{189.8\times2.45\times0.80\times0.99}{1120}\right)^2\times\frac{2\times2.376\times570\,988}{0.5}\times\frac{5.316+1}{5.316}}\ \text{mm}$$

	$d_1\geqslant88.67$ mm

3. 齿根弯曲疲劳强度设计计算

$$m_n\geqslant\sqrt[3]{\frac{2KT_1\cos^2\beta Y_\varepsilon Y_\beta}{\psi_d z_1^2}\frac{Y_{Fa}Y_{Sa}}{[\sigma_F]}}$$

当量齿数 z_v,$z_{v1}=z_1/\cos^3\beta=19/\cos^3 12°=20.30$	$z_{v1}=20.30$
$z_{v2}=z_2/\cos^3\beta=101/\cos^3 12°=107.92$	$z_{v2}=107.92$
齿形系数 Y_{Fa},查表 6-5,小轮 Y_{Fa1}	$Y_{Fa1}=2.78$
大轮 Y_{Fa2}	$Y_{Fa2}=2.1736$
应力修正系数 Y_{Sa},查表 6-5,小轮 Y_{Sa1}	$Y_{Sa1}=1.555$
大轮 Y_{Sa2}	$Y_{Sa2}=1.7964$
比较 　$Y_{Fa1}Y_{Sa1}/[\sigma_{F1}]=2.78\times1.555/464=0.0093$ 　$Y_{Fa2}Y_{Sa2}/[\sigma_{F2}]=2.1736\times1.7964/442=0.0088$ 　因为 $Y_{Fa1}Y_{Sa1}/[\sigma_{F1}]>Y_{Fa2}Y_{Sa2}/[\sigma_{F2}]$ 　取小齿轮的 $Y_{Fa1}Y_{Sa1}/[\sigma_{F1}]$,将其代入设计公式	$Y_{Fa}Y_{Sa}/[\sigma_F]=0.0093$
不变位时,端面啮合角 $\alpha_t'=\arctan(\tan20°/\cos12°)=20.41°=\alpha_t$ 　端面齿顶圆压力角	

计 算 项 目 及 说 明	结　　果

$\alpha_{at1} = \arccos[z_1\cos\alpha_t/(z_1 + 2h_{an}^*\cos\beta)]$

$\qquad = \arccos[19\times\cos20.41°/(19 + 2\times1\times\cos12°)] = 31.82°$

$\alpha_{at2} = \arccos[z_2\cos\alpha_t/(z_2 + 2h_{an}^*\cos\beta)]$

$\qquad = \arccos[101\times\cos20.41°/(101 + 2\times1\times\cos12°)] = 23.16°$

端面重合度 ε_α

$\varepsilon_\alpha = [z_1(\tan\alpha_{at1} - \tan\alpha_t') + z_2(\tan\alpha_{at2} - \tan\alpha_t')]/2\pi$

$\qquad = [19\times(\tan31.82° - \tan20.41°) + 101\times(\tan23.16° - \tan20.41°)]/2\pi$

$\qquad = 1.646$

重合度系数 Y_ε，$Y_\varepsilon = 0.25 + 0.75/\varepsilon_\alpha$

螺旋角系数 Y_β，由推荐值 $Y_\beta = 0.85\sim0.92$

$$m_n \geqslant \sqrt[3]{\frac{2KT_1\cos^2\beta Y_\varepsilon Y_\beta}{\psi_d z_1^2}\cdot\frac{Y_{Fa}Y_{Sa}}{[\sigma_F]}}$$

$$= \sqrt[3]{\frac{2\times2.376\times570\,988\times\cos^2 12°\times0.706\times0.89}{19^2\times0.5}\times0.0093}\ \text{mm} = 4.38\ \text{mm}$$

$\varepsilon_\alpha = 1.646$

$Y_\varepsilon = 0.706$

$Y_\beta = 0.89$

$m_n = 4.5\ \text{mm}$

按表 6-6 圆整

故按照齿根弯曲强度确定齿轮的模数，按照齿面接触强度所算的齿轮分度圆直径重新确定小齿轮的齿数

$z_1 = d_1\cos\beta/m_n = 88.67\times\cos12°/4.5 = 19.27$

取 $z_1 = 20$，则大齿轮齿数 $z_2 = 20\times5.32 = 106.4$，圆整为 $z_2 = 107$

$z_1 = 20$

$z_2 = 107$

4. 齿轮主要尺寸计算

中心距 a，$a = m_n(z_1 + z_2)/(2\cos\beta) = 4.5\times(20 + 107)/(2\cos12°)\ \text{mm} = 292.13\ \text{mm}$

圆整中心距 a

分度圆螺旋角 β

$a = 292\ \text{mm}$

$\beta = \arccos[m_n(z_1 + z_2)/(2a)]$

$\qquad = \arccos[4.5\times(20 + 107)/(2\times292)] = 11.8758°$

$\beta = 11°52'33''$

小轮分度圆直径 d_1，$d_1 = m_n z_1/\cos\beta = 4.5\times20/\cos11.8758°\ \text{mm}$

$d_1 = 91.97\ \text{mm}$

大轮分度圆直径 d_2，$d_2 = m_n z_2/\cos\beta = 4.5\times107/\cos11.8758°\ \text{mm}$

$d_2 = 492.03\ \text{mm}$

根圆直径 d_f，$d_{f1} = d_1 - 2h_f = (91.97 - 2\times1.25\times4.5)\ \text{mm}$

$\qquad\qquad d_{f2} = d_2 - 2h_f = (492.03 - 2\times1.25\times4.5)\ \text{mm}$

$d_{f1} = 80.72\ \text{mm}$

$d_{f2} = 480.78\ \text{mm}$

顶圆直径 d_a，$d_{a1} = d_1 + 2h_a = (91.97 + 2\times1\times4.5)\ \text{mm}$

$\qquad\qquad d_{a2} = d_2 + 2h_a = (492.03 + 2\times1\times4.5)\ \text{mm}$

$d_{a1} = 100.97\ \text{mm}$

$d_{a2} = 501.03\ \text{mm}$

齿宽 b，$b = \psi_d d_{1t} = 0.5\times88.67\ \text{mm} = 44.33\ \text{mm}$　圆整

大轮齿宽 b_2，$b_2 = b$

$b_2 = 45\ \text{mm}$

小轮齿宽 b_1，$b_1 = b_2 + (5\sim10)\ \text{mm}$

$b_1 = 50\ \text{mm}$

5. 结构设计

以大齿轮为例，因齿轮齿顶圆在 500 mm 附近，选用腹板式结构，有关结构尺寸按图 16-9 推荐用的结构尺寸设计（尺寸计算从略），并绘制大齿轮零件图如图 6-11 所示

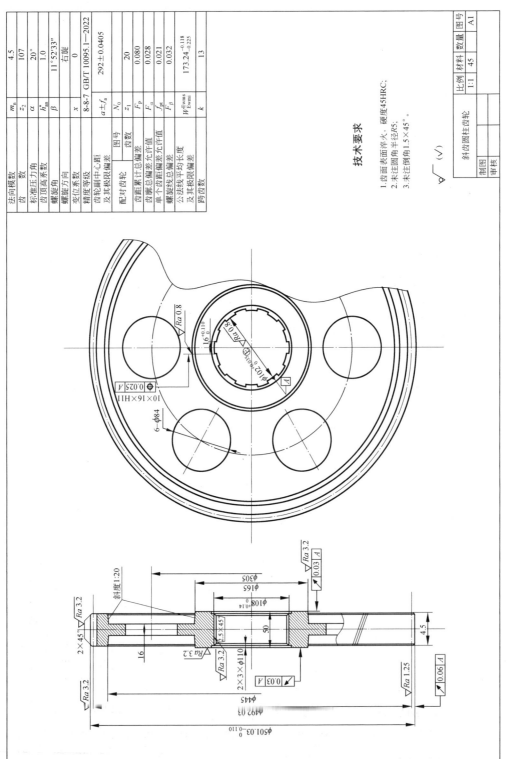

法向模数	m_n	4.5
齿　数	z_2	107
标准压力角	α	20°
齿顶高系数	h_{an}^*	1.0
螺旋角	β	11°52′33″
螺旋方向		右旋
变位系数	x	0
精度等级		8-8-7　GB/T 10095.1—2022
齿轮副中心距及其极限偏差	$a\pm f_a$	292±0.0405
配对齿轮	图号	
	齿数	N_0	20
齿距累计总偏差	F_p	0.080
齿廓总偏差允许值	F_α	0.028
单个齿距偏差允许值	f_{pt}	0.021
螺旋线总偏差	F_β	0.032
公法线平均长度及其极限偏差	$W\frac{E_{wms}}{E_{wmi}}$	$173.24\frac{-0.118}{-0.225}$
跨齿数	k	13

技术要求

1. 齿面表面淬火，硬度45HRC；
2. 未注圆角半径R5；
3. 未注倒角1.5×45°。

$\sqrt{}$ (√)

斜齿圆柱齿轮			比例	材料	数量	图号
			1:1	45		A1
制图						
审核						

图 6-11　大斜齿圆柱齿轮零件图

6.8 标准直齿圆锥齿轮传动的强度计算

圆锥齿轮用于传递两相交轴之间的运动和动力,有直齿、斜齿和曲线齿之分,其中直齿是最常见的。两轴间的交角可为任意角度,最常用的是 90°。由于圆锥齿轮的理论齿廓为球面渐开线,实际加工出的齿形与其有较大的差别,不易获得高的精度,在传动中会产生较大的振动和噪声,故圆周速度不宜过大。

6.8.1 几何尺寸计算

标准直齿圆锥齿轮的主要几何尺寸见表 6-13。

表 6-13 标准直齿圆锥齿轮的主要几何尺寸(轴交角,$\Sigma = 90°$)

名 称	符 号	计 算 公 式
齿数比	u	$u = z_2 / z_1$
分度圆锥角	δ	$\delta_1 = \arctan \dfrac{1}{u}$,$\cos\delta_1 = \dfrac{u}{\sqrt{u^2+1}}$,$\cos\delta_2 = \dfrac{1}{\sqrt{u^2+1}}$
当量齿数	z_v	$z_{v1} = \dfrac{z_1}{\cos\delta_1}$,$z_{v2} = \dfrac{z_2}{\cos\delta_2}$
当量齿数比	u_v	$u_v = z_{v2} / z_{v1} = u^2$
齿宽系数	ψ_{dm}	$\psi_{dm} = b / d_{m1}$,按表 6-14 推荐
当量齿轮直径	d_v	$d_{v1} = \dfrac{d_{m1}}{\cos\delta_1}$,$d_{v2} = \dfrac{d_{m2}}{\cos\delta_2}$
齿宽中点直径	d_m	$d_m = d \left/ \left(1 + \dfrac{\psi_{dm}}{\sqrt{u^2+1}}\right)\right.$
齿宽中点模数	m_m	$m_m = m \left/ \left(1 + \dfrac{\psi_{dm}}{\sqrt{u^2+1}}\right)\right.$

6.8.2 标准直齿圆锥齿轮轮齿受力分析

略去摩擦力,假设法向力 F_n 集中作用在齿宽中点处,则 F_n 可分解为互相垂直的三个分力:圆周力 F_{t1}、径向力 F_{r1} 和轴向力 F_{a1},如图 6-12 所示。

各力大小为

$$
\begin{cases}
F_{t1} = 2T_1 / d_{m1} = -F_{t2} \\
F_{r1} = F_t \tan\alpha \cos\delta_1 = -F_{a2} \\
F_{a1} = F_t \tan\alpha \sin\delta_1 = -F_{r2} \\
F_n = \dfrac{F_{t1}}{\cos\alpha}
\end{cases}
\tag{6-18}
$$

6.8.3 标准直齿圆锥齿轮传动的强度计算

为了简化计算,锥齿轮的强度计算以齿宽中点的当量直齿圆柱齿轮作为计算基础。

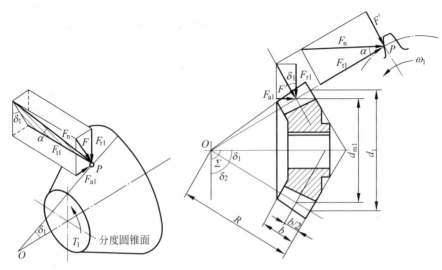

图 6-12　直齿圆锥齿轮受力分析

1. 齿面接触疲劳强度计算

将圆锥齿轮当量齿轮的有关参数代入直齿圆柱齿轮接触疲劳强度公式,并考虑到圆锥齿轮制造精度较低,故认为在整个啮合过程中,仅有一对相啮合的轮齿来承受载荷,略去与重合度有关的系数 Z_ε、K_α,得圆锥齿轮接触疲劳强度的校核和设计公式为

$$\sigma_H = Z_E Z_H \left(1 + \frac{\psi_{dm}}{\sqrt{u^2 + 1}}\right) \sqrt{\frac{2KT_1}{bd_1^2} \frac{\sqrt{u^2 + 1}}{u}} \leqslant [\sigma_H] \qquad (6\text{-}19)$$

$$d_1 \geqslant \left(1 + \frac{\psi_{dm}}{\sqrt{u^2 + 1}}\right) \sqrt[3]{\frac{2KT_1}{\psi_{dm}} \frac{\sqrt{u^2 + 1}}{u} \left(\frac{Z_E Z_H}{[\sigma_H]}\right)^2} \qquad (6\text{-}20)$$

其中,$K = K_A K_V K_\beta$,K_A、K_V、K_β、Z_E、Z_H、$[\sigma_H]$ 等符号、意义和确定与直齿圆柱齿轮传动相同;ψ_{dm} 按表 6-14 选取。

表 6-14　齿宽系数 ψ_{dm}

u	1	1.5	2	2.5	3	3.5	4	4.5	5
ψ_{dm}	0.20～0.25	0.26～0.32	0.32～0.39	0.38～0.47	0.45～0.56	0.52～0.64	0.59～0.73	0.66～0.81	0.73～0.90

2. 齿根弯曲疲劳强度计算

略去重合度系数 Y_ε,得锥齿轮齿根弯曲疲劳强度校核和设计公式为

$$\sigma_F = \frac{2KT_1}{bd_1 m} \left(1 + \frac{\psi_{dm}}{\sqrt{u^2 + 1}}\right)^2 Y_{Fa} Y_{Sa} \leqslant [\sigma_F] \qquad (6\text{-}21)$$

$$m \geqslant \left(1 + \frac{\psi_{dm}}{\sqrt{u^2 + 1}}\right) \sqrt[3]{\frac{2KT_1}{\psi_{dm} z_1^2} \frac{Y_{Fa} Y_{Sa}}{[\sigma_F]}} \qquad (6\text{-}22)$$

式中,Y_{Fa}、Y_{Sa} 按当量齿数 z_v 查表 6-5。大端的标准模数按表 6-15 选取。

表 6-15 锥齿轮标准模数系列（GB/T 12368—1990） 单位：mm

1 1.125 1.25 1.375 1.5 1.75 2 2.25 2.5 2.75 3 3.25 3.5 3.75 4 4.5 5 5.5 6
6.5 7 8 9 10 12

案例 6-3 设计案例 4-1 所示矿用链板输送机用圆锥圆柱齿轮减速器中高速级的圆锥齿轮传动。已知原动机为电动机，高速圆锥齿轮传递功率 $P = 17.62$ kW，小齿轮转速 $n_1 = 970$ r/min，传动比 $i = 3.5$，链板输送机运动误差不超过 7%，单向运输，中等冲击，每天工作 8 h，每年工作 300 天，预期寿命 10 年。小齿轮悬臂布置。

解 设计过程见下表：

计算项目及说明	结　果
1. 选择齿轮材料，确定许用应力	
由表 6-2 选，小齿轮 40Cr，表面淬火	$HRC_1 = 52HRC$
大齿轮 45，表面淬火	$HRC_2 = 45HRC$
许用接触应力 $[\sigma_H]$，由式(6-6)，$[\sigma_H] = \dfrac{\sigma_{Hlim}}{S_{Hmin}} Z_N$	
接触疲劳极限 σ_{Hlim}，查图 6-4	$\sigma_{Hlim1} = 1160$ N/mm^2
接触强度寿命系数 Z_N，应力循环次数 N，由式(6-7)	$\sigma_{Hlim2} = 1120$ N/mm^2
$N_1 = 60 n_1 j L_h = 60 \times 970 \times 1 \times (10 \times 300 \times 8)$	$N_1 = 1.3968 \times 10^9$
$N_2 = N_1 / i$	$N_2 = 3.99 \times 10^8$
查图 6-5 得 Z_{N1}、Z_{N2}	$Z_{N1} = Z_{N2} = 1$
接触强度最小安全系数 S_{Hmin}	$S_{Hmin} = 1$
则　$[\sigma_{H1}] = 1160 \times 1/1$ N/mm^2	$[\sigma_{H1}] = 1160$ N/mm^2
$[\sigma_{H2}] = 1120 \times 1/1$ N/mm^2	$[\sigma_{H2}] = 1120$ N/mm^2
	$[\sigma_H] = 1120$ N/mm^2
许用弯曲应力 $[\sigma_F]$，由式(6-12)，$[\sigma_F] = \dfrac{\sigma_{Flim}}{S_{Fmin}} Y_N Y_X$	$\sigma_{Flim1} = 650$ N/mm^2
弯曲疲劳强度极限 σ_{Flim}，查图 6-7	$\sigma_{Flim2} = 620$ N/mm^2
弯曲强度寿命系数 Y_N，查图 6-8	$Y_{N1} = Y_{N2} = 1$
弯曲强度尺寸系数 Y_X，查图 6-9(设模数 $m \leqslant 5$ mm)	$Y_X = 1$
弯曲强度最小安全系数 S_{Fmin}	$S_{Fmin} = 1.4$
则　$[\sigma_{F1}] = 650 \times 1 \times 1/1.4$ N/mm^2	$[\sigma_{F1}] = 464$ N/mm^2
$[\sigma_{F2}] = 620 \times 1 \times 1/1.4$ N/mm^2	$[\sigma_{F2}] = 443$ N/mm^2
2. 齿面接触疲劳强度设计计算	
确定齿轮传动精度等级，估取圆周速度 $v_t = 4$ m/s，参考表 6-7、表 6-8 选取	8 级精度
小轮大端分度圆直径 d_1，由式(6-20)得	
$$d_1 \geqslant \left(1 + \frac{\psi_{dm}}{\sqrt{u^2+1}}\right) \sqrt[3]{\frac{2KT_1}{\psi_{dm}} \frac{\sqrt{u^2+1}}{u} \left(\frac{Z_E Z_H}{[\sigma_H]}\right)^2}$$	

计算项目及说明	结　　果
齿宽系数 ψ_{dm}，查表 6-14	$\psi_{dm}=0.55$
小轮齿数 z_1，在推荐值 $17\sim25$ 中选	$z_1=19$
大轮齿数 z_2，$z_2=iz_1=3.5\times19=66.5$，圆整 z_2	$z_2=67$
齿数比 u，$u=z_2/z_1=67/19$	$u=3.53$
传动比误差 $\Delta i/i$，$\Delta i/i=(3.53-3.5)/3.5=0.0086<0.07$	
小轮转矩 T_1，$T_1=9.55\times10^6 P/n_1=9.55\times10^6\times17.62/970$ N·mm	$T_1=173\ 475$ N·mm
载荷系数 K，$K=K_A K_V K_\beta$	
K_A——工作情况系数，查表 6-3	$K_A=1.5$
K_V——动载系数，由推荐值 $1.05\sim1.4$	$K_V=1.2$
K_β——齿向载荷分布系数，由推荐值 $1.0\sim1.2$	$K_\beta=1.1$
载荷系数 K，$K=K_A K_V K_\beta=1.5\times1.2\times1.1$	$K=1.98$
材料弹性系数 Z_E，查表 6-4	$Z_E=189.8\sqrt{\text{N/mm}^2}$
节点区域系数 Z_H，查图 6-3	$Z_H=2.5$
故 $d_1\geqslant\left(1+\dfrac{0.55}{\sqrt{3.52^2+1}}\right)\sqrt[3]{\dfrac{2\times1.98\times173\ 475}{0.55}\dfrac{\sqrt{3.52^2+1}}{3.52}\left(\dfrac{189.8\times2.5}{1120}\right)^2}$ mm	$d_1\geqslant70.76$ mm

3. 齿根弯曲疲劳强度设计计算

齿轮模数 m_n，由式（6-22）得

$$m\geqslant\left(1+\frac{\psi_{dm}}{\sqrt{u^2+1}}\right)\sqrt[3]{\frac{2KT_1}{\psi_{dm}z_1^2}\frac{Y_{Fa}Y_{Sa}}{[\sigma_F]}}$$

当量齿数 z_v，$z_{v1}=z_1/\cos\delta_1=19/\left(\dfrac{\sqrt{u^2+1}}{u}\right)=18.28$	$z_{v1}=18.28$
$\qquad z_{v2}=z_{v1}u^2=18.28\times3.53^2=227.79$	$z_{v2}=227.79$
齿形系数 Y_{Fa}，查表 6-5，小轮 Y_{Fa1}	$Y_{Fa1}=2.89$
$\qquad\qquad$ 大轮 Y_{Fa2}	$Y_{Fa2}=2.11$
应力修正系数 Y_{Sa}，查表 6-5，小轮 Y_{Sa1}	$Y_{Sa1}=1.53$
$\qquad\qquad$ 大轮 Y_{Sa2}	$Y_{Sa2}=1.88$
比较	
$\qquad Y_{Fa1}Y_{Sa1}/[\sigma_{F1}]=2.89\times1.53/464=0.009\ 53$	
$\qquad Y_{Fa2}Y_{Sa2}/[\sigma_{F2}]=2.11\times1.88/443=0.0090$	
因为 $Y_{Fa1}Y_{Sa1}/[\sigma_{F1}]>Y_{Fa2}Y_{Sa2}/[\sigma_{F2}]$	
取小齿轮的 $Y_{Fa1}Y_{Sa1}/[\sigma_{F1}]$，将其代入设计公式	$Y_{Fa}Y_{Sa}/[\sigma_F]=0.009\ 53$

续表

计算项目及说明	结 果
$$m \geqslant \left(1 + \frac{\psi_{dm}}{\sqrt{u^2+1}}\right) \sqrt[3]{\frac{2KT_1 Y_{Fa} Y_{Sa}}{\psi_{dm} z_1^2 [\sigma_F]}}$$ $$= \left(1 + \frac{0.55}{\sqrt{3.53^2+1}}\right) \sqrt[3]{\frac{2 \times 1.98 \times 173\,475}{0.55 \times 19^2} \times 0.009\,53} \text{ mm} = 3.69 \text{ mm}$$ 按表 6-15 取标准值 $m = 3.75$ mm 故按照齿根弯曲强度确定齿轮的模数,按照齿面接触强度算的齿轮分度圆直径重新确定小齿轮的齿数 $z_1 = d_1/m = 70.76/3.75 = 18.87$ 取 $z_1 = 19$,则大齿轮齿数不变,$z_2 = 67$	$m = 3.75$ mm
4. 齿轮主要尺寸计算 小轮大端分度圆直径 d_1,$d_1 = mz_1 = 3.75 \times 19$ mm 大轮大端分度圆直径 d_2,$d_2 = mz_2 = 3.75 \times 67$ mm 锥距 R,$R = \sqrt{d_1^2 + d_2^2}/2 = \sqrt{71.25^2 + 251.25^2}/2$ mm	$d_1 = 71.25$ mm $d_2 = 251.25$ mm $R = 130.58$ mm
5. 结构设计 以大圆锥齿轮为例,因齿轮齿顶圆在 $200 \sim 500$ mm 以内,选用腹板式结构,有关结构尺寸按 16.3.1 节图 16-9 推荐用的结构尺寸设计(尺寸计算从略),并绘制大圆锥齿轮零件图如图 6-13 所示 分锥角 δ,小轮分锥角 $\delta_1 = \arctan(z_1/z_2) = \arctan(19/67) = 15.83°$ 　　　　大轮分锥角 $\delta_2 = 90° - \delta_1 = 74.17°$ 小轮大端齿顶圆直径 $d_{a1} = d_1 + 2m\cos\delta_1 = (71.25 + 2 \times 3.75 \times \cos15.83°)$ mm 大轮大端齿顶圆直径 $d_{a2} = d_2 + 2m\cos\delta_2 = (251.25 + 2 \times 3.75 \times \cos74.17°)$ mm 小轮大端齿根圆直径 $d_{f1} = d_1 - 2 \times 1.2m\cos\delta_1 = (71.25 - 2 \times 1.2 \times 3.75 \times \cos15.83°)$ mm 大轮大端齿根圆直径 $d_{f2} = d_2 - 2 \times 1.2m\cos\delta_2 = (251.25 - 2 \times 1.2 \times 3.75 \times \cos74.17°)$ mm 齿根角 θ_f,$\theta_f = \arctan(h_f/R) = \arctan(1.2m/R) = \arctan(1.2 \times 3.75/130.58)$ 顶锥角 δ_a,小轮顶锥角 $\delta_{a1} = \delta_1 + \theta_f = 15.83° + 1.97° = 17.8°$ 　　　　大轮顶锥角 $\delta_{a2} = \delta_2 + \theta_f = 74.17° + 1.97° = 76.14°$ 根锥角 δ_f,小轮根锥角 $\delta_{f1} = \delta_1 - \theta_f = 15.83° - 1.97° = 13.86°$ 　　　　大轮根锥角 $\delta_{f2} = \delta_2 - \theta_f = 74.17° - 1.97° = 72.2°$ 小轮平均分度圆直径 d_{m1} $$d_{m1} = d_1 \bigg/ \left(1 + \frac{\psi_{dm}}{\sqrt{u^2+1}}\right) = 71.25 \bigg/ \left(1 + \frac{0.55}{\sqrt{3.53^2+1}}\right) \text{ mm}$$ 齿宽 b,$b = \psi_{dm} d_{m1} = 0.55 \times 61.94$ mm $= 34.07$ mm,圆整	$\delta_1 = 15°49'57''$ $\delta_2 = 74°10'12''$ $d_{a1} = 78.47$ mm $d_{a2} = 253.30$ mm $d_{f1} = 62.59$ mm $d_{f2} = 248.79$ mm $\theta_f = 1.97°$ $\delta_{a1} = 17°48'$ $\delta_{a2} = 76°8'24''$ $\delta_{f1} = 13°51'36''$ $\delta_{f2} = 72°12'$ $d_{m1} = 61.96$ mm $b = 35$ mm

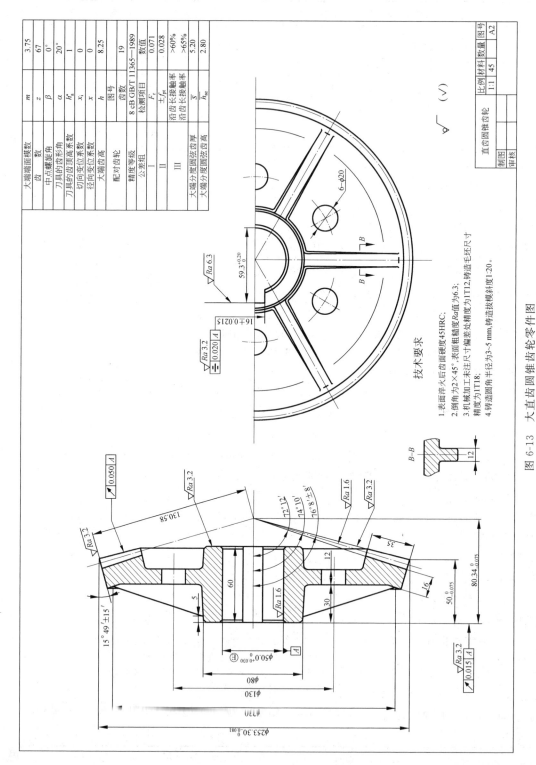

大端端面模数	m	3.75
齿 数	z	67
中点螺旋角	β	0°
刀具的齿形角	α	20°
刀具的齿顶高系数	h_a^*	1
切向变位系数	x_t	0
径向变位系数	x	0
大端齿高	h	8.25
配对齿轮	图号	19
精度等级	8 cB GB/T 11365—1989	
公差组	检测项目	数值
I	F_r	0.071
II	$\pm f_{pt}$	0.028
III	沿齿长齿接触率	>60%
	沿齿长齿接触率	>65%
大端分度圆齿齿厚	$\bar{s}$	5.20
大端分度圆齿齿高	h_{ac}	2.80

$\sqrt{\ }$ (√)

直齿圆锥齿轮

比例	材料	数量	图号
1:1	45		A2
制图			
审核			

技术要求

1. 表面淬火后齿面硬度45HRC;
2. 倒角为2×45°,表面粗糙度Ra值为6.3;
3. 机械加工未注尺寸偏差处精度为ITT12,铸造毛坯尺寸精度为IT18;
4. 铸造圆角半径为3~5 mm,铸造拔模斜度1:20。

图 6-13 大直齿圆锥齿轮零件图

图中的标准 GB/T 11365—1989 已经作废,被 GB/T 11365—2019 取代,但新标准不适用减速器锥齿轮,故此图仍按 1989 年标准。

6.9 齿轮传动的效率及润滑

1. 齿轮传动的效率

齿轮传动的主要功率损失：①啮合中的摩擦损失；②搅动润滑油的损失；③轴承中的摩擦损失。

闭式齿轮传动的效率为

$$\eta = \eta_1 \eta_2 \eta_3$$

式中，η_1——考虑齿轮啮合损失时的效率；

η_2——考虑搅油损失时的效率；

η_3——轴承的效率。

2. 齿轮传动的润滑方式

齿轮传动的润滑方式见表 6-16。

表 6-16 齿轮传动的润滑方式

齿轮速度 v/(m/s)	润滑方式		说　明
<0.8	人工加油(脂)润滑		润滑剂加油性或极压添加剂
<12	油浴润滑 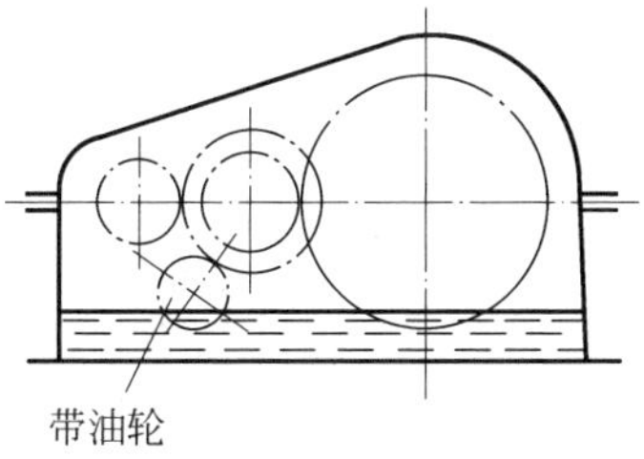		(1) 齿轮浸油深度： 圆柱齿轮：1～2 个齿高，不少于 10 mm； 圆锥齿轮：全齿高； 多级传动：应尽量使各级传动的齿轮浸油深度相适宜；当低速级齿轮浸油深度合适，而高速级大齿轮未能浸入油中时，可采用带油轮给高速级大齿轮供油(见左图)。 (2) 齿顶圆与油池底面距离不小于 30～50 mm
>12	压力喷油润滑 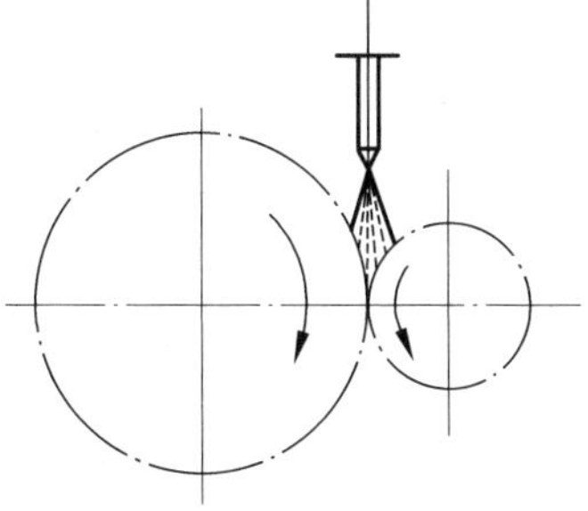		(1) $v \leqslant 25$ m/s 时，喷嘴位于轮齿啮入或啮出边均可； (2) $v > 25$ m/s 时，喷嘴应位于轮齿啮出一边，以及时冷却刚啮合后的轮齿并进行润滑
	喷雾润滑		(1) 一般用于高速轻载，润滑油黏度应稍低； (2) 喷油压力 <0.6 N/mm²

3. 润滑剂

先由表 6-17 选定润滑油的运动黏度值，然后由表 6-18 选取所需润滑油及其牌号。

表 6-17　齿轮传动推荐用的润滑油运动黏度（40℃时）

齿 轮 材 料	强度极限 σ_b/(N/mm²)	圆周速度/(m/s)						
		<0.5	0.5~1	1~2.5	2.5~5	5~12.5	12.5~25	>25
		运动黏度/(mm²/s)						
塑料、铸铁青铜	—	320	220	150	100	68	46	—
钢	470~1000	460	320	220	150	100	68	46
	1000~1250	460	460	320	220	150	100	68
渗碳或表面淬火钢	1250~1580	1000	460	460	320	220	150	100

注：① 对于多级齿轮传动，采用各级传动圆周速度的平均值来选取润滑油黏度；
　　② 对于 $\sigma_b>800$ N/mm² 的镍铬钢制齿轮（不渗碳）的润滑油黏度应取高一档的数值。

表 6-18　部分常用润滑油的牌号、运动黏度及用途

名　　称	牌　号	运动黏度/(mm²/s) 40℃	主 要 用 途
重负荷工业齿轮油 (GB 5903—2011)	L-CKD100	90~110	齿面接触应力 $\sigma_H \geqslant 1100$ N/mm² 适用于工业设备齿轮的润滑
	L-CKD150	135~165	
	L-CKD220	198~242	
	L-CKD320	288~352	
	L-CKD460	414~506	
中负荷工业齿轮油 (GB 5903—2011)	L-CKC68	61.2~74.8	齿面接触应力 500 N/mm² $\leqslant \sigma_H < 1100$ N/mm² 适用于煤炭、水泥和冶金等工业部门大型闭式齿轮传动装备的润滑
	L-CKC100	90~110	
	L-CKC150	135~165	
	L-CKC220	198~242	
	L-CKC320	288~352	
普通开式齿轮油 (SH/T 0363—1992)		100℃	主要适用于开式齿轮传动、链条和钢丝绳的润滑
	68	60~75	
	100	90~110	
	150	135~165	
Pinnacle 极压齿轮油	150	150	齿面接触应力 $\sigma_H > 1100$ N/mm² 用于润滑采用极压润滑剂的各种车用及工业设备的齿轮
	220	216	
	320	316	
	460	451	
	680	652	
钙钠基润滑脂 (SH/T 0368—1992)	1 号		适用于 80~100℃，在有水分或较潮湿的环境中工作的齿轮传动，但不适用于低温工作情况
	2 号		

注：表中所列仅为齿轮油的一部分，必要时可参阅有关资料。

习　题

6-1　设计一手动绞车用开式直齿圆柱齿轮传动,已知:传递的转矩 $T_1 = 45$ N·m, $n_1 = 20$ r/min, $i = 4$,齿轮在轴承中间对称布置,载荷稳定,双向转动皆工作,每天平均工作 2 h,使用寿命为 15 年。

6-2　设计题 6-2 图所示的卷扬机用两级圆柱齿轮减速器中的齿轮传动。已知:主动轴上传递功率 $P_1 = 15$ kW,转速 $n_1 = 970$ r/min,高速级用斜齿轮 $i_1 = 5$,低速级用直齿轮 $i_2 = 3.5$,齿轮啮合效率 $\eta_1 = 0.98$,一对滚动轴承效率 $\eta_2 = 0.99$,载荷有轻微冲击,单向回转工作,三班制,作业率为 40%,工作寿命要求 10 年。并计算作用在齿轮上的全部作用力和决定低速级大、小齿轮的毛坯种类与结构形式。最后画出低速级大齿轮工作图。(装于 z_3 处轴直径为 40 mm,装于 z_4 处轴直径为 60 mm)。

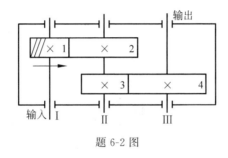

题 6-2 图

6-3　用题 6-2 的全部原始数据,只是高速级与低速级全部采用斜齿轮,并要求中间轴上两斜齿轮的轴向力几乎完全抵消,斜齿轮螺旋角范围为 $10°\sim25°$。试设计这两对斜齿轮,并与题 6-2 的设计结果(中心距、齿轮直径与齿宽等)进行比较。

6-4　有一软齿面斜齿圆柱齿轮传动,要求中心距 $a = 300$ mm,传动比 $i = 4.5$,载荷有中等冲击,小齿轮齿数 $z_1 \geqslant 20$,分度圆螺旋角 $\beta = 10°\sim25°$。试配置该斜齿轮传动的主要参数:模数 m_n,齿数 z_1、z_2 与分度螺旋角 β。若 $\psi_d = 1$,计算出全部几何尺寸。

6-5　试确定一对闭式单级直齿圆柱齿轮传动所能传递的最大功率 P_1。已知:$m = 3$ mm,$z_1 = 25$,$z_2 = 95$,$b = 75$ mm;小齿轮用 45 号钢表面淬火,齿面硬度为 $46\sim50$HRC,并经磨齿,而大齿轮用 45 号钢调质,齿面硬度为 $225\sim255$HBW;齿轮为 7 级精度,两班制工作,工作寿命 8 年,载荷有轻微冲击,双向转动,由电动机驱动,$n_1 = 970$ r/min,齿轮对轴承不对称布置,且轴的刚度较小,设备可靠度要求一般。

6-6　设计一电动机驱动的减速器中的单级直齿圆柱齿轮传动。已知:输出功率 $P_2 = 12.5$ kW,输出轴转速 $n_2 = 185$ r/min,传动比 $i = 3.95$,齿轮啮合效率 $\eta_1 = 0.97$,一对滚动轴承效率 $\eta_2 = 0.995$,工作年限 10 年,一年工作 250 天,单班工作制,工作载荷平稳,允许出现少量点蚀。试按闭式硬齿面、软齿面两种情况设计这对齿轮传动。

6-7　题 6-7 图所示的圆锥-圆柱齿轮减速器中,已知:$z_1 = 19$,$z_2 = 38$,$m = 3$ mm, $d_{m2} = 99$ mm,$\alpha = 20°$;$z_3 = 19$,$z_4 = 76$,$m_n = 5$ mm,$\alpha_n = 20°$;$T_1 = 100$ N·m,$n_1 = 800$ r/min,齿轮与轴承效率近似取 1,Ⅲ 轴转向如题 6-7 图所示。试求:

（1）计算各轴的转矩与转速，并标出Ⅰ、Ⅱ轴的转向；

（2）当斜齿圆柱齿轮 z_3 的螺旋角 β 为多少时，方能使大锥齿轮和小斜齿圆柱齿轮的轴向力完全抵消？若要求斜齿圆柱齿轮传动的中心距为圆整值，则 β_3 的精确值应是多少？

（3）在题 6-7 图上标出 β_3 与 β_4 的旋向和 F_{a2} 与 F_{a3} 的方向。

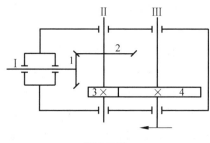

题 6-7 图

6-8　设计一对由电动机驱动的闭式直齿圆锥齿轮传动（$\Sigma = 90°$）。已知：$P_1 = 4$ kW，$n_1 = 1440$ r/min，$i = 3.5$，齿轮为 8 级精度，载荷有不大的冲击，单向转动工作，单班制，要求使用 10 年，可靠度要求一般。（小齿轮一般为悬臂布置）

自测题 6

第7章 蜗杆传动

【教学导读】

蜗杆传动是用来传递两相错轴之间的运动和动力的传动。蜗杆传动在啮合传动中有相当大的滑动,齿面间摩擦磨损和发热量大,其强度计算与圆柱齿轮和圆锥齿轮强度计算相比有其特点。本章重点介绍 ZA 蜗杆传动的主要参数、几何尺寸计算、承载能力计算及热平衡计算。

【课前问题】

(1) 蜗杆传动的特点是什么?在选材上有什么特殊要求?

(2) 蜗杆传动的失效形式有哪些?其强度计算有什么特点?

(3) 为什么对闭式蜗杆传动要进行热平衡计算?计算原理是什么?当热平衡不满足要求时,可采取什么措施?

【课程资源】

拓展资源:托森差速器。

蜗杆传动是用于传递空间交错的两轴之间的运动和动力的一种常见传动机构,通常两轴的交角为 $90°$。蜗杆传动的特点:①传动比大,在动力传动中,一般传动比 $i = 5 \sim 80$,在分度机构或手动机构中,传动比可达 1000;②传动平稳,冲击载荷小;③具有自锁性;④相对滑动速度较大,当工作条件不够好时,就会产生严重的摩擦磨损,传动效率低,具有自锁性时效率仅为 40% 左右;⑤要采用减摩性较好的贵重有色金属的合金制作蜗轮,成本较高。

7.1 蜗杆传动的类型、特点和应用

蜗杆传动的类型、特点和应用见表 7-1。

表 7-1 蜗杆传动的类型、特点和应用

类　　　型			简　　　图	特点及应用
圆柱蜗杆传动	普通圆柱蜗杆传动	阿基米德蜗杆（ZA 蜗杆）	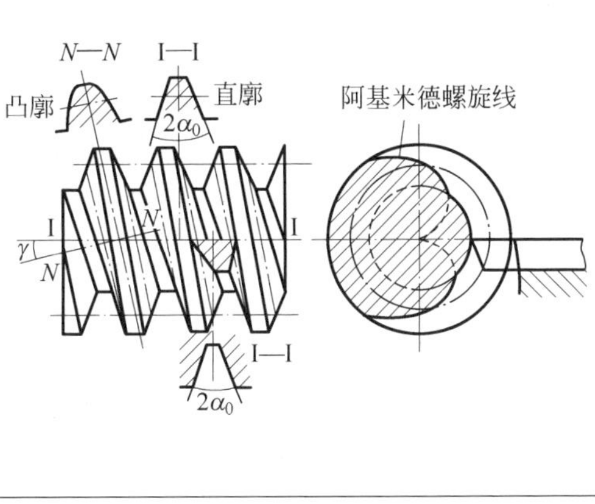	端面齿廓为阿基米德螺旋线,轴向齿廓为直线。加工时,车刀切削平面通过蜗杆轴线。一般用于低速、轻载或不重要的传动

类　　型	简　　图	特点及应用
圆柱蜗杆传动　普通圆柱蜗杆传动　法向直廓蜗杆（ZN 蜗杆）	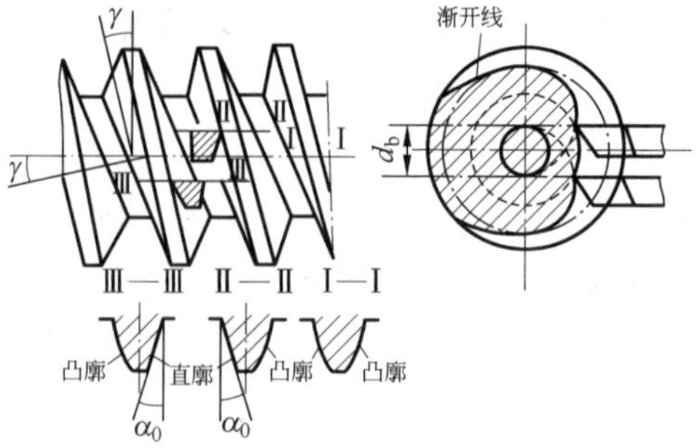	端面齿廓为渐开线。加工时，车刀刀刃平面与基圆相切，可在专用机床上磨削，易保证加工精度。一般用于蜗杆头数较多、转速较高且精度要求较高的传动
渐开线蜗杆（ZI 蜗杆）		端面齿廓为延伸渐开线，法面齿廓为直线。可用砂轮磨削，常用于多头、精密的传动
圆弧圆柱蜗杆传动		蜗杆齿廓为内凹弧形，蜗轮齿廓为凸弧形。其综合曲率半径较大，承载能力高，较普通圆柱蜗杆传动高 50%～150%。广泛应用于冶金、矿山、化工、建筑、起重等机械设备中
环面蜗杆传动	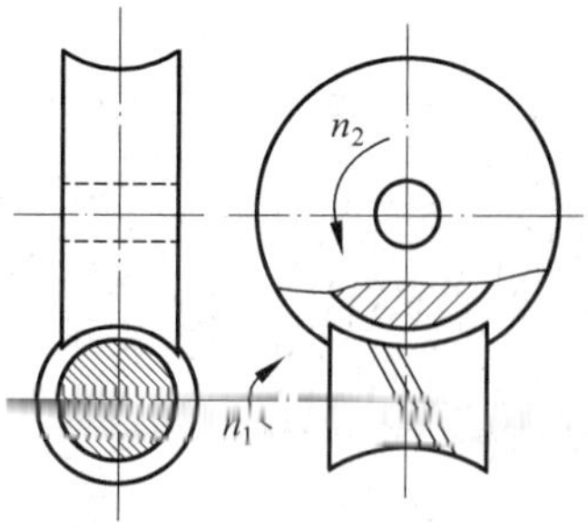	同时啮合的齿对数多，由于齿的接触线与相对运动方向处处几乎垂直，齿面间形成动压油膜条件好，承载能力高于普通圆柱蜗杆传动约1.5～4 倍。制造和安装较复杂，对精度要求高

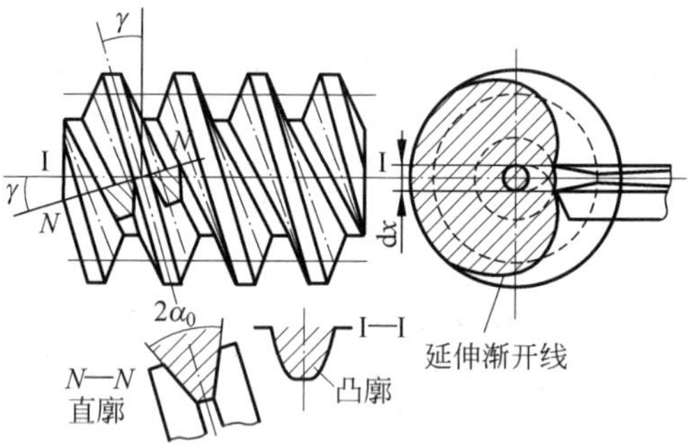

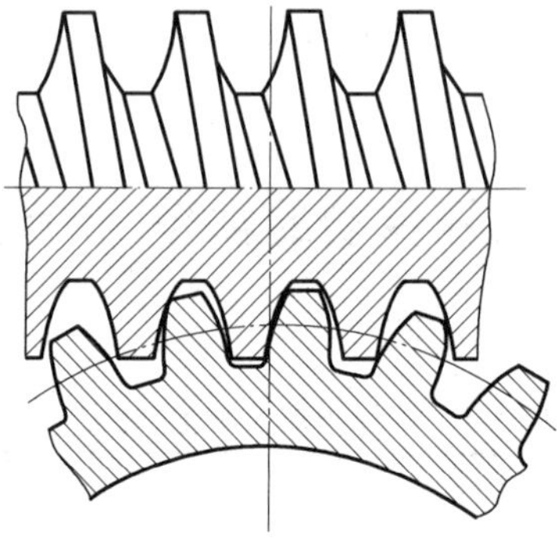

类　　型	简　　图	特点及应用
锥蜗杆传动		同时啮合的齿对数多,重合度大。传动比大,一般为 10～360。承载能力和效率较高。侧隙可调整,机构紧凑。制造安装简单方便。但传动具有非对称性,正反转受力、承载能力和效率均不相同。

7.2　ZA 蜗杆传动的主要参数和几何尺寸计算

ZA 蜗杆传动在中间平面(见图 7-1)上,就相当于齿条与齿轮的啮合传动。在设计时,均以中间平面上的参数和尺寸为基准,并沿用齿轮传动的计算关系。

7.2.1　蜗杆传动的主要参数

蜗杆传动的主要参数有:模数 m、压力角 α、蜗杆头数 z_1、蜗轮齿数 z_2、蜗杆直径系数 q、蜗杆分度圆柱导程角 γ、传动比 i、中心距 a 和蜗轮变位系数 x_2 等。

(1) 模数 m 和压力角 α。蜗杆与蜗轮啮合传动时,在中间平面上,蜗杆的轴向模数 m_{a1}、轴向压力角 α_{a1} 应分别等于蜗轮的端面模数 m_{t2}、端面压力角 α_{t2},即 $m_{a1}=m_{t2}=m$,$\alpha_{a1}=\alpha_{t2}=\alpha=20°$。其中,模数 m 按表 7-2 取标准值。

表 7-2　蜗杆蜗轮的标准模数(GB/T 10085—2018)　　　　单位:mm

…	1	1.25	1.6	2	2.5	3.15	4	5	6.3	8	10	12.5	16	20	25	…

(2) 蜗杆头数 z_1、蜗轮齿数 z_2。对于蜗杆头数 z_1,一般可根据设计要求的传动比和效率来选定。若 z_1 少,则传动比大,但效率较低;z_1 增加,可提高蜗杆传动的效率,但 z_1 过多时,加工困难。所以通常蜗杆头数取 1、2、4。

蜗轮齿数 z_2 主要根据传动比来确定。一般 z_2 应大于 28。对于动力传动,z_2 一般不大于 80。

(3) 蜗杆的分度圆直径 d_1。为了减少蜗轮滚刀的数目,以及便于滚刀的标准化,就必须限制蜗杆分度圆直径 d_1。d_1 已标准化,常用的标准模数 m 和蜗杆分度圆直径 d_1 见表 7-3。

(4) 蜗杆分度圆柱导程角 γ 和蜗轮螺旋角 β。蜗杆分度圆柱导程角 γ 可如下求得

$$\tan\gamma=\frac{z_1 m}{d_1} \tag{7-1}$$

当蜗杆与蜗轮两轴线间的交错角为 90°时,则蜗轮螺旋角 β 等于蜗杆分度圆柱导程角 γ。

表 7-3　蜗杆传动基本参数(摘自 GB/T 10085—2018)

m/mm	d_1/mm	$m^2 d_1/\text{mm}^3$	z_1	γ	m/mm	d_1/mm	$m^2 d_1/\text{mm}^3$	z_1	γ
4	40	640	1	$5°42'38''$	10	90	9000	1	$6°20'25''$
			2	$11°18'36''$				2	$12°31'44''$
			4	$21°48'05''$				4	$23°57'45''$
	71	1136	1	$3°13'28''$		160	16 000	1	$3°34'35''$
5	50	1250	1	$5°42'38''$	12.5	112	17 500	1	$6°22'06''$
			2	$11°18'36''$				2	$12°34'59''$
			4	$21°48'05''$				4	$24°03'26''$
	90	2250	1	$3°10'47''$		200	31 250	1	$3°34'35''$
6.3	63	2500.5	1	$5°42'38''$	16	140	35 840	1	$6°31'11''$
			2	$11°18'36''$				2	$12°52'30''$
			4	$21°48'05''$				4	$24°34'02''$
	112	4445.3	1	$3°13'10''$		250	64 000	1	$3°39'43''$
8	80	5120	1	$5°42'38''$	20	160	64 000	1	$7°07'30''$
			2	$11°18'36''$				2	$14°02'10''$
			4	$21°48'05''$				4	$26°33'54''$
	140	8960	1	$3°16'14''$		315	126 000	1	$3°37'59''$

(5) 蜗杆传动的标准中心距。蜗杆传动的标准中心距为

$$a = \frac{1}{2}(d_1 + d_2) \tag{7-2}$$

GB/T 10085—2018 规定了标准蜗杆传动的减速装置的中心距值,见表 7-4。

表 7-4　蜗杆传动中心距的标准系列值(GB/T l0085—2018)　　　　单位:mm

25　32　40　50　63　80　100　125　160　(180)　200　(225)　250　(280)　315　(355)　400　(450)　500

注:括号中数字尽可能不用。

(6) 变位系数 x_2。为了提高蜗轮轮齿强度、配凑中心距或配凑传动比,常采用变位蜗杆传动。由于蜗轮滚刀尺寸不宜改变,即不能改变蜗杆的尺寸,所以变位蜗杆传动只能对蜗轮进行变位。变位方法与齿轮传动的变位方法相似,即利用刀具相对于蜗轮毛坯的径向位移来实现变位。

为凑中心距,蜗轮变位系数 x_2 为

$$x_2 = \frac{a' - a}{m} \tag{7-3}$$

式中,a——标准中心距;

a'——变位后中心距。

在不改变中心距的前提下为凑传动比,变位系数 x_2 为

$$x_2 = \frac{z_2 - z_2'}{2} \tag{7-4}$$

式中,z_2——蜗轮齿数;

z_2'——变位后的蜗轮齿数。

7.2.2 蜗杆传动的几何尺寸计算

ZA 蜗杆传动的几何尺寸及其计算公式见图 7-1 和表 7-5、表 7-6。

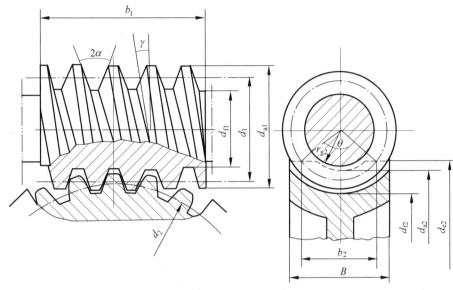

图 7-1 ZA 蜗杆传动

表 7-5 ZA 蜗杆传动几何尺寸计算公式

名　称	蜗　杆		蜗　轮	
中心距	a'	$a'=\dfrac{1}{2}(d_1+d_2+2x_2m)$		
传动比	i	$i=n_1/n_2$　（蜗杆为主动）		
齿数比	u	$u=z_2/z_1$　（蜗杆为主动时，$i=u$）		
模数	m	取标准值（见表 7-2）		
压力角	α	$\alpha=20°$		
齿顶高系数	h_a^*	$h_a^*=1$		
顶隙系数	c^*	$c^*=(0.15\sim0.3)$，通常取 $c^*=0.2$		
头数与齿数	z_1	设计时确定	z_2	$z_2=iz_1$
分度圆直径	d_1	取标准值（见表 7-3）	d_2	$d_2=mz_2$
齿距	P_{a1}	$P_{a1}=\pi m$	P_{t2}	$P_{t2}=\pi m$
蜗杆导程	P_z	$P_z=z_1P_{a1}$		
导程角和螺旋角	γ	查表 7-3	β	$\beta=\gamma$
齿顶高	h_{a1}	$h_{a1}=h_a^*m$	h_{a2}	$h_{a2}=(h_a^*+x_2)m$
齿根高	h_{f1}	$h_{f1}=(h_a^*+c^*)m$	h_{f2}	$h_{f2}=(h_a^*+c^*-x_2)m$
蜗杆齿顶圆直径	d_{a1}	$d_{a1}=d_1+2h_{a1}$		
齿根圆直径	d_{f1}	$d_{f1}=d_1-2h_{f1}$	d_{f2}	$d_{f2}=d_2-2h_{f2}$
蜗轮喉圆直径			d_{a2}	$d_{a2}=d_2+2h_{a2}$
蜗轮咽喉母圆半径			r_{g2}	$r_{g2}=a-0.5d_{a2}$
节圆直径	d_1'	$d_1'=d_1+2x_2m$	d_2'	$d_2'=d_2$

续表

名　称	蜗　杆		蜗　轮
齿厚	轴向齿厚 s_a	$s_a = \pi m/2$	按蜗杆节圆处轴向齿槽宽 e'_a 确定
	法向齿厚 s_n	$s_n = s_a \cos\gamma$	

表 7-6　蜗轮宽度 B、外圆直径 d_{e2} 及蜗杆宽度 b_1 计算公式

z_1	B	d_{e2}	x_2	b_1
1	$\leqslant 0.75 d_{a1}$	$\leqslant d_{a2}+2m$	-1.0	$\geqslant(10.5+z_1)m$
			-0.5	$\geqslant(8+0.06z_2)m$
			0	$\geqslant(11+0.06z_2)m$
2		$\leqslant d_{a2}+1.5m$	0.5	$\geqslant(11+0.1z_2)m$
			1.0	$\geqslant(12+0.1z_2)m$
4	$\leqslant 0.67 d_{a1}$	$\leqslant d_{a2}+m$	-1.0	$\geqslant(10.5+z_1)m$
			-0.5	$\geqslant(9.5+0.09z_2)m$
			0	$\geqslant(12.5+0.09z_2)m$
			0.5	$\geqslant(12.5+0.1z_2)m$
			1.0	$\geqslant(13+0.1z_2)m$

GB/T 10089—2018 中对蜗杆、蜗轮和蜗杆传动规定了 12 个精度等级,其中 1 级精度最高,12 级精度最低。

普通圆柱蜗杆传动的精度范围为 6～9 级。6 级精度用于精度要求较高、速度较快的动力、运动传动;7 级精度用于一般精度要求、中等速度的动力传动;8、9 级精度用于短时、次要、低速传动。

7.3　ZA 蜗杆传动承载能力计算

7.3.1　蜗杆传动的失效形式、设计准则和材料

1. 蜗杆传动的失效形式

蜗杆传动的失效形式与齿轮一样,也会出现齿面点蚀、胶合、磨损和齿根折断等。由于蜗轮材料硬度较蜗杆低,所以失效经常发生在蜗轮轮齿上。

2. 蜗杆传动的设计准则

蜗杆传动的承载能力主要取决于蜗轮轮齿的承载能力。闭式传动中,通常是按齿面接触疲劳强度进行设计,再按齿根弯曲疲劳强度进行校核。开式传动中,只需保证齿根弯曲疲劳强度。此外,对于闭式蜗杆传动,由于散热较为困难,还应进行热平衡校核。

3. 材料选择

蜗杆一般是用碳钢或合金钢制成的。对于高速重载蜗杆传动,常用 20Cr、20CrMnTi、12CrNi3A 等,表面经渗碳淬火硬度达 56～62HRC,淬火后需磨削;对于中速中载蜗杆传动,常用 45、40Cr、35SiMn 等,表面经淬火硬度达 45～55HRC,再磨削;对于一般用途的蜗杆传动可用 45 调质处理,硬度为 220～250HBW;对于低速不重要的蜗杆传动,蜗杆可不经热处理,或采用铸铁。蜗轮齿圈材料常用铸锡青铜、铸铝青铜及铸铁等(见表 7-7)。对于滑动速度为 15～25 m/s 的较高速且较重要的蜗杆传动,蜗轮齿圈材料可用铸锡青铜,常用 ZCuSn10Pb1、ZCuSn5Pb5Zn5 等,其耐磨性、减摩性、抗胶合能力及切削性能均好,但价格较贵,强度较低;对于滑动速度为 6～10 m/s 的传动,可用铸铝青铜,常用 ZCuAl10Fe3Mn2、

ZCuAl10Fe3 等,其强度较高,价格低廉,但抗胶合能力差;对于滑动速度小于 2 m/s 的低速传动,可用灰铸铁,如 HT150、HT200 等。

表 7-7　蜗轮材料及其基本许用应力$[\sigma_H]'$和$[\sigma_F]'$　　　　　单位:N/mm²

蜗轮材料		铸造方法	滑动速度 $v_s/(\text{m/s})$	机械性能		$[\sigma_H]'$		$[\sigma_F]'$	
				$\sigma_{0.2}$	σ_b	蜗杆齿面硬度		一侧工作	双侧工作
						≤350HB	>45HRC		
铸造锡青铜	ZCuSn10Pb1	砂模 金属模	≤12 ≤25	130 170	220 310	180 200	200 220	51 70	32 40
	ZCuSn5Pb5Zn5	砂模 金属模	≤10 ≤12	90 100	200 250	110 135	125 150	33 40	24 29
铸造铝青铜	ZCuAl10Fe3	砂模 金属模	≤10	180 200	490 540	见表 7-8		82 90	64 80
	ZCuAl10Fe3Mn2	砂模 金属模	≤10	—	490 540			— 100	— 90
锰黄铜	ZCuZn38Mn2Pb2	砂模 金属模	≤10	—	245 345			62 —	56 —
灰铸铁	HT150	砂模	≤2	—	150			40	25
	HT200	砂模	≤2～5	—	200			48	30
	HT250	砂模	≤2～5	—	250			56	35

表 7-8　无锡青铜、黄铜及铸铁的基本许用接触应力$[\sigma_H]'$　　　　　单位:N/mm²

材料		滑动速度 $v_s/(\text{m/s})$							
蜗轮	蜗杆	0.25	0.5	1	2	3	4	6	8
		$[\sigma_H]'$							
ZCuAl10Fe3,ZCuAl10Fe3Mn2	钢经淬火*	—	250	230	210	180	160	120	90
ZCuZn38Mn2Pb2	钢经淬火*	—	215	200	180	150	135	95	75
HT200,HT150(HBW=120～150)	渗碳钢	160	130	115	90	—	—	—	—
HT150(HBW=120～150)	调质或淬火钢	140	110	90	70	—	—	—	—

* 蜗杆如未进行淬火,其$[\sigma_H]'$值需降低 20%。

7.3.2　蜗杆传动的受力分析及计算载荷

1. 蜗杆传动的受力分析

蜗杆传动受力分析与斜齿圆柱齿轮传动相似。图 7-2 所示为主动的右旋蜗杆沿图示方向回转时,蜗杆齿面上的受力情况。法向力 F_n 可分解为三个相互垂直的分力:圆周力 F_t、径向力 F_r 和轴向力 F_a。各力的大小分别为

$$\begin{cases} F_{t1} = \dfrac{2T_1}{d_1} = -F_{a2} \\[2mm] F_{a1} = -F_{t2} = \dfrac{2T_2}{d_2} \\[2mm] F_{r1} = -F_{r2} = F_{t2}\tan\alpha \\[2mm] F_n = \dfrac{F_{a1}}{\cos\alpha_n\cos\gamma} = -\dfrac{F_{t2}}{\cos\alpha_n\cos\gamma} = \dfrac{2T_2}{d_2\cos\alpha_n\cos\gamma} \end{cases} \tag{7-5}$$

7-2

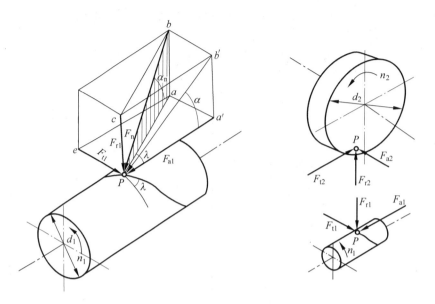

图 7-2　蜗杆传动受力分析

式中，T_1、T_2——蜗杆、蜗轮上的名义载荷，T_2 的计算应计入传动效率，即 $T_2 = T_1 i \eta$，其中，i 为传动比；

　　　　η ——蜗杆传动的传动效率。

2. 蜗杆传动的计算载荷

$$F_c = K F_n \tag{7-6}$$

式中，K——载荷系数，$K = K_A K_V K_\beta$；其中，K_A 为工作情况系数，见表 7-9；K_V 为动载系数，对于精确制造，当蜗轮圆周速度 $v_2 \leqslant 3$ m/s 时，取 $K_V = 1.0 \sim 1.1$，当 $v_2 > 3$ m/s 时，取 $K_V = 1.1 \sim 1.2$；K_β 为齿向载荷分布系数，当载荷平稳时，取 $K_\beta = 1$，当载荷变化较大，或有冲击、振动时，取 $K_\beta = 1.3 \sim 1.6$。

表 7-9　工作情况系数 K_A

载荷性质	每小时起动次数	起动载荷	K_A
均匀，无冲击	< 25	小	1.0
不均匀，小冲击	25～50	较大	1.15
不均匀，大冲击	>50	大	1.2

7.3.3　蜗轮齿面接触疲劳强度计算

　　蜗杆与蜗轮啮合处的齿面接触情况与齿轮传动相似，基本公式仍用赫兹公式，并考虑蜗杆和蜗轮齿廓的特点，可得蜗轮齿面接触疲劳强度的校核和设计条件为

$$\sigma_H = Z_E \sqrt{10 K T_2 / d_1 d_2^2} \leqslant [\sigma_H] \tag{7-7}$$

$$m^2 d_1 \geqslant 10 K T_2 \left(\frac{Z_E}{z_2 [\sigma_H]} \right)^2 \tag{7-8}$$

式中，Z_E——材料弹性系数，$\sqrt{N/mm^2}$，铸锡青铜 $Z_E=155$，铸铝青铜 $Z_E=159.8$，灰铸铁

$\qquad Z_E=162$；

$\quad$ $[\sigma_H]$——蜗轮齿面的许用接触应力，N/mm^2，

$$[\sigma_H]=K_{HN}[\sigma_H]' \tag{7-9}$$

式中，K_{HN}——接触强度的寿命系数，$K_{HN}=\sqrt[8]{10^7/N}$，$N=60n_2jL_h$，其中，L_h 为蜗轮的设

$\qquad$ 计寿命，h；

$\quad$ $[\sigma_H]'$——蜗轮的基本许用接触应力，可由表 7-7、表 7-8 查得。

7.3.4　蜗轮齿根弯曲疲劳强度计算

由于蜗轮轮齿的齿形比较复杂，要精确计算较为困难，所以通常把蜗轮近似当作斜齿圆柱齿轮来考虑，则蜗轮齿根弯曲疲劳强度的校核和设计公式为

$$\sigma_F=\frac{1.53KT_2}{d_1d_2m}Y_{Fa2}Y_\beta \leqslant [\sigma_F] \tag{7-10}$$

$$m^2d_1 \geqslant \frac{1.53KT_2}{z_2[\sigma_F]}Y_{Fa2}Y_\beta \tag{7-11}$$

式中，Y_{Fa2}——蜗轮齿形系数，由蜗轮的当量齿数 $z_{v2}=\dfrac{z_2}{\cos^3\gamma}$，从表 7-10 查得；

$\quad$ Y_β——螺旋角影响系数，$Y_\beta=1-\dfrac{\gamma}{140°}$；

$\quad$ $[\sigma_F]$——蜗轮的许用弯曲应力，N/mm^2，

$$[\sigma_F]=K_{FN}[\sigma_F]' \tag{7-12}$$

式中，K_{FN}——弯曲强度的寿命系数，$K_{FN}=\sqrt[9]{10^6/N}$；

$\quad$ $[\sigma_F]'$——蜗轮的基本许用弯曲应力，从表 7-7 中选取。

表 7-10　蜗轮齿形系数 Y_{Fa2}（$\alpha=20°,h_a^*=1$）

z_2	20	22	24	26	28	30	35	40	45	50	60	70	80	90	100	200	300	400	∞
Y_{Fa2}	2.87	2.78	2.72	2.67	2.62	2.57	2.49	2.44	2.39	2.36	2.31	2.27	2.25	2.23	2.21	2.17	2.14	2.12	2.06

7.4　蜗杆传动的效率、润滑、热平衡计算

7.4.1　蜗杆传动的效率

蜗杆传动的功率损耗主要包括啮合摩擦损耗、轴承摩擦损耗和搅油损耗，一般考虑滚动轴承摩擦损耗时的效率为 $\eta_2=0.99\sim0.995$，考虑滑动轴承摩擦损耗时的效率为 $\eta_2=0.98\sim0.99$，考虑搅油损耗时的效率为 $\eta_3=0.94\sim0.99$。蜗杆传动的总效率为 $\eta=\eta_1\eta_2\eta_3$，η_1 为考虑啮合摩擦损耗时的效率，当蜗杆为主动时，则

$$\eta_1 = \frac{\tan\gamma}{\tan(\gamma + \varphi_v)} \tag{7-13}$$

式中，γ——蜗杆分度圆柱上的导程角；

φ_v——当量摩擦角，可根据啮合面滑动速度 v_s 从表 7-11 中选取。

若蜗杆分度圆直径 d_1（mm）和转速 n_1（r/min）已知，则滑动速度 v_s 为

$$v_s = \frac{\pi d_1 n_1}{60 \times 1000\cos\gamma} \tag{7-14}$$

在设计蜗杆传动时，为了计算 T_2 值，η 可近似按蜗杆头数 z_1 来估取。当 $z_1 = 1$ 时取 $\eta = 0.7$；当 $z_1 = 2$ 时取 $\eta = 0.8$；当 $z_1 = 4$ 时取 $\eta = 0.9$。

表 7-11　ZA 蜗杆传动的当量摩擦角 φ_v

v_s/(m/s)	蜗轮齿圈材料		
	锡 青 铜	无 锡 青 铜	灰 铸 铁
0.01	6°17′~6°51′	10°12′	10°12′~10°45′
0.05	5°09′~5°43′	7°58′	7°58′~9°05′
0.10	4°34′~5°09′	7°24′	7°24′~7°58′
0.25	3°43′~4°17′	5°43′	5°43′~6°51′
0.50	3°09′~3°43′	5°09′	5°09′~5°43′
1.00	2°35′~3°09′	4°00′	4°00′~5°09′
1.50	2°17′~2°52′	3°43′	3°43′~4°34′
2.00	2°00′~2°35′	3°09′	3°09′~4°00′
2.50	1°43′~2°17′	2°52′	
3.00	1°36′~2°00′	2°35′	
4.00	1°22′~1°47′	2°17′	
5.00	1°16′~1°40′	2°00′	
8.00	1°02′~1°30′	1°43′	
10.0	0°55′~1°22′		
15.0	0°48′~1°09′		

注　当蜗杆齿面硬度高，经磨削或抛光，正确安装，以及采用黏度适合的润滑油进行充分润滑时，φ_v 取小值。

7.4.2　蜗杆传动的润滑

1. 润滑方式的选择（见表 7-12）

表 7-12　蜗杆传动润滑方式的选择

相对滑动速度 v_a/(m/s)	润 滑 方 式		说　　　明
<5	浸油润滑		(1) 蜗杆上置时,蜗轮浸油深度同圆柱齿轮; (2) 蜗杆下置时,其浸油深度为蜗杆的齿高; (3) 油面高度不宜超过蜗杆轴承最下方滚动体的中心线; (4) 必要时可采用甩油环甩油润滑啮合区
≥5~10	浸油或喷油润滑		
>10	压力喷油润滑		(1) 喷油压力根据相对滑动速度而定; <table><tr><td>相对滑动速度 v_s/(m/s)</td><td>10~15</td><td>15~25</td><td>>25</td></tr><tr><td>喷油压力/(N/mm²)</td><td>0.07</td><td>0.2</td><td>0.3</td></tr></table> (2) 喷油沿全齿宽; (3) 喷嘴应对准蜗杆啮入端,或同时从两侧对准啮合区

2. 润滑剂的选择（见表 7-13）

表 7-13　蜗杆传动润滑油黏度荐用值

滑动速度 v_s/(m/s)	<1	<2.5	<5	>5~10	>10~15	>15~25	>25
工作条件	重载	重载	中载	(不限)	(不限)	(不限)	(不限)
运动黏度 ν/(mm²/s)（40℃时）	1000	680	320	220	150	100	68

7.4.3　蜗杆传动的热平衡计算

对于闭式蜗杆传动,若散热不良,则会使润滑油温度上升过高而使润滑油黏度下降,使润滑条件恶化,导致齿面胶合。所以对于连续工作的闭式蜗杆传动,应进行热平衡计算,以保证单位时间内的发热量能在同一时间内散发出去,使油温保持在一个规定的范围内。

设热平衡时的工作油温为 t,则

$$t = \frac{1000P(1-\eta)}{K_\alpha A} + t_0 \leqslant 60 \sim 70℃ \tag{7-15}$$

式中,t_0——环境温度,℃,一般取 t_0-20℃;

$\quad\quad P$——蜗杆传递的功率,kW;

$\quad\quad \eta$——蜗杆传动的总效率;

$\quad\quad A$——箱体的散热面积,m²,它是指内表面能被润滑油所飞溅到或被油浸,而外表面又可为周围空气所冷却的箱体表面面积,凸缘及散热片面积按 50% 计算;

K_α——散热系数，$W/(m^2 \cdot \text{℃})$，取 $K_\alpha = 8.15 \sim 17.45\ W/(m^2 \cdot \text{℃})$，在通风良好处

　　　K_α 取大值。

若不能满足热平衡条件，则必须采取措施，以提高散热能力。通常采取：

（1）在箱体外增加散热片以增加散热面积；

（2）在蜗杆轴端加装风扇，以加速空气的流通，如图 7-3(a) 所示；

（3）在箱体油池中增加循环冷却管路，如图 7-3(b) 所示。

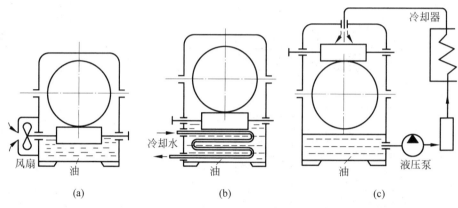

图 7-3　蜗杆传动的冷却方法

例 7-1　设计一闭式 ZA 蜗杆传动。已知蜗杆传递功率 $P = 7.5$ kW，小齿轮转速 $n_1 = 975$ r/min，传动比 $i = 23$，单向传动，工作平稳，每天工作 8 h，每年工作 300 天，预期寿命 5 年。

解　设计过程见下表：

计算项目及说明	结　果
1. 选择齿轮材料，确定许用应力	
蜗杆，参见 7.3.1 节选用 45 钢表面淬火，表面硬度 45～50HRC	45 钢
蜗轮，参见表 7-7	ZCuSn10Pb1
蜗轮许用接触应力 $[\sigma_H]$，由式(7-9)，$[\sigma_H] = K_{HN}[\sigma_H]'$	（砂模铸造）
蜗轮的基本许用接触应力 $[\sigma_H]'$，由表 7-7 查得	$[\sigma_H]' = 200\ N/mm^2$
应力循环次数 N，$N = 60n_2 j L_h = 60 \times 975/23 \times 1 \times (5 \times 300 \times 8)$	$N = 3.05 \times 10^7$
接触强度的寿命系数 K_{HN}，$K_{HN} = \sqrt[8]{10^7/N} = \sqrt[8]{10^7/(3.05 \times 10^7)}$	$K_{HN} = 0.8699$
则　蜗轮许用接触应力 $[\sigma_H]$	$[\sigma_H] = 174\ N/mm^2$
蜗轮的许用弯曲应力 $[\sigma_F]$，由式(7-12)，$[\sigma_F] = K_{FN}[\sigma_F]'$	
蜗轮的基本许用弯曲应力 $[\sigma_F]'$，由表 7-7 查得	$[\sigma_F]' = 51\ N/mm^2$
弯曲强度的寿命系数 K_{FN}，$K_{FN} = \sqrt[9]{10^6/N} = \sqrt[9]{10^6/(3.05 \times 10^7)}$	$K_{FN} = 0.6840$
则　蜗轮的许用弯曲应力 $[\sigma_F]$	$[\sigma_F] = 35\ N/mm^2$
2. 齿面接触疲劳强度设计计算	
由式(7-8)，$m^2 d_1 \geqslant 10 K T_2 \left(\dfrac{Z_E}{[\sigma_H]}\right)^2$	
蜗杆头数 z_1	$z_1 = 2$
蜗轮齿数 z_2，$z_2 = iz_1$	$z_2 = 46$
蜗轮转矩 T_2，$T_2 = 9.55 \times 10^6 P_1 \eta/n_2$	
估取效率 η	$\eta = 0.8$

计算项目及说明	结　果
蜗轮转速 n_2，$n_2 = n_1/i = 975/23$ r/min	$n_2 = 42.39$ r/min
则　蜗轮转矩 $T_2 = 9.55 \times 10^6 \times 7.5 \times 0.8/42.39$ N·mm	$T_2 = 1\,351\,734$ N·mm
载荷系数 K，$K = K_A K_V K_\beta$	
工作情况系数 K_A，查表 7-9	$K_A = 1$
动载系数 K_V，估计 $v_2 < 3$ m/s	$K_V = 1.05$
载荷分布不均匀系数 K_β，载荷平稳	$K_\beta = 1$
则　载荷系数 K	$K = 1.05$
材料弹性系数 Z_E	$Z_E = 155 \sqrt{\mathrm{N/mm}^2}$
故　$m^2 d_1 \geqslant 10 \times 1.05 \times 1\,351\,734 \times \left(\dfrac{155}{46 \times 174}\right)^2$ mm^3	$m^2 d_1 \geqslant 5322.7$ mm^3
查表 7-3 得模数 m	$m = 10$ mm
蜗杆分度圆直径 d_1	$d_1 = 90$ mm
蜗杆导程角 γ	$\gamma = 12°31'44''$
蜗轮分度圆直径 d_2，$d_2 = m z_2 = 10 \times 46$ mm	$d_2 = 460$ mm
蜗轮圆周速度 v_2，$v_2 = \pi d_2 n_2/60\,000 = \pi \times 460 \times 42.39/60\,000$ m/s	$v_2 = 1.02$ m/s
	（符合估计）
3. 齿根弯曲疲劳强度校核计算	
蜗轮齿根弯曲应力 σ_F，由式(7-10)	
$$\sigma_F = \frac{1.53 K T_2}{d_1 d_2 m} Y_{Fa2} Y_\beta \leqslant [\sigma_F]$$	
当量齿数 z_{v2}	
$$z_{v2} = \frac{z_2}{\cos^3 \gamma} = \frac{46}{(\cos 12°31'44'')^3} = 49.45$$	$z_{v2} = 49.45$
蜗轮齿形系数 Y_{Fa2}，查表 7-10	$Y_{Fa2} = 2.36$
螺旋角影响系数 Y_β	
$$Y_\beta = 1 - \frac{12°31'44''}{140°} = 0.91$$	$Y_\beta = 0.91$
故　$\sigma_F = \dfrac{1.53 \times 1.05 \times 1\,351\,734}{90 \times 460 \times 10} \times 2.36 \times 0.91 = 11.26$ N/mm^2	$\sigma_F = 11.26$ N/mm^2
	$\sigma_F < [\sigma_F]$
	弯曲强度足够
4. 热平衡计算	
由式(7-15)可得蜗杆传动所需的散热面积 A	
$$A \geqslant \frac{1000 P(1-\eta)}{K_\alpha (t - t_0)}$$	
传动效率 $\eta = \eta_1 \eta_2 \eta_3$	
啮合效率 η_1，$\eta_1 = \dfrac{\tan\gamma}{\tan(\gamma + \varphi_v)}$	
当量摩擦角，由式(7-14)滑动速度 $v_s = \dfrac{\pi d_1 n_1}{60 \times 1000 \cos\gamma}$	$v_s = 4.71$ m/s
$\qquad = \dfrac{\pi \times 90 \times 975}{60 \times 1000 \times \cos 12°31'44''}$ m/s	
由 v_s 查表 7-11，则	$\varphi_v = 1°30'$
$\eta_1 = \tan 12°31'44''/\tan(12°31'44'' + 1°30') = 0.89$	$\eta_1 = 0.89$
取轴承效率 $\eta_2 = 0.99$（滚动轴承），搅油效率 $\eta_3 = 0.95$，则	
$\eta = \eta_1 \eta_2 \eta_3 = 0.89 \times 0.99 \times 0.95$	$\eta = 0.837$
散热系数 K_α，按通风良好，取 $K_\alpha = 17$ W/(m^2·℃)	$K_\alpha = 17$ W/(m^2·℃)

续表

计算项目及说明	结　　果
油的工作温度 t	$t=85℃$
周围空气温度 t_0	$t_0=20℃$
故 $A \geqslant \dfrac{1000 \times 7.5 \times (1-0.837)}{17 \times (85-20)}$ m²	$A \geqslant 1.11$ m²

5. 其他主要尺寸计算

由表 7-5、表 7-6

蜗杆顶圆直径 $d_{a1}=d_1+2m=(90+2 \times 10)$ mm	$d_{a1}=110$ mm
蜗杆根圆直径 $d_{f1}=d_1-2.4m=(90-2.4 \times 10)$ mm	$d_{f1}=66$ mm
蜗杆螺纹部分长度 $b_1=(11+0.06\,z_2)m$	$b_1=138$ mm
$\quad\quad=(11+0.06 \times 46) \times 10$ mm $=137.6$ mm,圆整	
蜗轮喉圆直径 $d_{a2}=d_2+2m=(460+2 \times 10)$ mm	$d_{a2}=480$ mm
蜗轮根圆直径 $d_{f2}=d_2-2.4m=(460-2.4 \times 10)$ mm	$d_{f2}=436$ mm
蜗轮外圆直径 $d_{e2} \leqslant d_{a2}+1.5m=(480+1.5 \times 10)$ mm	取 $d_{e2}=495$ mm
蜗轮宽度 B，$B \leqslant 0.75d_{a1}=0.75 \times 110$ mm	取 $B=82$ mm

习　　题

7-1　在题 7-1 图所示蜗杆传动机构中，蜗杆 1 为原动件，螺旋方向为右旋，为了保证中间轴轴向力最小，则蜗轮 2、蜗杆 3、蜗轮 4 的螺旋方向如何？并画出两对蜗杆传动的蜗杆与蜗轮受力方向？

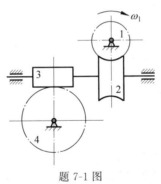

题 7-1 图

7-2　一普通圆柱蜗杆传动，蜗杆由电动机直接驱动，已知 $P_1=5$ kW，$n_1=1470$ r/min，$n_2=73.5$ r/min，载荷有轻微冲击，单向工作，每天工作 5 h，要求寿命为 8 年，每年工作 250 日，设计此蜗杆传动。

7-3　已知一单级普通圆柱蜗杆传动，蜗杆的转速 $n_1=1460$ r/min，传动比 $=26$，$m=10$ mm，$z_1=2$，$d_1=90$ mm，蜗杆材料为 45 钢，表面淬火 50HRC，蜗轮材料为 ZCuSn10Pb1，砂模铸造。工作条件为单向转动，载荷平稳，每日工作 8 h，工作寿命 10 年。试求蜗杆轴输入的最大功率。

第8章 螺旋传动

【教学导读】

螺旋传动是利用螺纹副来实现传动的,主要用于将回转运动转变为直线运动,同时传递运动和动力。本章介绍螺纹的类型和参数,螺旋传动类型及应用,以及滑动螺旋传动的设计计算。

【课前问题】

(1) 常用的螺纹有哪些类型? 用于传动上的螺纹有哪些类型?

(2) 滑动螺旋传动的失效形式有哪些? 在材料选择上有什么特殊要求?

(3) 为提高螺旋传动的效率,有哪些新的设计类型?

【课程资源】

标准资源:普通螺纹基本尺寸;梯形螺纹基本尺寸;锯齿形螺纹基本尺寸。

8-1

8-2

8-3

8.1 螺　纹

8.1.1 螺纹的类型与应用

传动螺纹主要用来传递运动和动力,它的牙型常采用矩形、梯形、锯齿形。连接螺纹的牙型则采用三角形。

根据螺纹螺旋线的方向不同,螺纹可分为右旋螺纹和左旋螺纹,右旋螺纹是常用的螺纹。

根据螺纹的线数不同可分为单线螺纹和多线螺纹。单线螺纹常用于连接,多线螺纹常用于传动。常用的线数为 1～3,最多不超过 4。

常用螺纹的类型、特点与应用见表 8-1。

表 8-1　常用螺纹的类型、特点与应用

螺纹类型		牙型图	特点和应用
连接螺纹	普通螺纹	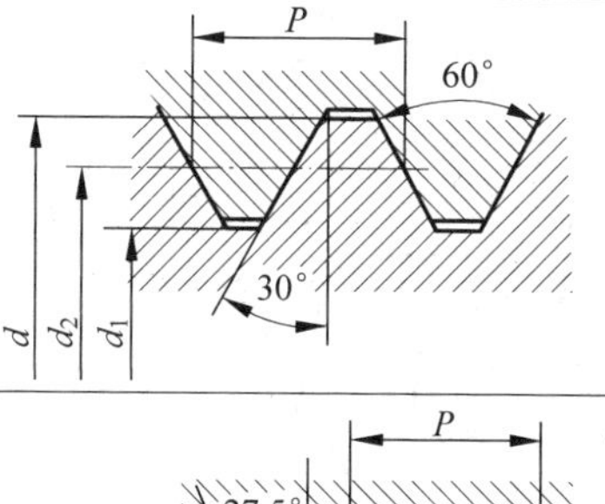	牙型为等边三角形,牙型角为 60°,内、外螺纹旋合后留有径向间隙。同一公称直径螺纹按螺距大小分为粗牙螺纹和细牙螺纹两种,一般用粗牙螺纹。三角形螺纹自锁性好,连接牢固可靠
	管螺纹	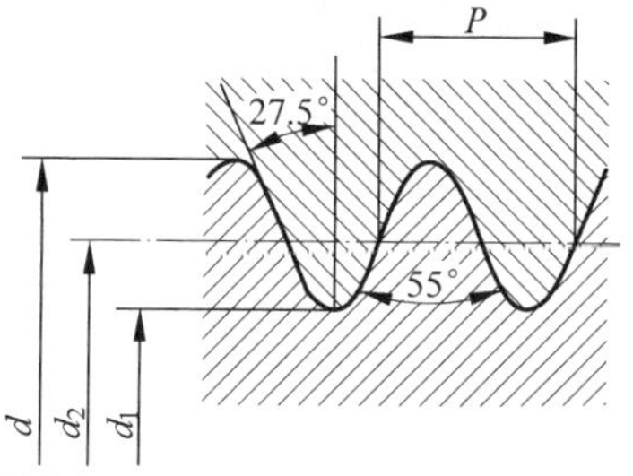	牙型为等腰三角形,牙型角为 55°,牙顶有较大的圆角。内、外螺纹旋合后无径向间隙。管螺纹为英制细牙三角形螺纹,常用于有紧密性要求的管件连接

螺纹类型		牙型图	特点和应用
传动螺纹	矩形螺纹		牙型为正方形,牙型角为0°。较其他螺纹,其传动效率高,但螺旋副磨损后,间隙难以修复和补偿,传动精度降低,并且螺纹牙根的强度较低,常被梯形螺纹所取代
	梯形螺纹		牙型为等腰梯形,牙型角为30°。内、外螺纹以锥面贴紧,不易松动。与矩形螺纹相比,其效率较低,但牙根强度较高,对中性较好。是最常见的传动螺纹
	锯齿形螺纹		牙型为不等腰梯形,两侧牙型斜角分别为3°和30°。3°的侧面为工作面。内、外螺纹旋合后,大径处无间隙,便于对中。主要用来承受载荷,可得到较高的效率。该螺纹适用于单向受载的螺旋传动

8.1.2　圆柱螺纹的基本参数

如图 8-1 所示,圆柱螺纹有以下几个主要参数。

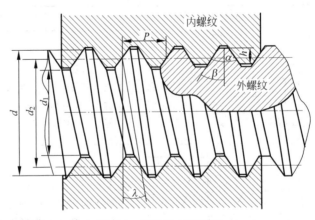

图 8-1　螺纹的主要参数

（1）大径 d——与螺纹的牙顶相重合的假想圆柱面的直径。标准中将这个直径定为公称直径。

（2）小径 d_1——与螺纹的牙底相重合的假想圆柱面的直径。这个直径常用作危险剖面的计算直径。

（3）中径 d_2——与螺杆同心且螺纹牙厚和牙间相等的假想的圆柱面的直径。这个直径是常用作确定螺纹几何参数和配合性质的直径。

（4）螺距 P——相邻的两螺纹牙上同侧对应点间的轴向距离。

（5）线数 n——螺纹的螺旋线数。

（6）导程 P_h——螺杆旋转一周，沿自身轴线相对螺母所移动的距离，$P_h = nP$。

（7）升角 λ——在螺纹中径圆柱面上的螺旋线的切线与垂直螺纹轴心线的平面的夹角。

$$\tan\lambda = \frac{P_h}{\pi d_2} = \frac{nP}{\pi d_2} \tag{8-1}$$

（8）牙型角 α——在轴向截面内，螺纹牙相邻两侧边的夹角。牙型侧边与螺纹轴线的垂线间的夹角称为牙型斜角 β。

8.2 螺旋传动类型及设计

8.2.1 螺旋传动的类型与应用

根据用途的不同，螺旋传动可分为传力螺旋、传导螺旋和调整螺旋三类。

（1）传力螺旋。传力螺旋以传力为主，用于举起重物或克服很大工作阻力的机械。这种螺旋要求用较小的力矩产生较大的轴向力，用来完成起重或加压等工作，如螺旋千斤顶和螺旋压力机。传力螺旋一般工作时间较短，工作速度不高，一般还应具有自锁能力。

（2）传导螺旋。传导螺旋以传递运动为主，常用作机床刀架或工作台的进给机构。传导螺旋的工作时间较长，工作速度较高，要求传动精度也较高。

（3）调整螺旋。调整螺旋用于零件位置的调整和固定，如测量仪器中微调机构和带传动张紧装置的螺旋。这种螺旋不经常转动，一般不在工作载荷作用下转动。

根据螺旋副的摩擦性质的不同，螺旋传动可分为滑动螺旋传动、滚动螺旋传动和静压螺旋传动。

（1）滑动螺旋传动，摩擦阻力大，传动效率低（一般为 30% ～ 40%），磨损快，但结构简单，便于制造，易于自锁，应用广泛。

（2）滚动螺旋传动，滚动螺旋传动可分为滚珠螺旋和滚柱螺旋传动两大类。滚珠螺旋的螺杆与螺母螺纹表面被滚珠隔开，构成滚动摩擦（见图 8-2（a））。滚柱螺旋传动的滚动体为螺纹小滚柱，其围绕主螺杆轴心做行星运动（见图 8-2（b））。滚动螺旋传动摩擦损失小，效率高，起动力矩小，传动精度高，承载能力强、抗冲击、工作寿命长，在精密机床、机器人、航空航天等领域得到广泛应用。但结构和制造工艺复杂。

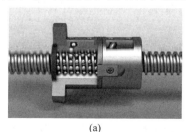
（a）

（b）

8-4

图 8-2 滚动螺旋传动

（3）静压螺旋传动，利用外部供油设备将压力油经节流器供入内螺纹牙的两侧油腔，使螺旋副表面形成静压油膜（见图 8-3），其运转精度高，抗震性好，传动效率高（可达 99% 以上），但螺母结构复杂，需要一套压力供油系统，成本高。

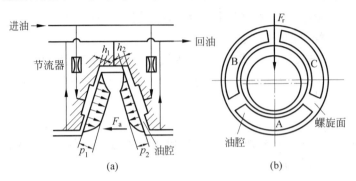

图 8-3　静压螺旋传动示意图

（a）受轴向力时；（b）受径向力时

8.2.2　滑动螺旋传动的设计

1. 滑动螺旋的结构

螺旋传动的结构主要是指螺杆、螺母的固定和支撑的结构形式。螺旋传动的工作刚度与精度等和支承结构有直接关系，当螺杆短而粗且垂直布置时，如起重及加压装置的传力螺旋，可以利用螺母本身作为支承。当螺杆细长且水平布置时，如机床的传导螺旋等，应在螺杆两端或中间附加支承，以提高螺杆的工作刚度。对于轴向尺寸较大的螺杆，应采用对接的组合结构以减少制造困难。

常用的螺母结构有整体螺母、组合螺母和剖分螺母，如图 8-4 所示。整体螺母（见图 8-4(a)）结构简单，但不能补偿由于磨损而产生的轴向间隙，适用于精度要求较低的螺旋传动。组合螺母（见图 8-4(b)）通过转动调整螺钉 2 使楔形块 3 沿螺杆径向移动，从而调整轴向间隙和补偿旋合螺纹的磨损。开合螺母（见图 8-4(c)）利用转动槽形凸轮，使两个半螺母靠近（或远离），螺纹副磨损后轴向间隙可调整。

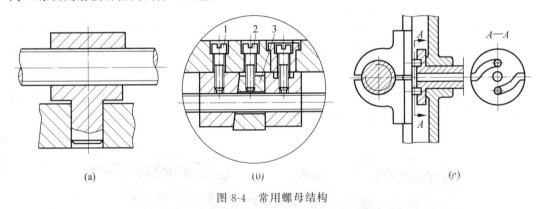

（a）　　　　　　　　　　　　　　(b)　　　　　　　　　　　　　　(c)

图 8-4　常用螺母结构

2. 强度计算

滑动螺旋工作时，常见的失效形式是螺纹工作面磨损，传力较大的滑动螺旋还可能发生螺纹牙断裂、螺杆断裂(或压溃)以及受压细长螺杆失稳等失效形式。

1) 耐磨性计算

磨损多发生在螺母。螺纹的耐磨性与螺纹工作表面上的压力、滑动速度、表面粗糙度以及润滑状态等因素有关。在一般情况下,可限制螺纹工作表面的压力,以防止螺纹过度磨损。如图 8-5 所示,在轴向力 F 作用下,螺纹圈数为 z 时,工作面压力 p 为

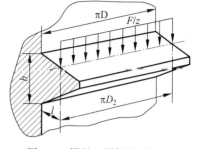

图 8-5 螺母一圈螺纹牙展开

$$p = \frac{F}{\pi d_2 h z} = \frac{FP}{\pi d_2 h H} \leqslant [p] \qquad (8-2)$$

或

$$d_2 \geqslant \sqrt{\frac{FP}{\pi \phi h [p]}} \qquad (8-3)$$

式中,F——轴向力,N;

d_2——螺纹中径,mm;

H——螺母旋合高度,mm;

P——螺距,mm;

z——螺杆与螺母相旋合部分的螺纹圈数,$z = \dfrac{H}{P}$,一般为了减小螺纹牙受力不均,常取 $z \leqslant 10$;

$[p]$——许用压力,N/mm^2,见表 8-4;

h——螺纹工作高度,mm,对梯形或矩形螺纹,$h = 0.5P$,对锯齿形螺纹,$h = 0.75P$;

ϕ——高径比系数,其定义为 $\phi = \dfrac{H}{d_2}$,对整体式螺母,可取 $\phi = 1.2 \sim 1.5$,对剖分式螺母,可取 $\phi = 2.5 \sim 3.5$,当制造精度较高,载荷较大,且要求使用寿命较长时,允许取 $\phi = 4$。

通常,在设计时先根据式(8-3)计算出所需的 d_2,再由手册中螺纹标准查出螺纹的公称直径 d 和螺距 P,从而可进一步确定螺母旋合高度 H 等尺寸。

2) 螺杆的强度计算

螺杆受轴向力 F 和转矩 T 作用时,螺杆危险剖面上同时受压缩(或拉伸)应力和剪切应力作用。根据第四强度理论,螺杆的强度条件为

$$\sqrt{\left(\frac{4F}{\pi d_1^2}\right)^2 + 3\left(\frac{T}{0.2 d_1^3}\right)^2} \leqslant [\sigma] \qquad (8-4)$$

式中,d_1——螺杆的螺纹小径,mm;

$[\sigma]$——螺杆材料的许用压(拉)应力,N/mm^2,见表 8-4。

3) 螺纹牙强度计算

通常螺母材料的强度比螺杆低,螺纹牙断裂多发生于螺母,所以通常只需对螺母螺纹进行牙根处的剪切和弯曲强度验算。

牙根的剪切强度条件为

$$\tau = \frac{F}{\pi D b z} \leqslant [\tau] \qquad (8-5)$$

牙根的弯曲强度条件为

$$\sigma_b = \frac{6Fl}{\pi Db^2 z} \leqslant [\sigma_b] \tag{8-6}$$

式中,D——螺母的螺纹大径,mm;

b——螺纹牙根部的宽度,对矩形螺纹 $b = 0.5P$,对梯形螺纹 $b = 0.65P$,对锯齿形螺纹 $b = 0.74P$,其中 P 为螺距;

l——弯曲力臂,$l = \dfrac{D - D_2}{2}$,其中 D_2 为螺母的螺纹中径,mm;

$[\tau]$——螺母材料的许用剪应力,见表 8-4;

$[\sigma_b]$——螺母材料的许用弯曲应力,见表 8-4。

4) 螺纹自锁性计算

自锁条件为 $\lambda \leqslant \rho_v$,当量摩擦角 $\rho_v = \arctan(f/\cos\beta)$,$\beta$ 为牙型斜角,摩擦因数 f 见表 8-2。

表 8-2　滑动螺旋副的摩擦因数(定期润滑)

螺旋副材料	钢-青铜	钢-耐磨铸铁	钢-铸铁	钢-钢	淬火钢-青铜
摩擦因数 f	0.08~0.10	0.10~0.12	0.12~0.15	0.11~0.17	0.06~0.08

5) 螺杆稳定性计算

对于长径比较大的受压螺杆,工作中可能发生侧向弯曲而失稳,因此必要时应验算螺杆的稳定性。受压螺杆的稳定性验算式为

$$\frac{F_{cr}}{F} \geqslant 2.5 \sim 4 \tag{8-7}$$

式中,F_{cr}——螺杆的稳定临界载荷,$F_{cr} = \dfrac{\pi^2 EI}{(\mu l)^2}$;

E——螺杆材料的弹性模量;

I——螺杆危险截面的轴惯性矩,$I = \dfrac{\pi d_1^4}{64}$;

μ——与两端支座形式有关的长度系数,当两端铰支,或一端固定、一端移动时,$\mu = 1$;当一端固定、一端自由,或一端铰支、一端移动时,$\mu = 2$;当两端固定时,$\mu = 0.5$。

3. 常用材料

螺杆和螺母的材料应具有足够的强度和耐磨性,并且应易于加工和制造。滑动螺旋常用材料见表 8-3,滑动螺旋副的许用应力见表 8-4。

表 8-3　滑动螺旋常用材料

螺旋副	材 料 牌 号	应 用 范 围
螺杆	Q255、Q275、45、50	不经热处理,适用于经常运动、受力不大、转速较低的传动
	40Cr、65Mn、T12、40WMn、20CrMnTi	经热处理以提高耐磨性,适用于重载、转速较高的重要传动
	9Mn2V、CrWMn、38CrMoAl	经热处理以提高稳定性,适用于精密传动螺旋

续表

螺旋副	材 料 牌 号	应 用 范 围
螺母	ZCuSn10Pb1 ZCuSn5Pb5Zn5	耐磨性好,适用于一般传动
	ZCuAl9Fe4Ni4Mn2 ZCuZn25Al6Mn2Fe1	耐磨性好,强度高,适用于重载低速传动。对于尺寸大的或高速传动,螺母可用钢或灰铸铁作外套,内部浇铸青铜或锡锑或铅锑合金

表 8-4　滑动螺旋副的许用压力及许用应力

螺杆-螺母材料	滑动速度 /(m/s)	许用压力$[p]$ /(N/mm^2)	许用应力/(N/mm^2)		
			$[\sigma]$	$[\sigma_b]$	$[\tau]$
钢-青铜	<0.05	11~25	$\dfrac{\sigma_s}{3\sim5}$	40~60	30~40
	0.1~0.2	7~10			
	>0.25	1~2			
淬火钢-青铜	0.1~0.2	10~13			
钢-铸铁	<0.04	13~18		45~55	40
	0.1~0.2	4~7			
钢-钢	低速	7.5~13		$(1\sim1.2)[\sigma]$	$0.6[\sigma]$

注:表中许用压力值适用于 $\phi=2.5\sim4$ 的情况。当 $\phi<2.5$ 时可提高 20%;当为剖分螺母时应降低 15%~20%。

习　　题

8-1　设计题 8-1 图所示的螺旋传动装置,螺旋压力机最大压力 $F_{max}=2000$ N,最大升距 $h=130$ mm,支柱间距离 $B=200$ mm。试:

(1) 根据最大作用力,选择螺旋材料,设计螺旋参数尺寸(需满足强度和稳定性的要求,并校核螺旋自锁条件);

(2) 选择螺母材料,设计螺纹圈数及螺母其他部分尺寸;

(3) 确定手柄的截面尺寸和长度。

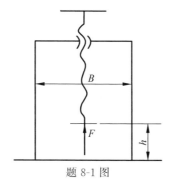

题 8-1 图

自测题 8

第三篇　轴系零部件

第 9 章 轴

【教学导读】

轴是组成机器的主要零件之一,用以支承做回转运动的零件及传递运动和动力。轴的设计与其他零件的设计有所不同,其设计过程是结构设计与强度(或刚度)校核计算交替进行。本章重点介绍阶梯轴的结构设计、弯扭强度校核、疲劳强度校核和刚度校核计算。

【课前问题】

(1) 轴上零件的周向和轴向定位各有哪些方法?这些方法一般在什么场合使用?

(2) 什么称为轴的危险截面?如何选择轴的危险截面?

(3) 按疲劳强度进行轴的精确校核时,主要考虑了哪些影响疲劳强度的因素?可采取哪些措施提高轴的疲劳强度?

【课程资源】

拓展资源:特大型曲轴制造;核电汽轮机低压转子制造。

9-1

9-2

9.1 轴 的 概 述

9.1.1 轴的类型、特点和应用

轴的类型、特点和应用见表 9-1。

表 9-1 轴的类型、特点和应用

类 型		简 图	特点和应用
直轴	光轴	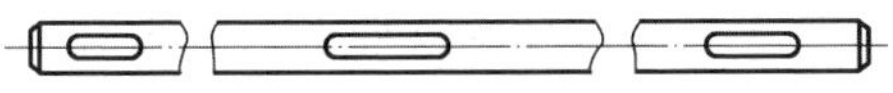	形状简单,加工容易,应力集中源少,但轴上的零件不易装配及定位,主要用于心轴和传动轴
	阶梯轴	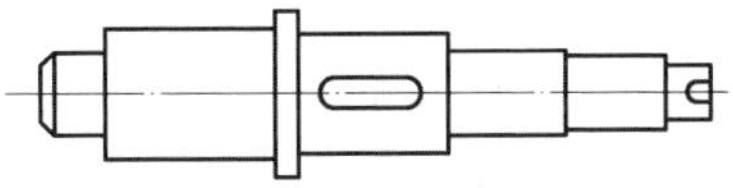	易满足轴上零件的装配、固定要求,主要用于转轴
按形状	曲轴	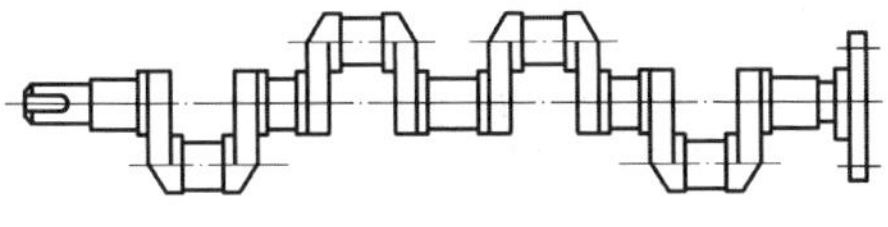	通过连杆可以将旋转运动改变为往复直线运动,或进行相反的运动变换
	软轴	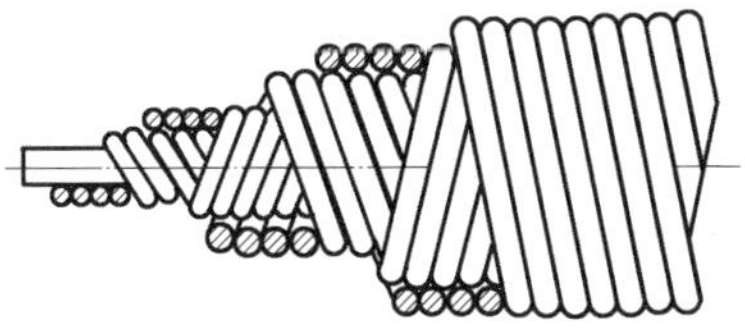	由多组钢丝分层卷绕而成,具有良好的挠性,可以把回转运动灵活地传到任何位置。常用于振捣器等设备中

续表

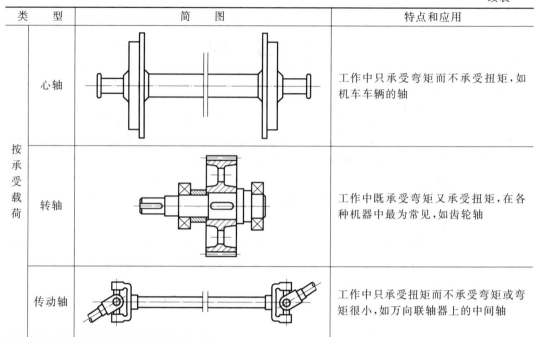

类　　　型	简　　图	特点和应用
按承受载荷 心轴		工作中只承受弯矩而不承受扭矩,如机车车辆的轴
转轴		工作中既承受弯矩又承受扭矩,在各种机器中最为常见,如齿轮轴
传动轴		工作中只承受扭矩而不承受弯矩或弯矩很小,如万向联轴器上的中间轴

本章主要讨论阶梯轴的设计。

9.1.2　轴的材料

轴的材料主要是碳钢和合金钢。毛坯多数用轧制圆钢和锻件。

碳钢价廉,对应力集中的敏感性较低,可以用热处理或化学热处理的办法提高其耐磨性和抗疲劳强度,故碳钢应用广泛,其中最常见的是 45 钢。

合金钢比碳钢具有更高的机械性能和更好的淬火性能。因此,在传递大动力,并要求减小尺寸与质量,提高轴颈的耐磨性,以及处于高温或低温条件下工作的轴,常采用合金钢。

在一般工作温度下(低于 200℃),碳钢和合金钢的弹性模量相差不多,因此不能单为提高轴的刚度而采用合金钢。

合金铸铁和球墨铸铁容易做成复杂的形状,且具有价廉、良好的吸振性和耐磨性,以及对应力集中的敏感性较低等优点,可用于制造外形复杂的轴。

表 9-2 中列出了轴的常用材料及其主要机械性能。

表 9-2　轴的常用材料及其主要机械性能

材料牌号	热处理	毛坯直径 /mm	硬度 /HBW	抗拉强度极限 σ_b /(N/mm^2)	屈服强度极限 σ_s /(N/mm^2)	弯曲疲劳极限 σ_{-1} /(N/mm^2)	剪切疲劳极限 τ_{-1} /(N/mm^2)	备注
Q235A	热轧或锻后空冷	≤100		400～420	225	170	105	用于不重要及受载荷不大的轴
		>100～250		375～390	215			

续表

材料牌号	热处理	毛坯直径 /mm	硬度 /HBW	抗拉强度 极限 σ_b /(N/mm²)	屈服强度 极限 σ_s /(N/mm²)	弯曲疲劳 极限 σ_{-1} /(N/mm²)	剪切疲劳 极限 τ_{-1} /(N/mm²)	备注
45	正火	≤100	170～217	590	295	255	140	应用最广泛
	回火	>100·300	162·217	570	285	245	135	
	调质	≤200	217～255	640	355	275	155	
40Cr	调质	≤100	241～286	735	540	355	200	用于载荷较大,而无很大冲击的重要轴
		>100～300		685	490	335	185	
40CrNi	调质	≤100	270～300	900	735	430	260	用于很重要的轴
		>100～300	240～270	785	570	370	210	
38SiMnMo	调质	≤100	229～286	735	590	365	210	用于重要的轴,性能近于40CrNi
		>100～300	217～269	685	540	345	195	
38GrMoAlA	调质	≤60	293～321	930	785	440	280	用于要求高耐磨性、高强度且热处理(氮化)变形很小的轴
		>60～100	277～302	835	685	410	270	
		>100～160	241～277	785	590	375	220	
20Cr	渗碳 淬火 回火	≤60	渗碳 56～62 HRC	640	390	305	160	用于要求强度及韧性均较高的轴
3Cr13	调质	≤100	≥241	835	635	395	230	用于腐蚀条件下的轴
1Cr18Ni9Ti	淬火	≤100	≤192	530	195	190	115	用于高、低温及腐蚀条件下的轴
		>100～200		490		180	110	
QT600-3			190～270	600	370	215	185	用于制造复杂外形的轴
QT800-2			245～335	800	480	290	250	

注:(1) 表中所列疲劳极限 σ_{-1} 值是按下列关系式计算的,供设计时参考。碳钢,$\sigma_{-1} \approx 0.43\sigma_b$;合金钢:$\sigma_{-1} \approx 0.2(\sigma_b+\sigma_s)+100$;不锈钢,$\sigma_{-1} \approx 0.27(\sigma_b+\sigma_s)$,$\tau_{-1} \approx 0.156(\sigma_b+\sigma_s)$;球墨铸铁,$\sigma_{-1} \approx 0.36\sigma_b$,$\tau_{-1} \approx 0.31\sigma_b$。

(2) 1Cr18Ni9Ti(GB/T 1221—2007)可选用,但不推荐。

9.1.3　轴设计中应解决的主要问题

设计轴时,应解决的主要问题有结构设计和工作能力计算两方面的内容。

轴的结构设计是指根据轴上零件的安装、定位以及轴的制造工艺等方面的要求,合理地确定轴的结构形式和尺寸。

　　轴的工作能力计算是指轴的强度、刚度和振动稳定性等方面的计算。多数情况下,轴的工作能力主要取决于轴的强度。而对刚度要求高的轴(如车床主轴)和受力大的细长轴,还应进行刚度计算,以防止工作时产生过大的弹性变形。对高速运转的轴,还应进行振动稳定性计算,以防止发生共振而破坏。

9-3

9.2　轴的结构设计

　　轴的结构设计包括定出轴的合理外形和全部结构尺寸及公差配合、粗糙度等。

　　轴的结构应满足:轴和装在轴上的零件要有准确的工作位置;轴上的零件应便于装拆和调整;轴应具有良好的制造工艺性等。

9.2.1　拟定轴上零件的布置方案

　　不同的布置方案可以导致不同的轴的结构形式。因此,在拟定布置方案时,一般应考虑几个方案,对其进行分析比较,选择最佳方案。

　　图 9-1(a)所示为圆锥圆柱齿轮减速器,其输出轴的结构为:轴的左端装有半联轴器,靠近左支承处安装有圆柱大齿轮,左右支承均用滚动轴承。图 9-1(b)、(c)给出两种布置方案,其中方案(c)采用长套筒进行轴向定位固定,增加了轴的精车长度和轴系质量,故不如方案(b)好。

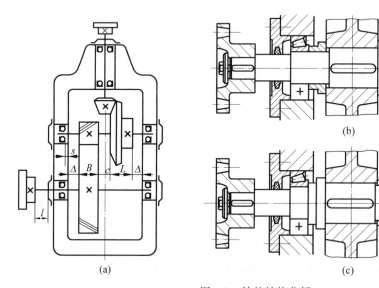

图 9-1　轴的结构分析

9.2.2　轴上零件的定位

　　为了防止轴上零件受力时发生沿轴向或周向的相对运动,轴上的零件除了有游动或空转的要求,还必须进行轴向和周向定位,以保证其准确的工作位置。

1. 零件的轴向定位

零件的轴向定位见表 9-3。

表 9-3　零件在轴上的轴向定位(固定)形式

形　式	简　　图	特　　点
轴肩	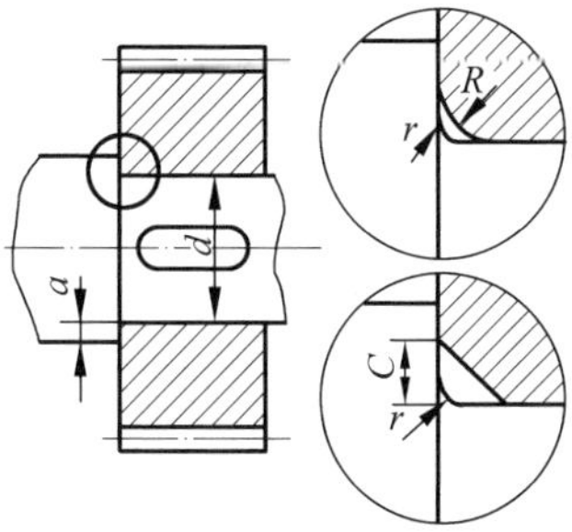	方便可靠,多用于轴向力较大的场合; 为了使零件能靠紧轴肩而得到准确可靠的定位,轴肩处的过渡圆角半径 r 必须小于与之相配的零件毂孔端部的圆角半径 R 或倒角 C。轴和零件上的倒角和圆角尺寸范围见表 9-4。滚动轴承轴肩的高度可查手册中轴承的安装尺寸
套筒	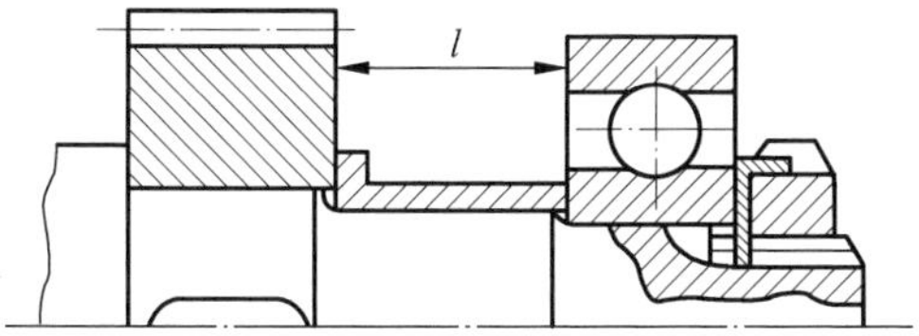	结构简单,定位可靠,轴上不需开槽、钻孔和切制螺纹,因而不影响轴的疲劳强度,一般用于轴上两个间距不大的零件之间的定位
圆螺母		承受大的轴向力,但轴上螺纹处有较大的应力集中,会降低轴的疲劳强度,故一般用于固定轴端的零件。当轴上两零件间距离较大,不宜使用套筒定位时,也常采用圆螺母定位
轴端挡圈	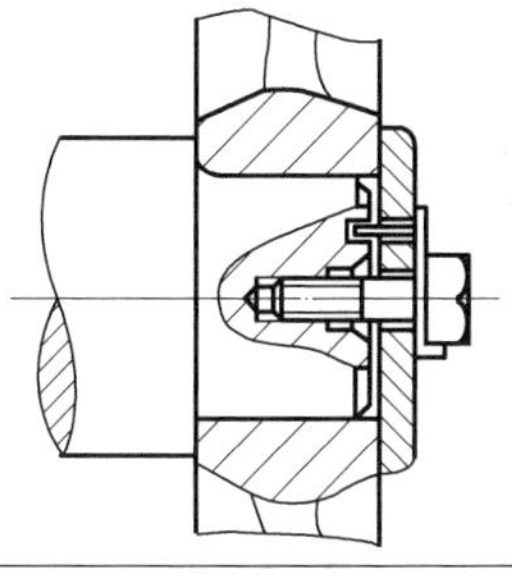	适用于固定轴端零件,可以承受较大的轴向力。定心精度较高,拆卸较容易
轴承端盖	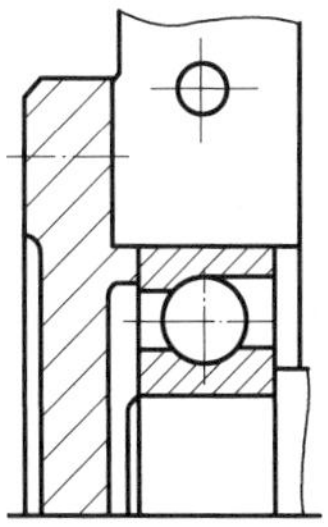	轴承端盖用螺钉或榫槽与箱体连接而使滚动轴承的外圈得到轴向定位。在一般情况下,整个轴的轴向定位也常利用轴承端盖来实现
弹性挡圈	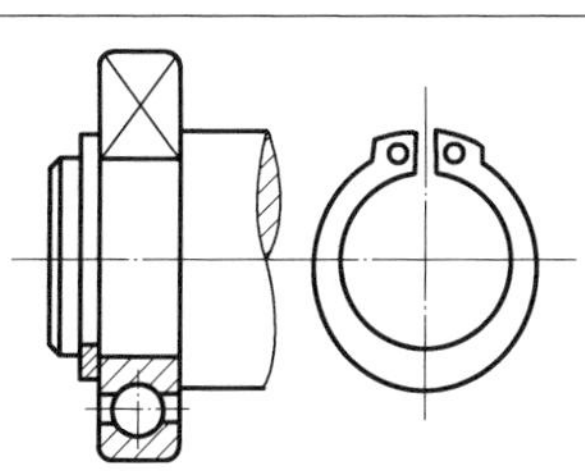	结构紧凑简单,常用于滚动轴承的轴向固定,但不能承受轴向力

表 9-4　零件倒角 *C* 与圆角半径 *R* 的推荐值　　　　　　单位：mm

直径 *d*	>6~10		>10~18	>18~30	>30~50		>50~80	>80~120	>120~180
C 或 *R*	0.5	0.6	0.8	1.0	1.2	1.6	2.0	2.5	3.0

2. 零件的周向定位

周向定位的目的是限制轴上零件与轴发生相对转动。常用的周向定位零件有键、花键、销、紧定螺钉以及过盈配合等，其中紧定螺钉只用在传力不大之处。

9.3　轴的工作能力计算

9.3.1　按扭转强度条件计算

对只受扭矩或主要承受扭矩的传动轴，应按扭转强度条件计算轴的直径。若有弯矩作用，则可用降低许用应力的方法来考虑其影响。

扭转强度条件为

$$\tau_T = \frac{T}{W_T} = 9.55 \times 10^6 \frac{P}{0.2d^3 n} \leqslant [\tau_T],\, N/mm^2 \tag{9-1}$$

$$d \geqslant A\sqrt[3]{\frac{P}{n}},\, mm \tag{9-2}$$

式中，τ_T——轴的扭转切应力，N/mm^2；

T——轴所受的扭矩，$N \cdot mm$；

W_T——轴的抗扭截面模量，mm^3；

n——轴的转速，r/min；

P——轴所传递的功率，kW；

$[\tau_T]$——轴的许用扭转切应力，N/mm^2，见表 9-5；

A——取决于轴材料的许用扭转切应力$[\tau_T]$的系数，其值可查表 9-5。

表 9-5　轴常用材料的$[\tau_T]$和 *A* 值

轴的材料	Q235-A,20	Q275,1Cr18Ni9Ti	35	45	40Cr,35SiMn,3Cr13,20CrMnTi
$[\tau_T]/(N/mm^2)$	12~20	12~25	20~30	30~40	40~52
A	160~135	148~125	135~118	118~107	107~98

注：当弯矩相对转矩很小时，*A* 取较小值，$[\tau_T]$取较大值；反之，*A* 取较大值，$[\tau_T]$取较小值。

应用式(9-2)求出的 *d* 值，一般作为轴最细处的直径。

当轴上有单键时，*d* 应增大约 3%，有双键时，*d* 应增大约 7%，求得的轴径应按标准直径圆整。

9.3.2　按弯扭合成强度条件计算

对于同时承受弯矩和扭矩的轴，可根据弯矩和扭矩的合成强度进行计算。按第一强度理论条件建立轴的弯扭合成强度：

$$\sigma_{ca} = \frac{\sqrt{M^2 + T^2}}{W} = \frac{M_{ca}}{W} \leqslant [\sigma_{-1}]_b,\, N/mm^2 \tag{9-3}$$

同时考虑到弯矩 M 所产生的弯曲应力和转矩 T 所产生的扭转应力的性质不同,对式(9-3)中的转矩 T 乘以折合系数 α,则强度条件的一般公式为

$$\sigma_{ca} = \frac{\sqrt{M^2 + (\alpha T)^2}}{W} = \frac{M_{ca}}{W} \leqslant [\sigma_{-1}]_b , \text{N/mm}^2 \tag{9-4}$$

式中,M_{ca}——当量弯矩,$M_{ca} = \sqrt{M^2 + (\alpha T)^2}$;

　　α——考虑扭矩和弯矩应力的循环特性差异的折合系数,当扭转切应力分别为静应力、脉动循环变应力和对称循环变应力时,α 分别为 0.3、0.6、1;

　　$[\sigma_{-1}]_b$——轴的许用弯曲应力,其值按表 9-6 选用;

　　W——轴的抗弯截面模量,mm^3,计算公式见表 9-7。

表 9-6　轴的许用弯曲应力　　　　　　　　　　　　　单位:N/mm^2

材　料	σ_b	$[\sigma_{+1}]_b$	$[\sigma_0]_b$	$[\sigma_{-1}]_b$
碳　钢	400	130	70	40
	500	170	75	45
	600	200	95	55
	700	230	110	65
合金钢	800	270	130	75
	900	300	140	80
	1000	330	140	80
	1200	400	180	110
铸　钢	400	100	50	30
	500	120	70	40

表 9-7　抗弯、抗扭截面模量计算公式

剖面	W	W_T	剖面	W	W_T
	$\dfrac{\pi d^3}{32} \approx 0.1 d^3$	$\dfrac{\pi d^3}{16} \approx 0.2 d^3$		$\dfrac{\pi d^3}{32} - \dfrac{bt(d-t)^2}{d}$	$\dfrac{\pi d^3}{16} - \dfrac{bt(d-t)^2}{d}$
	$\dfrac{\pi d^3}{32}(1-\beta^4)$ $\approx 0.1 d^3 (1-\beta^4)$ $\beta = \dfrac{d_1}{d}$	$\dfrac{\pi d^3}{16}(1-\beta^4)$ $\approx 0.2 d^3 (1-\beta^4)$ $\beta = \dfrac{d_1}{d}$		$\dfrac{\pi d^3}{32}\left(1-1.54\dfrac{d_1}{d}\right)$	$\dfrac{\pi d^3}{16}\left(1-\dfrac{d_1}{d}\right)$
	$\dfrac{\pi d^3}{32} - \dfrac{bt(d-t)^2}{2d}$	$\dfrac{\pi d^3}{16} - \dfrac{bt(d-t)^2}{2d}$		$[\pi d^4 + (D-d) \cdot (D+d)^2 zb]/32D$ z——花键齿数	$[\pi d^4 + (D-d) \cdot (D+d)^2 zb]/16D$ z——花键齿数

由式(9-4)可得轴的直径为

$$d \geqslant \sqrt[3]{\frac{M_{ca}}{0.1[\sigma_{-1}]_b}} \text{, mm} \tag{9-5}$$

9.3.3　按疲劳强度条件进行精确校核

对于重要的轴,需要考虑应力集中、表面状况和轴径尺寸等因素对轴的疲劳强度的影响,要进行轴危险截面处的疲劳安全系数的精确计算。

由式(2-12),可得轴的安全系数的约束条件为

$$\begin{cases} S_{ca} = \dfrac{S_{\sigma}S_{\tau}}{\sqrt{S_{\sigma}^2 + S_{\tau}^2}} \geqslant [S] \\[2mm] S_{\sigma} = \dfrac{k_N \sigma_{-1}}{K_{\sigma}\sigma_a + \psi_{\sigma}\sigma_m} \\[2mm] S_{\tau} = \dfrac{k_N \tau_{-1}}{K_{\tau}\tau_a + \psi_{\tau}\tau_m} \\[2mm] K_{\sigma} = \dfrac{k_{\sigma}}{\varepsilon_{\sigma}\beta_{\sigma}}, \quad K_{\tau} = \dfrac{k_{\tau}}{\varepsilon_{\tau}\beta_{\tau}} \end{cases} \tag{9-6}$$

式中,k_N——寿命系数,$k_N = \sqrt[m]{N_0/N}$,N_0 及 m 取值见 2.1.1 节;

K_{σ}、K_{τ}——对弯曲应力、扭转应力的综合影响系数;

k_{σ}、k_{τ}——对弯曲应力、扭转应力的有效应力集中系数,见表 9-8、表 9-9、表 9-10;

ε_{σ}、ε_{τ}——影响弯曲应力、扭转应力的尺寸系数,见表 9-11;

β_{σ}、β_{τ}——影响弯曲应力、扭转应力的表面状况系数,如图 9-2 所示,$\beta_{\tau} \approx \beta_{\sigma}$;

ψ_{σ}、ψ_{τ}——材料的弯曲应力、扭转应力的特性系数,碳钢 $\psi_{\sigma} = 0.1 \sim 0.2$,合金钢 $\psi_{\sigma} = 0.2 \sim 0.3$,一般 $\psi_{\tau} \approx 0.5\psi_{\sigma}$;

$[S]$——许用安全系数,见表 9-12。

当不能满足式(9-6)时,应该改进轴的结构以降低应力集中,也可采用热处理、表面强化处理等工艺措施及加大轴的直径,改用较好材料等方法解决。

表 9-8　圆角处有效应力集中系数 k_{σ}、k_{τ}

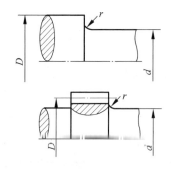
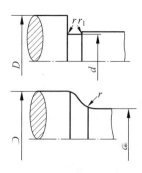

$\dfrac{D}{d}$	$\dfrac{r}{d}$	k_σ						k_τ			
		$\sigma_b/(\mathrm{N/mm^2})$						$\sigma_b/(\mathrm{N/mm^2})$			
		≤500	600	700	800	900	>1000	<700	800	900	≥1000
$\dfrac{D}{d} \leqslant 1.1$	0.02	1.84	1.96	2.08	2.20	2.35	2.50	1.36	1.41	1.45	1.50
	0.04	1.60	1.66	1.69	1.75	1.81	1.87	1.24	1.27	1.29	1.32
	0.06	1.51	1.51	1.54	1.54	1.60	1.60	1.18	1.20	1.23	1.24
	0.08	1.40	1.40	1.42	1.42	1.46	1.46	1.14	1.16	1.18	1.19
	0.10	1.34	1.34	1.37	1.37	1.39	1.39	1.11	1.13	1.15	1.16
	0.15	1.25	1.25	1.27	1.27	1.30	1.30	1.07	1.08	1.09	1.11
$1.1 < \dfrac{D}{d} \leqslant 1.2$	0.02	2.18	2.34	2.51	2.68	2.89	3.10	1.59	1.67	1.74	1.81
	0.04	1.84	1.92	1.97	2.05	2.13	2.22	1.39	1.45	1.48	1.52
	0.06	1.71	1.71	1.76	1.76	1.84	1.84	1.30	1.33	1.37	1.39
	0.08	1.56	1.56	1.59	1.59	1.64	1.64	1.22	1.26	1.30	1.31
	0.10	1.48	1.48	1.51	1.51	1.54	1.54	1.19	1.21	1.24	1.26
	0.15	1.35	1.35	1.38	1.38	1.41	1.41	1.11	1.14	1.15	1.18
$1.2 < \dfrac{D}{d} \leqslant 2$	0.02	2.40	2.60	2.80	3.00	3.25	3.50	1.80	1.90	2.00	2.10
	0.04	2.00	2.10	2.15	2.25	2.35	2.45	1.53	1.60	1.65	1.70
	0.06	1.85	1.85	1.90	1.90	2.00	2.00	1.40	1.45	1.50	1.53
	0.08	1.66	1.66	1.70	1.70	1.76	1.76	1.30	1.35	1.40	1.42
	0.10	1.57	1.57	1.61	1.61	1.64	1.64	1.25	1.28	1.32	1.35
	0.15	1.41	1.41	1.45	1.45	1.49	1.49	1.15	1.18	1.20	1.24

表 9-9　螺纹、键槽、花键、横孔、蜗杆处有效应力集中系数 k_σ、k_τ

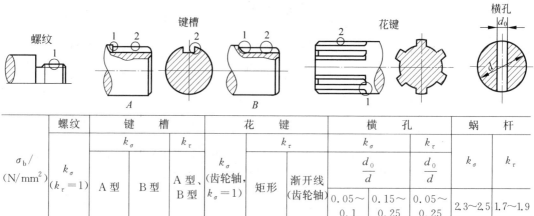

$\sigma_b/$ (N/mm²)	螺纹 k_σ ($k_\tau=1$)	键　槽				花　键			横　孔			蜗　杆	
		k_σ		k_τ			k_τ		k_σ		k_τ	k_σ	k_τ
		A 型	B 型	A 型、B 型	k_σ (齿轮轴，$k_\sigma=1$)	矩形	渐开线 (齿轮轴)		$\dfrac{d_0}{d}$		$\dfrac{d_0}{d}$		
								0.05～0.1	0.15～0.25	0.05～0.25	2.3～2.5	1.7～1.9
400	1.45	1.51	1.30	1.20	1.35	2.10	1.40	1.90	1.70	1.70		
500	1.78	1.64	1.38	1.37	1.45	2.25	1.43	1.95	1.75	1.75	说明：
600	1.96	1.76	1.46	1.54	1.55	2.35	1.46	2.00	1.80	1.80	$\sigma_b\leqslant700$ N/mm²
700	2.20	1.89	1.54	1.71	1.60	2.45	1.49	2.05	1.85	1.80	时取小值
800	2.32	2.0	1.62	1.88	1.65	2.55	1.52	2.10	1.90	1.85	$\sigma_b\geqslant1000$ N/mm²
900	2.47	2.14	1.69	2.05	1.70	2.65	1.55	2.15	1.95	1.90	时取大值
1000	2.61	2.26	1.77	2.22	1.72	2.70	1.58	2.20	2.00	1.90	
1200	2.90	2.50	1.92	2.39	1.75	2.80	1.60	2.30	2.10	2.00	

注：表中数值为标号 1 处的有效应力集中系数，标号 2 处 $k_\sigma=1$，$k_\tau=$ 表中值。

表 9-10　配合零件处综合影响系数 K_σ、K_τ

		K_σ——弯曲								
直径/mm		≤30			50			≥100		
配合		r6	k6	h6	r6	k6	h6	r6	k6	h6
材料强度 σ_b /(N/mm²)	400	2.25	1.69	1.46	2.75	2.06	1.80	2.95	2.22	1.92
	500	2.50	1.88	1.63	3.05	2.28	1.98	3.29	2.46	2.13
	600	2.75	2.06	1.79	3.36	2.52	2.18	3.60	2.70	2.34
	700	3.00	2.25	1.95	3.66	2.75	2.38	3.94	2.96	2.56
	800	3.25	2.44	2.11	3.96	2.97	2.57	4.25	3.20	2.76
	900	3.50	2.63	2.28	4.28	3.20	2.78	4.60	3.46	3.00
	1000	3.75	2.82	2.44	4.60	3.45	3.00	4.90	3.98	3.18
	1200	4.25	3.19	2.76	5.20	3.90	3.40	5.60	4.20	3.64

注：(1) 滚动轴承内圈配合为过盈配合 r6；
(2) $K_\tau=0.4+0.6K_\sigma$。

表 9-11　尺寸系数 ε_σ、ε_τ

毛坯直径/mm	碳　钢		合　金　钢	
	ε_σ	ε_τ	ε_σ	ε_τ
>20～30	0.91	0.89	0.83	0.89
>30～40	0.88	0.81	0.77	0.81
>40～50	0.84	0.78	0.73	0.78
>50～60	0.81	0.76	0.70	0.76

续表

毛坯直径/mm	碳　钢		合　金　钢	
	ε_σ	ε_τ	ε_σ	ε_τ
>60～70	0.78	0.74	0.68	0.74
>70～80	0.75	0.73	0.66	0.73
>80～100	0.73	0.72	0.64	0.72
>100～120	0.70	0.70	0.62	0.70
>120～140	0.68	0.68	0.60	0.68

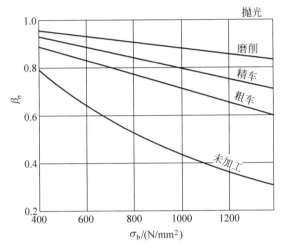

图 9-2　表面状况系数 β_σ

表 9-12　疲劳强度的许用安全系数 $[S]$

条　件	$[S]$
载荷可精确计算,材质均匀,材料性能精确可靠	1.3～1.5
计算精度较低,材质不够均匀	1.5～1.8
计算精度很低,材质很不均匀,或尺寸很大的轴($d>200\text{mm}$)	1.8～2.5
脆性材料制造的轴	2.5～3.0

9.3.4　按静强度条件进行校核

应力循环严重不对称或短时过载严重的轴,在尖峰载荷作用下,可能产生塑性变形,为了防止其在疲劳破坏前发生大的塑性变形,还应对其按尖峰载荷校核轴的静强度安全系数。其强度条件为

$$
\begin{cases}
S_0 = \dfrac{S_{0\sigma} S_{0\tau}}{\sqrt{S_{0\sigma}^2 + S_{0\tau}^2}} \geqslant [S_0] \\[4mm]
S_{0\sigma} = \dfrac{\sigma_s}{\sigma_{\max}} \\[4mm]
S_{0\tau} = \dfrac{\tau_s}{\tau_{\max}}
\end{cases}
\tag{9-7}
$$

式中，S_0——静强度计算安全系数；

$\quad$ $S_{0\sigma}$、$S_{0\tau}$——只考虑弯矩和扭矩时的静强度安全系数；

$\quad$ $[S_0]$——静强度许用安全系数，见表 9-13；

$\quad$ σ_s、τ_s——材料抗弯、抗扭屈服极限；

$\quad$ σ_{max}、τ_{max}——尖峰载荷所产生的弯曲、扭转应力。

表 9-13　静强度的许用安全系数$[S_0]$

σ_s/σ_b	$\leqslant 0.60$	$0.60\sim0.80$	>0.80	铸造轴	峰值载荷很难准确求得时
$[S_0]$	$1.2\sim1.4$	$1.4\sim1.8$	$1.8\sim2.0$	$2.0\sim3.0$	$3.0\sim4.0$

9.3.5　轴的刚度校核计算

轴受载后会发生弯曲变形和扭转变形（见图 9-3），严重时将影响轴和轴上零件的正常工作。

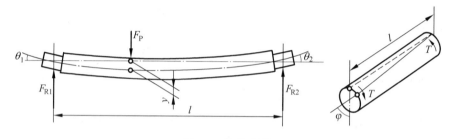

图 9-3　轴的变形

对于安装齿轮的轴，若轴的弯曲变形过大，则会引起齿上载荷集中，导致轮齿啮合状况恶化。对于采用滑动轴承的轴，若轴的弯曲变形过大，则会使压力沿轴承宽度方向分布不均匀，甚至发生边缘接触，造成不均匀的磨损和过度发热。电动机主轴变形过大，则会改变定子和转子间的间隙，从而影响电动机的性能等。因此，对那些刚度要求较高的轴，需要进行轴的弯曲变形和扭转变形的计算，使其满足下列刚度条件：

$$y \leqslant [y], \quad \theta \leqslant [\theta], \quad \varphi \leqslant [\varphi] \tag{9-8}$$

式中，y、$[y]$——轴的最大挠度和许用挠度，mm；

$\quad$ θ、$[\theta]$——轴的最大偏转角和许用偏转角，rad；

$\quad$ φ、$[\varphi]$——轴的最大扭转角和许用扭转角，$(°)/m$。

其中，y、θ、φ 可按材料力学公式计算，其相应的许用值则根据各类机器的要求来确定，见表 9-14。

表 9-14　轴的许用挠度、许用偏转角、许用扭转角

应用场合	$[y]/mm$	应用场合	$[\theta]/rad$	应用场合	$[\varphi]/((°)/m)$
一般用途的轴	$(0.0003\sim0.005)l$	滑动轴承	$\leqslant 0.001$	一般传动	$0.5\sim1$
刚度要求较高的轴	$\leqslant 0.0002l$	向心球轴承	$\leqslant 0.005$	较精密的传动	$0.25\sim0.5$
安装齿轮的轴	$(0.01\sim0.03)m_n$	向心球面轴承	$\leqslant 0.05$	重要传动	0.25

应用场合	$[y]/\text{mm}$	应用场合	$[\theta]/\text{rad}$	应用场合	$[\varphi]/((°)/\text{m})$
安装蜗轮的轴	$(0.02\sim0.05)m_t$	圆柱滚子轴承	$\leqslant0.0025$		
蜗杆轴	$(0.01\sim0.02)m_t$	圆锥滚子轴承	$\leqslant0.0016$		
电动机轴	$\leqslant0.1\Delta$	安装齿轮处	$\leqslant0.001\sim0.002$		

注：l 为支承间跨距；Δ 为电动机定子与转子的间隙；m_n 为齿轮法面模数；m_t 为蜗轮端面模数。

9.3.6　轴的振动及振动稳定性的概念

大多数机器中的轴，虽然不受周期性外载荷的作用，但零件的材质分布不均匀，以及制造、安装误差等因素会导致零件的重心偏移，且回转时离心力也会使轴受到周期性载荷的作用，当轴由载荷的作用引起的强迫振动频率与轴的固有频率相同或接近时，将产生共振现象，以至于轴或轴上零件乃至整个机器遭到破坏。发生共振时，轴的转速称为临界转速。

因此，对于重要的轴，尤其是高速轴或受周期性外载荷作用的轴，都必须计算其临界转速 n_c，并使轴的工作转速 n 避开临界转速 n_c。

轴的临界转速可以有许多个，最低的一个称为一阶临界转速，其余为二阶、三阶临界转速。

工作转速低于一阶临界转速的轴称为刚性轴；工作转速超过一阶临界转速的轴称为挠性轴。两者的临界转速条件分别为

刚性轴　　　　　　　　　　　　　$n<(0.75\sim0.8)n_{c1}$ 　　　　　　　　　　　　　　(9-9)

挠性轴　　　　　　　　　　　　$1.4n_{c1}<n<0.7n_{c2}$ 　　　　　　　　　　　　　(9-10)

式中，n_{c1}、n_{c2}——一阶、二阶临界转速。

9.4　提高轴的强度、刚度和减轻轴的质量的措施

1. 改善轴的受力状况

轴上零件的安装位置、轴的结构对轴的受力影响较大，设计轴时应该充分加以考虑。

当轴由几个传动件输出扭矩时，应将输入件放在中间，而不要将其置于一端，这样可显著降低轴上的最大扭矩。如图 9-4 所示，输入扭矩为 $T_1=T_2+T_3+T_4$，当轴上各轮按图 9-4(a)的布置方式时，轴所受最大扭矩为 $T_2+T_3+T_4$，如果改为图 9-4(b)的布置方式，则最大扭矩仅为 T_3+T_4。

为了减小轴所承受的弯矩，传动件应尽量靠近轴承，并尽可能不采用悬臂的支承形式，力求缩短支承跨距及悬臂长度等。

改进轴上零件的结构也可减小轴上的载荷。例如图 9-5 所示起重卷筒轴的两种结构方案中，图 9-5(a)所示是大齿轮和卷筒联在一起，扭矩经大齿轮直接传给卷筒，卷筒轴只受弯矩而不受扭矩；而图 9-5(b)所示是大齿轮将扭矩通过轴传到卷筒，因而卷筒轴既受弯矩又受扭矩。在同样的载荷 F_Q 作用下，图 9-5(a)中的轴的直径和质量显然都比图 9-5(b)中的小。

2. 减小应力集中的影响

大多数轴是在变应力条件下工作的，轴的截面尺寸发生突变处会产生应力集中，轴的疲劳

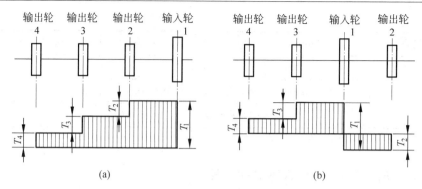

图 9-4　轴上零件布置对轴受力的影响

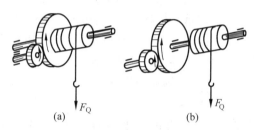

图 9-5　起重卷筒的结构方案

破坏往往在此处发生。为了提高轴的疲劳强度,应尽量减小应力集中源和降低应力集中的程度。为此,轴肩处应采用较大的过渡圆角半径 r 来降低应力集中。对定位轴肩,当靠轴肩定位的零件的圆角半径很小时,为了增大轴肩处的圆角半径,可采用内凹圆角(见图 9-6(a))或加装隔离环(见图 9-6(b))。

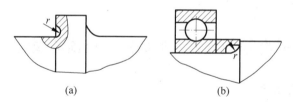

图 9-6　轴肩过渡结构

当轴与轮毂为过盈配合时,配合边缘处会产生较大的应力集中(见图 9-7(a))。为了减小应力集中,可在轮毂上或轴上开卸载槽(见图 9-7(b)、(c)),或者加大配合部分直径(见图 9-7(d))。由于配合的过盈量越大,引起的应力集中也越严重,因而在设计中应合理选择零件与轴的配合。

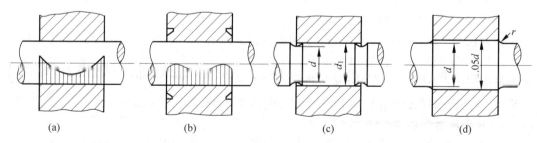

图 9-7　减小过盈配合应力集中的措施

　　与用键槽铣刀加工的键槽相比,用盘铣刀加工的键槽的过渡处对轴的截面削弱较为平缓,因而应力集中较小;渐开线花键比矩形花键在齿根处的应力集中小,在进行轴的结构设计时应妥加考虑。此外,由于切制螺纹处的应力集中较大,故应尽可能避免在轴上受载较大的区段切制螺纹。

3. 改进轴的表面质量

　　轴的表面粗糙度和表面强化处理方法也会对轴的疲劳强度产生影响。轴的表面越粗糙,疲劳强度也越低。因此,应合理减小轴的表面及圆角处的加工粗糙度值。当采用对应力集中甚为敏感的高强度材料制作轴时,对表面质量尤应予以注意。

　　表面强化处理的方法有:表面高频淬火等热处理;表面渗碳、氰化、氮化等化学热处理;碾压、喷丸等强化处理,通过碾压、喷丸进行表面强化处理,可使轴的表层产生预压应力,从而提高轴的抗疲劳能力。

4. 轴的结构工艺性

　　一般来说,轴的结构越简单,工艺性越好。因此,在满足使用要求的前提下,轴的结构形式应尽量简化。

　　为了便于装配零件并去掉毛刺,轴端应制出 $45°$ 的倒角;需要磨削加工的轴段,应留有砂轮越程槽(见图 9-8(a)),需要切制螺纹的轴段,应留有退刀槽(见图 9-8(b))。它们的尺寸可参看标准(GB/T 6403.5—2008、GB/T 32537—2016、GB/T 3—1997)或手册。

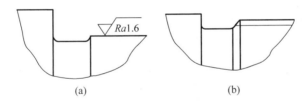

(a)　　　　　　　　　　　　　　　(b)

图 9-8　砂轮越程槽和退刀槽

　　为了减少装夹工件的时间,同一轴上不同轴段的键槽应布置在轴的同一母线上。为了减少加工刀具的种类和提高劳动生产率,轴上直径相近处的圆角、倒角、键槽宽度、砂轮越程槽宽度和退刀槽宽度等应尽可能采用相同的尺寸。

　　案例 9-1　设计案例 4-1 所示矿用链板输送机用圆锥圆柱齿轮减速器的输出轴。减速器输入轴通过联轴器与电动机相连接,输出轴通过联轴器与工作机相连接。运输机单向连续运转,中等冲击,每天工作 8 h,每年工作 300 天,预期寿命 10 年。已知输出轴传递的功率 $P_3 = 15.92$ kW,转速 $n_3 = 52.09$ r/min。设计的齿轮机构参数见表 9-15。

表 9-15　齿轮机构的参数

级别	z_1	z_2	m_n/mm	m_t/mm	β	α_n	h_a^*	齿宽/mm
高速级	19	67		3.75		20°	1	大锥齿轮轮毂长 $L=60$
低速级	20	107	4.5		11°52′33″			$b_1=50, b_2=45$

解　设计过程见下表：

计 算 及 说 明	结　　果
1. 输出轴上功率 P_3、转速 n_3 和转矩 T_3 　由案例 4-2 可知： 　$P_3 = P_{\text{III}} = 15.92 \text{ kW}$ 　$n_3 = n_{\text{III}} = 52.09 \text{ r/min}$ 　$T_3 = T_{\text{III}} = 2918.72 \text{ N} \cdot \text{m}$	
2. 计算作用在齿轮上的力 　输出轴上大齿轮分度圆直径 $d_2 = m_n z_2 / \cos\beta = 4.5 \times 107 / \cos 11°52'33'' \text{ mm}$ 　圆周力 $F_t = 2T_3 / d_2 = 2 \times 2\,918\,720 / 492.03 \text{ N}$ 　径向力 $F_r = F_t \tan\alpha_n / \cos\beta = 11\,864 \times \tan 20° / \cos 11°52'33'' \text{ N}$ 　轴向力 $F_a = F_t \tan\beta = 4413 \times \tan 11°52'33'' \text{ N}$	$d_2 = 492.03 \text{ mm}$ $F_t = 11\,864 \text{ N}$ $F_r = 4413 \text{ N}$ $F_a = 928 \text{ N}$
3. 初步估算轴的直径 　选取 45 钢作为轴的材料，调质处理 　由式 (9-2) $d \geqslant A \sqrt[3]{\dfrac{P}{n}}$，计算轴的最小直径并加大 7% 以考虑键槽的影响 　查表 9-5 取 $A = 110$ 　则　$d_{\min} \geqslant 1.07 \times 110 \sqrt[3]{\dfrac{15.92}{52.09}} \text{ mm}$	轴材料：45 钢 $d_{\min} \geqslant 79.28 \text{ mm}$
4. 轴的结构设计 　(1) 确定轴的结构方案 　右轴承从轴的右端装入，靠轴肩定位。齿轮和左轴承从轴的左端装入，齿轮右侧端面靠轴环定位，齿轮和左轴承之间用定位套筒使左轴承右端面得以定位，半联轴器靠轴肩定位。左右轴承均采用轴承端盖，半联轴器靠轴端挡圈得到轴向固定。齿轮和半联轴器采用普通平键得到周向固定。采用单列圆锥滚子轴承和弹性柱销联轴器。轴的结构如图 9-9 所示 　(2) 确定各轴段直径和长度 　① 段　根据 $d_{\min}$ 圆整 (按 GB/T 5014—2017)，并由 T_3 和 n_3 选择联轴器型号为 LX6 联轴器 $\dfrac{\text{JA}80 \times 132}{\text{JC}80 \times 132}$ (按 GB/T 5014—2017)，l_1 取比毂孔长度 132 mm 短 1~4 mm	 $d_1 = 80 \text{ mm}$ $l_1 = 130 \text{ mm}$
② 段　为使半联轴器定位，轴肩高度 $h \geqslant c + (2\sim3)$ mm，孔倒角 c 取 3 mm (GB/T 6403.4—2008)，$d_2 = d_1 + 2h$ 且符合标准密封内径 (JB/ZQ 4606—1997)。取端盖宽度 20 mm，端盖外端面与半联轴器右端面距离 30 mm，则 $l_2 = 50$ mm	$d_2 = 90 \text{ mm}$ $l_2 = 50 \text{ mm}$
③ 段　为便于装拆轴承内圈，$d_3 > d_2$ 且符合标准轴承内径。查 GB/T 297—2015，暂选滚动轴承型号为 32019，$d_3 = 95$ mm，其 $d \times D \times T$ 为 95 mm × 145 mm × 32 mm，宽度 $T = 32$ mm。轴承润滑方式选择：$d_3 \times n_3 = 95 \times 52.09$ mm · r/min = 4.9×10^3 mm · r/min $< 1 \times 10^5$ mm · r/min，选择脂润滑。齿轮与箱体内壁间隙 Δ 取 16 mm，考虑轴承脂润滑，取轴承与箱体内壁距离 $s = 8$ mm，则 $l_3 = T + s + \Delta + 4 = (32 + 16 + 8 + 4)$ mm = 60 mm，并取整	$d_3 = 95 \text{ mm}$ $l_3 = 60 \text{ mm}$
④ 段　$d_4 = d_3 + (1\sim3)$ mm，因经验算，齿轮与轴的轴向连接采用花键连接，查矩形花键标准 (GB/T 1144—2001)，$N \times d \times D \times B$ 为 10 × 102 mm × 108 mm × 14 mm，小径 $d_4 = 102$ mm，大径 $D_4 = 108$ mm。为使套筒端面可靠地压紧齿轮，l_4 应比齿轮毂孔长 (取等于齿宽 b_1) 短 1~4 mm。其中留 4 mm 长退刀槽	$d_4 = 102 \text{ mm}$ $l_4 = 46 \text{ mm}$

计算及说明	结　　果
⑤ 段　取齿轮右端定位轴环高度 $h = 6$ mm,则轴环直径 $d_5 = 114$ mm。轴段长度 $l_5 = 12$ mm	$d_5 = 114$ mm $l_5 = 12$ mm
⑥ 段　查设计手册中的轴承标准,轴肩高度应满足轴承拆卸要求,该轴段直径 $d_6 = 109$ mm。取锥齿轮与圆柱齿轮距离 $c = 20$ mm,轴承距箱体内壁 $s = 8$ mm,则 $l_6 = c + L + \Delta + s - 12 = (20 + 60 + 16 + 8 - 12)$ mm $= 92$ mm	$d_6 = 109$ mm $l_6 = 92$ mm
⑦ 段　$d_7 = d_3 = 95$ mm,长度等于滚动轴承宽度并取整,即 $l_7 = 32$ mm	$d_7 = 95$ mm $l_7 = 32$ mm
（3）确定轴承及齿轮作用力位置 如图 9-9、图 9-10 所示,先确定轴承支点位置,查 32019 轴承,其支点尺寸 $a \approx 30$ mm,因此轴的支承点到齿轮载荷作用点距离 $L_2 = 51$ mm,$L_3 = 131$ mm	$L_2 = 51$ mm $L_3 = 131$ mm

5. 绘制轴的弯矩图和扭矩图

（1）求轴承反力

H 水平面

$F_{RH1} = 8539$ N,$F_{RH2} = 3325$ N

V 垂直面

$F_{RV1} = 4431$ N,$F_{RV2} = -18$ N

（2）求齿宽中点处弯矩

H 水平面

$M_H = 435\ 489$ N · mm

V 垂直面

$M_{V1} = 225\ 981$ N · mm,$M_{V2} = -2358$ N · mm

合成弯矩 M

$M_1 = 490\ 630$ N · mm,$M_2 = 435\ 495$ N · mm

扭矩 T

$T = 2\ 918\ 720$ N · mm

弯矩图、扭矩图见图 9-10

	$F_{RH1} = 8539$ N
	$F_{RH2} = 3325$ N
	$F_{RV1} = 4431$ N
	$F_{RV2} = -18$ N
	$M_H = 435\ 489$ N · mm
	$M_{V1} = 225\ 981$ N · mm
	$M_{V2} = -2358$ N · mm
	$M_1 = 490\ 630$ N · mm
	$M_2 = 435\ 495$ N · mm

6. 按弯扭合成强度校核轴的强度

当量弯矩 $M_{ca} = \sqrt{M^2 + (\alpha T)^2}$,取折合系数 $\alpha = 0.6$,则齿宽中点处当量弯矩为

$$M_{ca1} = \sqrt{M_1^2 + (\alpha T)^2} = \sqrt{490\ 630^2 + (0.6 \times 2\ 918\ 720)^2}\ \text{N} \cdot \text{mm}$$
$$= 1\ 818\ 662\ \text{N} \cdot \text{mm}$$

$$M_{ca2} = \sqrt{M_2^2 + (\alpha T)^2} = \sqrt{435\ 495^2 + (0.6 \times 2\ 918\ 720)^2}\ \text{N} \cdot \text{mm}$$
$$= 1\ 804\ 569\ \text{N} \cdot \text{mm}$$

当量弯矩图如图 9-10 所示

轴的材料为 45 钢,调质处理。由表 9-2 查得 $\sigma_b = 640$ N/mm^2,由表 9 6 查得材料许用应力 $[\sigma_{-1}]_b = 60$ N/mm^2

装齿轮处花键的小径 $d_4 = 102$ mm,由式（9-4）得轴的计算应力为

	$M_{ca1} = 1\ 818\ 662$ N · mm
	$M_{ca2} = 1\ 804\ 569$ N · mm
	$[\sigma_{-1}]_b = 60$ N/mm^2

续表

计算及说明	结　果

$$\sigma_{ca}=\frac{M_{ca1}}{W}=\frac{M_{ca1}}{0.1d_4^3}=\frac{1\,818\,662}{0.1\times102^3}\ \text{N/mm}^2=17.14\ \text{N/mm}^2$$

$\sigma_{ca}=17.14\ \text{N/mm}^2$

对于重要的轴,应按下述步骤进行疲劳强度的精确校核

该轴满足强度要求

7. 精确校核轴的疲劳强度

(1) 轴的细部结构设计

圆角半径:参考表 9-4,各轴肩处圆角半径如图 9-9 所示

键槽:半联轴器与轴周向固定采用 C 型平键连接,按 GB/T 1096—2003,平键规格为 22×14×125,齿轮处与轴周向固定采用矩形花键连接,按 GB/T 1144—2001,花键规格为 10×102×108×16

配合:参考现有设计图纸或设计手册、图册

精加工方法:参考现有设计图纸或设计手册、图册

①段:键 C 22×14×125

④段:
花键 10×102×108×16

①段:H7/k6

④段:小径 H7/h6
　　　大径 H10/a11

③⑦段:m6

①④段:精车

②③⑦段:磨削

⑤⑥段:粗车

(2) 选择危险截面

如图 9-9 所示,Ⅰ～Ⅶ各截面均有应力集中源,选择其中应力较大,应力集中较严重的截面

选择Ⅳ截面

(3) 计算危险截面工作应力

现验算危险截面右侧

截面弯矩:$M=M_1\times\frac{51-21}{51}=490\,630\times\frac{51-21}{51}$ N·mm

$M=288\,606$ N·mm

截面扭矩:$T=2\,918\,720$ N·mm

$T=2\,918\,720$ N·mm

抗弯截面系数:$W=0.1d^3=0.1\times102^3$ mm^3

$W=106\,121$ mm^3

抗扭截面系数:$W_T=0.2d^3=0.2\times102^3$ mm^3

$W_T=212\,242$ mm^3

截面上弯曲应力:$\sigma_b=M/W=288\,606/106\,121$ N/mm^2

$\sigma_b=2.72$ N/mm^2

截面上扭剪应力:$\tau=T/W_T=2\,918\,720/212\,242$ N/mm^2

$\tau=13.75$ N/mm^2

弯曲应力幅:$\sigma_a=\sigma_b=2.72$ N/mm^2

$\sigma_a=2.72$ N/mm^2

弯曲平均应力:$\sigma_m=0$

$\sigma_m=0$

扭切应力:$\tau_a=\tau_m=\tau/2$

$\tau_a=\tau_m=6.88$ N/mm^2

(4) 确定轴材料机械性能

查表 9-2,弯曲疲劳极限 $\sigma_{-1}=275$ N/mm^2,剪切疲劳极限 $\tau_{-1}=155$ N/mm^2

碳钢材料特性系数:$\psi_\sigma=0.1,\psi_\tau=0.5\psi_\sigma$

$\sigma_{-1}=275$ N/mm^2

$\tau_{-1}=155$ N/mm^2

$\psi_\sigma=0.1,\psi_\tau=0.05$

(5) 确定寿命系数 k_N

应力循环次数 $N=60njl_h=60\times52.09\times1\times(10\times300\times8)$

$N=7.5\times10^7$

初步计算时,按中等尺寸,取循环基数 $N_0=5\times10^6$

因为 $N>N_0$,取无限寿命区,则寿命系数 $k_N=1$

$k_N=1$

计 算 及 说 明	结 果
（6）确定综合影响系数 K_σ、K_τ 轴肩圆角处有效应力集中系数 k_σ、k_τ，根据 $r/d=2.5/95=0.026$，$D/d=$ 102/95=1.07，由表 9-8 插值计算得 $k_\sigma=1.91$，$k_\tau=1.32$ 配合处综合影响系数 K_σ、K_τ，根据 d，$\sigma_{\rm b}$，配合 H7/h6 由表 9-10 插值计算得 $K_\sigma=2.43$，$K_\tau=0.4+0.6K_\sigma=1.86$ 花键槽处有效应力集中系数 k_σ、k_τ，根据 $\sigma_{\rm b}$ 由表 9-9 插值计算得 $k_\sigma=1.57$，$k_\tau=2.39$ 尺寸系数 ε_σ、ε_τ，根据 d 由表 9-11 查得 $\varepsilon_\sigma=0.70$，$\varepsilon_\tau=0.70$ 表面状况系数 β_σ、β_τ，根据 $\sigma_{\rm b}$，表面加工方法查图 9-2 得 $\beta_\sigma=0.88$，取 $\beta_\tau=\beta_\sigma$ 轴肩处综合影响系数 K_σ、K_τ 为 $$K_\sigma=\frac{k_\sigma}{\varepsilon_\sigma\beta_\sigma}=\frac{1.91}{0.7\times0.88}=3.10$$ $$K_\tau=\frac{k_\tau}{\varepsilon_\tau\beta_\tau}=\frac{1.32}{0.7\times0.88}=2.14$$ 键槽处综合影响系数 K_σ、K_τ 为 $$K_\sigma=\frac{k_\sigma}{\varepsilon_\sigma\beta_\sigma}=\frac{1.57}{0.7\times0.88}=2.55$$ $$K_\tau=\frac{k_\tau}{\varepsilon_\tau\beta_\tau}=\frac{2.39}{0.7\times0.88}=3.88$$ 同一截面如有两个以上的应力集中源,取其中较大的综合影响系数来计算安全系数,故分别按轴肩处和键槽处计算综合影响系数 K_σ、K_τ （7）计算安全系数 由表 9-13 取许用安全系数 $[S]=1.8$ 由式(9-6)可得 $$S_\sigma=\frac{k_{\rm N}\sigma_{-1}}{K_\sigma\sigma_{\rm a}+\psi_\sigma\sigma_{\rm m}}=\frac{1\times275}{3.10\times2.72+0.1\times0}=32.61$$ $$S_\tau=\frac{k_{\rm N}\tau_{-1}}{K_\tau\tau_{\rm a}+\psi_\tau\tau_{\rm m}}=\frac{1\times155}{3.88\times6.88+0.05\times6.88}=5.73$$ $$S_{\rm ca}=\frac{S_\sigma S_\tau}{\sqrt{S_\sigma^2+S_\tau^2}}=5.64>[S]$$ （8）绘制轴的工作图 输出轴的工作图如图 9-11 所示	$k_\sigma=1.91$，$k_\tau=1.32$ （轴肩圆角处） $K_\sigma=2.43$，$K_\tau=1.86$ （配合处） $k_\sigma=1.57$，$k_\tau=2.39$ （键槽处） $\varepsilon_\sigma=0.70$，$\varepsilon_\tau=0.70$ $\beta_\sigma=\beta_\tau=0.88$ $K_\sigma=3.10$ $K_\tau=3.88$ $[S]=1.8$ $S_\sigma=32.61$ $S_\tau=5.73$ $S_{\rm ca}=5.64$ 疲劳强度安全

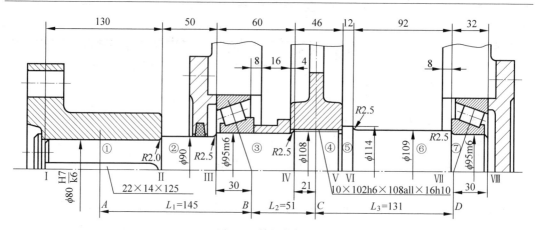

图 9-9　轴的结构图

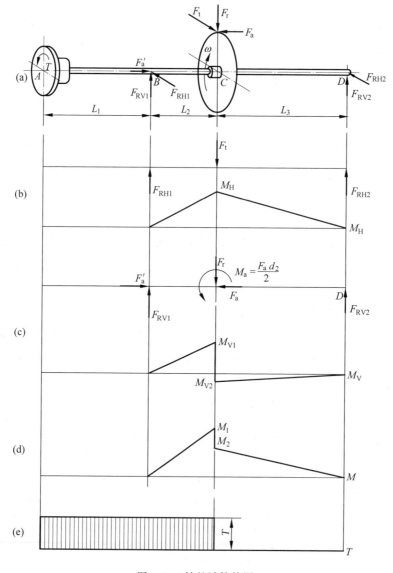

图 9-10　轴的计算简图

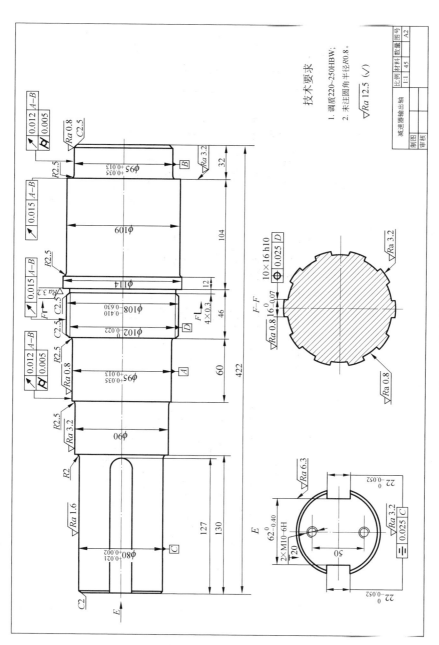

图 9-11　输出轴零件图

习　　题

9-1　改正题 9-1 图中结构错误及不合理之处。

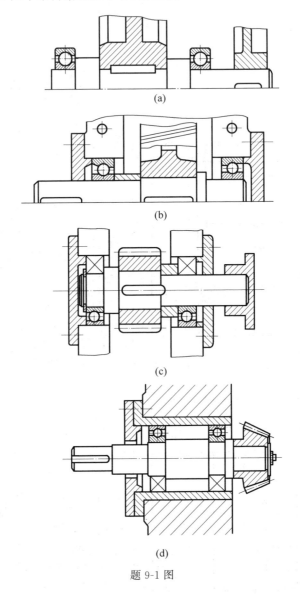

(a)

(b)

(c)

(d)

题 9-1 图

9-2　有一台离心式水泵,由电动机带动,传递的功率 $P=3$ kW,轴的转速 $n=960$ r/min,轴的材料为 45 钢,试按扭转强度计算轴的最小直径。

9-3　设计一级圆柱齿轮减速器的输出轴(包括选择两端的轴承及外伸端的联轴器)见题 9-3 图。已知电动机功率 $P=4$ kW,转速 $n=750$ r/min,低速轴转速 $n=130$ r/min,大齿轮的节圆直径 $d_2'=300$ mm,宽度 $B_2=90$ mm,法面压力角 $\alpha_n=20°$,螺旋角 $\beta=12°$。要求:(1)完成轴的全部结构设计;(2)根据弯扭合成强度校核轴的强度。

9-4　在题 9-4 图所示一根轴的剖面 I—I 处直径 $d=100$ mm,$r=2$ mm,$h=5$ mm,车

削加工,表面粗糙度为 $R_a = 1.6\ \mu m$。若该剖面处应力为:$\sigma_a = 70\ N/mm^2$,$\sigma_m = 0$,$\tau_a = \tau_m = 20\ N/mm^2$。试求该剖面处在下述两种情况下的安全系数,并分析计算结果,从中可得出什么结论?

(1)轴材料为 45 钢调质处理;(2)轴材料为 40 钢调质处理。

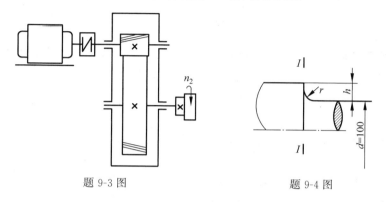

题 9-3 图　　　　　　　　　　题 9-4 图

自测题 9

第 10 章 轴 毂 连 接

10-1

【教学导读】

轴毂连接是将轴与轴上带毂零件进行连接以传递转矩,其中平键和花键连接应用最广。键、花键与销均已标准化。本章介绍键连接、花键连接和销连接的类型和结构,失效形式和强度计算。

【课前问题】

(1) 圆头、平头和单圆头普通平键各有何优缺点? 分别适用什么场合? 轴上键槽是怎样加工的?

(2) 导向平键连接与滑键连接有何异同? 分别适用什么场合?

(3) 常用的花键齿形有哪几种? 分别适用什么场合?

【课程资源】

普通平键基本尺寸;半圆键基本尺寸;矩形花键基本尺寸;30°渐开线外花键尺寸系列;45°渐开线外花键大径尺寸系列;圆柱销基本尺寸;圆锥销基本尺寸。

10.1 键 连 接

10-5

键连接是用键把轴和轴上零件连接起来的一种结构形式。键连接具有结构简单、工作可靠、装拆方便等优点,获得了广泛应用。

10-6

10.1.1 键连接类型及应用

键连接类型、特点及应用见表 10-1。

10-7

表 10-1　键连接类型、特点及应用

类型	键 简 图		连 接 简 图	特 点	应 用
平键	普通平键	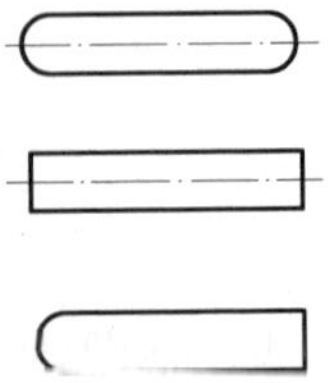 A型 B型 C型	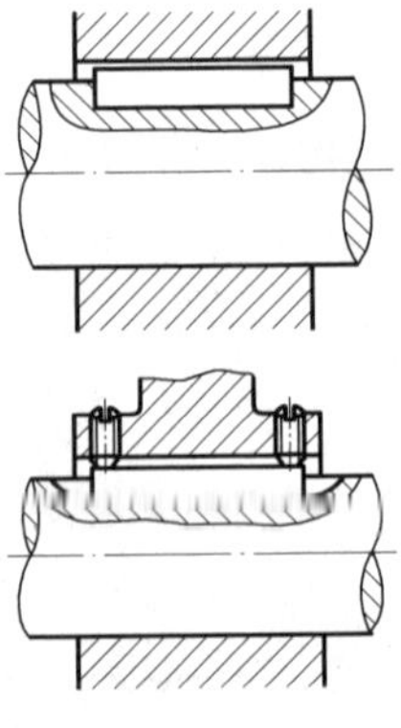	用于静连接。A 型键在键槽中的固定良好,但轴上键槽端部的应力集中较大;B 型键在键槽中的定位性较圆形键差,常用紧定螺钉辅助紧固,轴上键槽端部的应力集中较小;C 型键主要用于轴端	应用广泛,适用于高精度,高速或承受变载、冲击的工况

类型		键 简 图	连 接 简 图	特 点	应 用
平键	导向平键		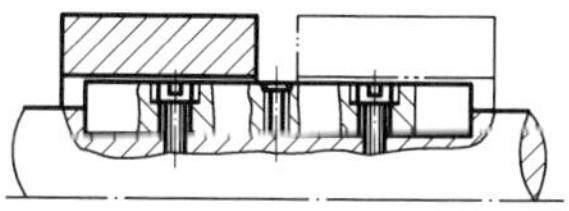	用于动连接,实现轴上零件的轴向移动	用于轴上零件轴向移动距离不大的场合,如变速箱中的滑移齿轮
	滑键	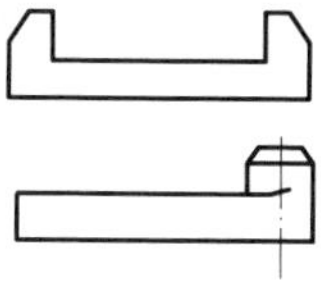	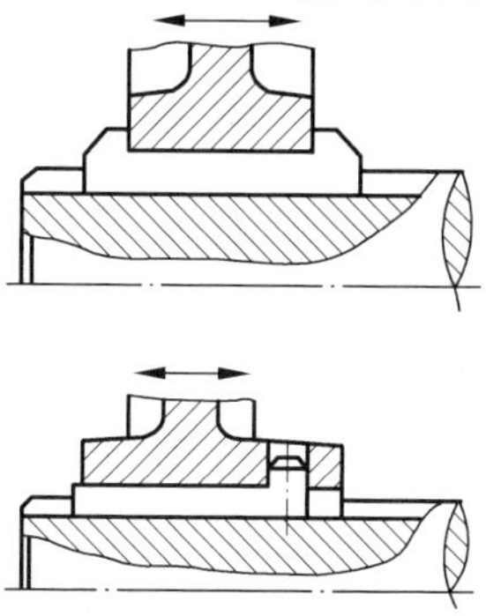	用于动连接,它与导向平键的区别在于滑键固定在毂上随毂一同沿轴向键槽移动	用于轴上零件轴向移动距离较大的场合
半圆键		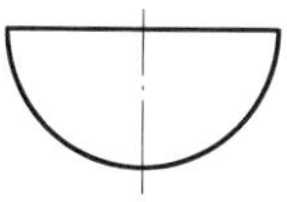	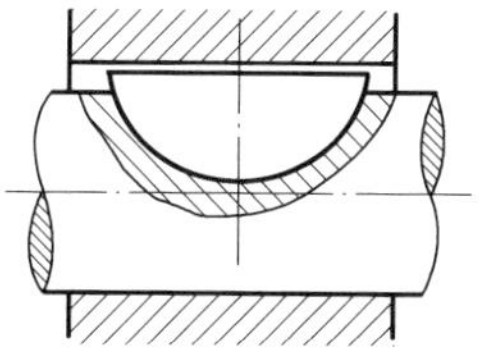	键能在键槽中绕几何中心摆动以适应毂槽底面。轴上的键槽较深,对轴的强度影响较大	用于载荷较轻的静连接。锥形轴端采用半圆键连接在工艺上较为方便
斜键	普通楔键	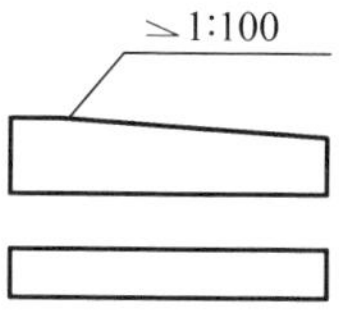 ≥1:100	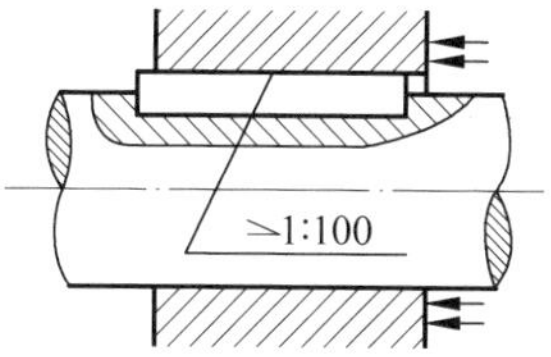 ≥1:100	连接结构简单,轴向固定不需附加零件	用于转速较低、传递较大、无振动的转矩的场合
	钩头楔键	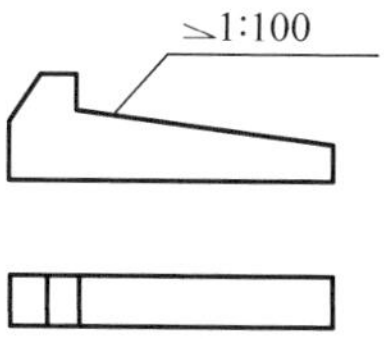 ≥1:100	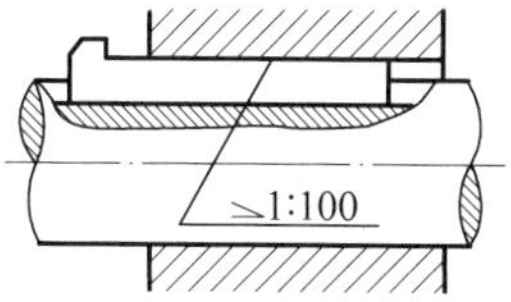 ≥1:100	装配时需打入	钩头楔键用于不能从小端将键打出的场合
	切向键	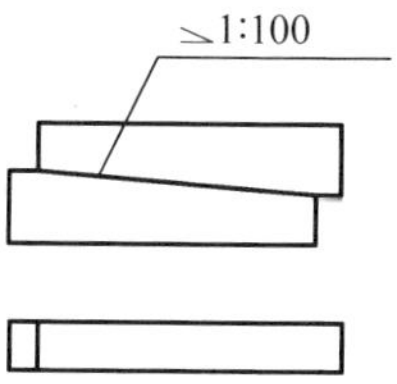 ≥1:100	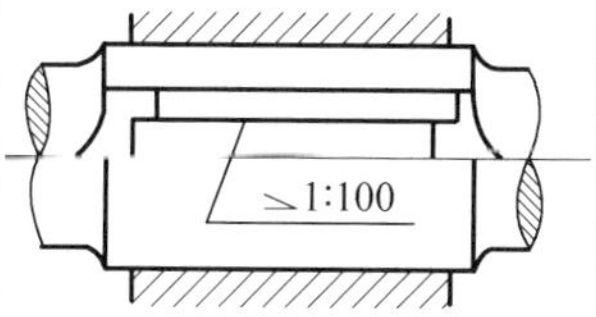 ≥1:100	装配时应使两楔键的斜面相互贴合并楔紧在轴毂之间。传递双向转矩须用两对切向键分布成 120°~130°	用于载荷大、轴的尺寸大、对中要求不严的场合。矿山机械应用较多

10.1.2　平键连接的选择计算

平键的一般选用步骤如下：

（1）根据轴径 d，查键的标准，得到键的截面尺寸 $b×h$；

（2）根据轮毂宽度 B，查键的标准，在键长度系列中选择适当的键长 L；

（3）验算其强度。当发现强度不足时，可利用适当增大键的工作长度或改用双键等方法，直到满足强度条件为止。

平键连接可能的失效形式有：①静连接时，键、轴槽和轮毂槽中较弱零件的工作面可能被压溃；②动连接时，工作面出现过度磨损；③键被剪断。

实际上，平键连接最易发生的失效形式通常是压溃和磨损，一般不会发生键被剪断的现象（除非有严重过载）。因此，平键连接的强度计算一般只需进行挤压强度或耐磨性计算。

假设载荷均匀分布，由图 10-1 可得平键连接的强度计算式为

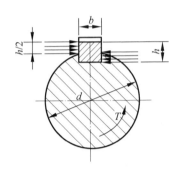

图 10-1　普通平键受力分析

挤压强度条件
$$\sigma_p = \frac{4T}{dhl} \leqslant [\sigma_p] \qquad (10\text{-}1)$$

耐磨性条件（动连接）
$$p = \frac{4T}{dhl} \leqslant [p] \qquad (10\text{-}2)$$

式中，T——转矩，N·mm；

$\quad d$——轴径，mm；

$\quad h$——键的高度，mm；

$\quad l$——键的工作长度，mm；对 A 型键，$l=L-b$；对 B 型键，$l=L$；对 C 型键，$l=L-b/2$；其中，L 为键的长度，b 为键的宽度；

$\quad [\sigma_p]$——许用挤压应力，N/mm^2，见表 10-2；

$\quad [p]$——许用压力，N/mm^2，见表 10-2。

表 10-2　键连接的许用挤压应力 $[\sigma_p]$、许用压力 $[p]$　　　单位：N/mm^2

许用挤压应力、许用压力	连接工作方式	较弱零件材料	载荷性质		
			静载荷	轻微冲击	冲击
$[\sigma_p]$	静连接	钢	120～150	100～120	60～90
		铸铁	70～80	50～60	30～45
$[p]$	动连接	钢	50	40	30

若强度不足时，可采用双键，并按 180° 布置。考虑到载荷分布的不均匀性，在强度计算中可按 1.5 个键计算。

案例 10-1　案例 9-1 所示矿用链板输送机所用圆锥圆柱齿轮减速器，其输出轴端部与联轴器通过平键实现周向连接，平键类型及尺寸见案例 9-1，运输机单向连续运转，中等冲

击。试校核该平键连接强度。

解 设计过程见下表：

计算项目及说明	结 果
1. 键的类型与尺寸 如图 9-9 所示，输出轴端部与联轴器采用 C 型平键，规格为 22 mm×14 mm×125 mm(GB/T 1096—2003) 键的宽度 $b=22$ mm，高度 $h=14$ mm，长度 $L=125$ mm	键 C 22×14×125
2. 校核键的强度 键、轴、轮毂的材料都是钢，工作时承受中等冲击，由表 10-2 查得许用挤压应力$[\sigma_p]=60\sim90$ N/mm^2，取$[\sigma_p]=75$ N/mm^2 由案例 9-1 可知，平键传递扭矩 $T=2\,918\,720$ N・mm 装平键处轴径 $d=80$ mm，键的工作长度 $l=L-b/2=114$ mm 由式(10-1)，$\sigma_p=4T/(dlh)=91.44$ N/mm$^2>[\sigma_p]=75$ N/mm^2 该键强度不够，故采用双键连接，按 1.5 键进行强度校核 $\sigma_p=4T/(1.5dlh)=60.96$ N/mm$^2<[\sigma_p]=75$ N/mm^2 双键 C 22×14×125(GB/T 1096—2003)	$[\sigma_p]=75$ N/mm^2 $\sigma_p=91.44$ N/mm^2 采用双键连接 $\sigma_p=60.96$ N/mm$^2<[\sigma_p]$ 静强度合格

10.2 花 键 连 接

如图 10-2 所示，在轴上制出均匀分布的多个键齿，在轮毂孔上制出相应的键槽，齿、槽相互配合所构成的连接称为花键连接。它既可用于静连接也可用于动连接，齿的侧面是工作面。

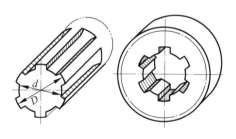

图 10-2 花键

与平键连接相比，花键连接主要优点有：①齿对称布置，齿的工作总面积大，压力分布较均匀，承载能力高；②花键连接的齿槽较浅，齿根应力集中小，对轴和轮毂的强度削弱较小；③定心精度高，动连接时导向性好；④可利用铣、滚、磨等方法制造，能提高连接的精度和质量。但花键轴及轮毂槽加工需要专门的设备和工具，制造成本较高。

10.2.1 花键连接的类型与应用

花键连接类型、特点及应用见表 10-3。

表 10-3　花键连接类型、特点及应用

类型	简　图	特　点	应　用
矩形花键连接	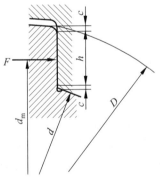	有轻、中两个系列,分别用于轻载、中载场合。矩形花键连接的定心方式为内径定心。制造时,轴和轮毂上的接合面都要经过磨削,键热处理后的表面硬度应高于 40HRC	易制造,定心精度高,应力集中小,承载能力大,广泛应用于机床和汽车等行业中
渐开线花键连接	压力角为 30°	根部强度高,应力集中小。由作用于齿面上的压力自动平衡定心。制造加工工艺和齿轮制造加工工艺完全相同,制造精度较高。拉削工艺成本高	具有承载能力大、使用寿命长、定心精度高等特点,多用于大扭矩、大直径轴的场合
	压力角为 45°		主要用于轻载或薄壁零件的轴毂连接,也可用于锥形轴上的辅助连接

10.2.2　花键连接的强度计算

花键连接的主要失效形式是齿面压溃(静连接)和磨损(动连接),一般需进行连接的挤压强度或耐磨性的条件性计算。

如图 10-3 所示,假设压力在各齿的工作长度上均匀分布,各齿压力的合力 F 作用在平均直径 d_m 处,则花键连接的强度计算式为

静连接
$$\sigma_p = \frac{2T}{\psi z h l d_m} \leqslant [\sigma_p] \qquad (10\text{-}3)$$

动连接
$$p = \frac{2T}{\psi z h l d_m} \leqslant [p] \qquad (10\text{-}4)$$

式中,ψ——齿间载荷分配不均匀系数,一般取 $0.7 \sim 0.8$;

z——花键的齿数;

h——花键齿侧面的工作高度,mm,对矩形花键,$h = 0.5(D-d) - 2c$,其中 D 和 d 分别为花键轴的外径和内径,c 为齿顶的倒圆半径;对渐开线花键,$h = m$,其中 m 为模数;

图 10-3　花键连接受力分析

d_m——花键的平均直径，mm，对矩形花键，$d_m = 0.5(D+d)$；对渐开线花键，$d_m = d$，其中 d 为分度圆直径；

l——齿的工作长度，mm；

$[\sigma_p]$——许用挤压应力，N/mm^2，见表 10-4；

$[p]$——许用压力，N/mm^2，见表 10-4。

表 10-4　花键连接的许用挤压应力和许用压力　　　　　　　　　　单位：N/mm^2

连接的工作方式	许用值	工作条件	齿面未经热处理	齿面经过热处理
静载荷	$[\sigma_p]$	不良	35～55	40～70
		中等	60～100	100～140
		良好	80～120	120～200
空载时移动的动连接	$[p]$	不良	15～20	20～35
		中等	20～30	30～60
		良好	25～40	40～70
承载时移动的动连接	$[p]$	不良		3～10
		中等	—	5～15
		良好		10～20

案例 10-2　案例 9-1 所示矿用链板输送机所用圆锥圆柱齿轮减速器，其输出轴中部与齿轮轮毂通过花键实现周向连接，花键类型及尺寸见案例 9-1，运输机单向连续运转，中等冲击。试校核该花键连接强度。

解　设计过程见下表：

计算项目及说明	结　果
1. 花键的类型与尺寸	
如图 9-9 所示，输出轴中部与齿轮轮毂采用矩形花键连接	
查矩形花键标准（GB/T 1144—2001），花键规格 $N \times d \times D \times B$ 为 $10 \times 102\ mm \times 108\ mm \times 14\ mm$	花键规格：
花键齿数 $z = N = 10$，小径 $d = 102\ mm$，大径 $D = 108\ mm$，宽度 $B = 14\ mm$，倒角尺寸 $c = 0.6\ mm$	$10 \times 102 \times 108 \times 14$
取花键长度 $L = 42\ mm$	
2. 校核花键的强度	
花键齿面经过热处理，工作时承受中等冲击，由表 10-4 查得许用挤压应力 $[\sigma_p] = 100 \sim 140\ N/mm^2$，取 $[\sigma_p] = 120\ N/mm^2$	$[\sigma_p] = 120\ N/mm^2$
由案例 9-1 可知，花键传递扭矩 $T = 2\ 918\ 720\ N \cdot mm$	
载荷不均匀系数 $\psi = 0.75$	
考虑花键端部倒角等影响，取花键的工作长度 $l = L - 5\ mm = 37\ mm$	
花键齿侧面工作高度 $h = (D-d)/2 - 2c = 1.8\ mm$	
花键的平均直径 $d_m = (D+d)/2 = 105\ mm$	
由式（10-3）$\sigma_p = 2T/(\psi z h l d_m) = 111.30\ N/mm^2 < [\sigma_p] = 120\ N/mm^2$	$\sigma_p = 111.30\ N/mm^2$ 静强度合格

10.3　销　连　接

将两个零件通过销连接的方式,称为销连接。定位销用于固定零件之间的相对位置(见图 10-4),可传递较小的载荷。销也可用于轴与毂的连接或其他零件的连接(见图 10-5)。安全销(见图 10-6)作为安全装置中的过载保护元件可保护其他重要零件不致被破坏。

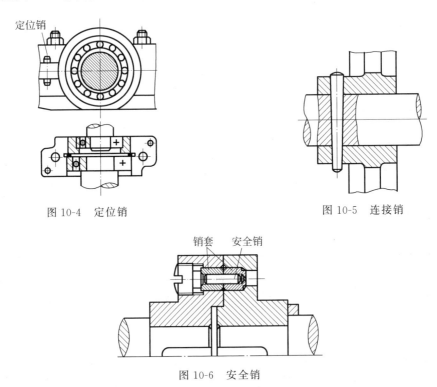

图 10-4　定位销　　　　　　　　　　　　　图 10-5　连接销

图 10-6　安全销

销的品种繁多,常用的销大多已标准化,见表 10-5。

表 10-5　销的类型、特点和应用

类　型		简　图	特　点	应　用
圆柱销	普通圆柱销	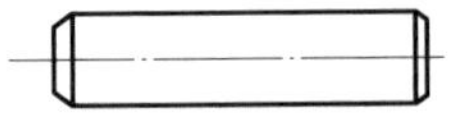	利用微量过盈固定在铰光的销孔中,多次装拆会降低定位精度	用于定位,连接
	内螺纹圆柱销	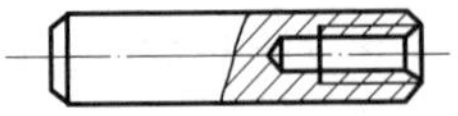		用于盲孔或拆卸困难的场合
	外螺纹圆柱销	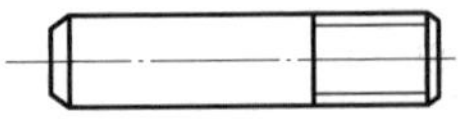		
	弹性圆柱销	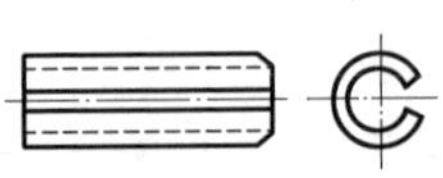	借助弹性均匀挤紧在销孔中,不易松脱。销孔精度要求较低,不需铰光。互换性好,可多次装拆。但刚性较差,不适于高精度定位	适于有冲击、振动的场合

续表

类　型		简　图	特　点	应　用
圆锥销	普通圆锥销	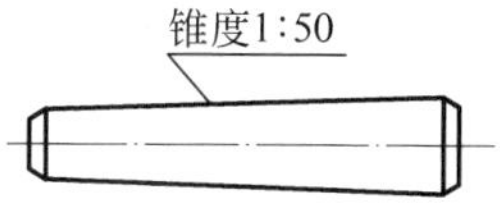 锥度1:50	有 1：50 的锥度,便于安装,定位精度比圆柱销高。受横向载荷时,可自锁。可多次装拆	定位,连接用于经常装拆的场合
	内螺纹圆锥销	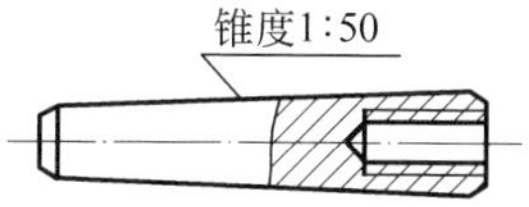 锥度1:50		用于盲孔或拆卸困难的场合
	螺尾圆锥销	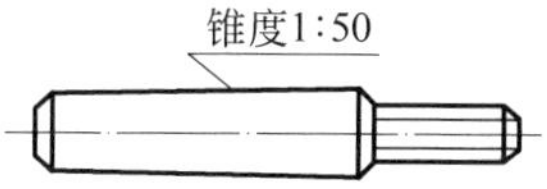 锥度1:50		
	开尾圆锥销	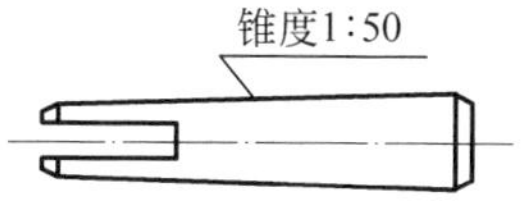 锥度1:50		适于有冲击、振动的场合
槽销	圆柱槽销	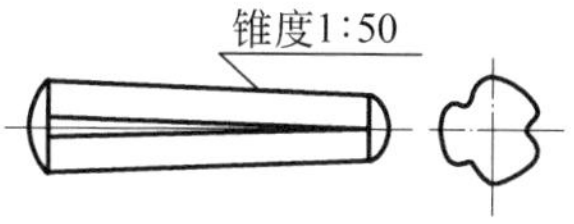 锥度1:50	用弹簧钢滚压或模锻而成,有纵向凹槽。借助材料的弹性使销挤紧在销孔中。销孔可以不铰光,可多次装拆	定位,连接用于有冲击、振动的场合
	圆锥槽销	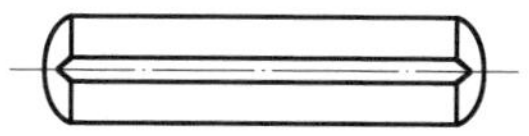		

　　销连接的设计,通常根据连接的结构和工作要求选择适当的类型、材料、数量及尺寸。必要时进行强度验算。

　　销的强度计算通常按剪切和挤压强度进行验算。销的材料常用 35、45 钢,许用应力可取$[\tau]=80$ N/mm^2;许用挤压应力$[\sigma_p]$可按表 10-2 选取。其剪切强度可按下式验算:

受横向力 F 作用时　　　　　　　　　　$$\tau=\frac{4F}{\pi d^2}\leqslant[\tau]$$　　　　　　　　　　(10-5)

受转矩 T 作用时　　　　　　　　　　$$\tau=\frac{4T}{\pi d^2 D}\leqslant[\tau]$$　　　　　　　　　　(10-6)

式中,d——销危险截面的直径,mm;

　　　D——轴径,mm。

习　　题

　　10-1　如题 10-1 图所示,减速器的低速轴与凸缘联轴器及圆柱齿轮之间分别用键连接。已知:轴传递的转矩 $T=1000$ N·m,齿轮材料为锻钢,凸缘联轴器材料为 HT200,工作时,有轻微冲击,连接处轴及轮毂尺寸如题 10-1 图所示。试选择键的类型和尺寸,并校核其连接强度。

　　10-2　如题 10-2 图所示,一铸铁 V 带轮安装在 $d=45$ mm 的轴端,带轮传递的有效圆周力 $F=2000$ N,带轮计算直径 $D=250$ mm,轮毂长度 $L=65$ mm,工作时有轻微振动。试分别选择平键及花键连接,并通过计算及分析说明采用何种连接较为合理。

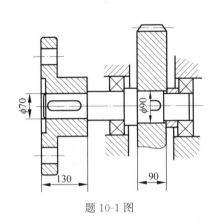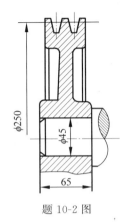

题 10-1 图　　　　　　　　　　　题 10-2 图

10-3　题 10-3 图为一铸铁 V 带轮用普通平键装在直径 $D=48$ mm 的电动机轴上。电动机额定功率 $P=11$ kW,转速 $n=730$ r/min,带轮轮毂宽度 $L_1=80$ mm,受冲击载荷。试确定键的尺寸(写出规定标记)并校核其强度。

10-4　有一矩形花键静连接,公称尺寸为 $8\times36\times40\times7(N\times d\times D\times B)$,轴和齿轮均用 45 钢制成,经调质处理 $234\sim269$HBW(花键齿面未硬化处理),花键接触长度 $l=60$ mm,使用条件中等。问:此花键连接能传递的最大转矩是多少?

10-5　题 10-5 图为一汽车变速箱中滑移齿轮的渐开线花键连接,传递转矩 $T=120$ N·m,渐开线花键的分度圆直径 $d=30$ mm,模数 $m=2$ mm,齿数 $z=15$,滑移齿轮宽度 $L_1=50$ mm,轴和齿轮均用 40Cr 制造,花键表面经硬化处理,使用条件中等。试问此连接是否可靠?

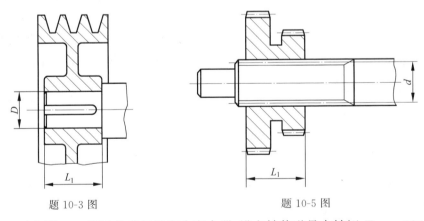

题 10-3 图　　　　　　　　　　　题 10-5 图

10-6　正文图 10-6 所示的剪切销安全离合器,设主轴传递最大转矩 $T_{max}=580$ N·m,销的直径 $d=6$ mm,材料为 35 钢,其抗拉强度极限 $\sigma_b=520$ N/mm^2,剪切强度极限 $\tau_b=0.6\sigma_b$。销中心所在圆直径 $D_0=100$ mm。按过载 30% 时起到保护作用,试问此销能否起到过载保护作用?

自测题 10

第11章 滑动轴承

【教学导读】

轴承用于支承轴和轴上零件准确地绕固定轴线转动,其性能直接影响机器的运转质量和寿命。根据轴承中摩擦性质的不同,可把轴承分为滑动摩擦轴承(滑动轴承)和滚动摩擦轴承(滚动轴承)两大类。由于滑动轴承本身一些独特的优点,它广泛用于内燃机、轧钢机、大型电动机及仪表、雷达、天文望远镜等方面。本章介绍滑动轴承的典型结构、轴瓦的材料、不完全液体润滑和液体动力润滑径向滑动轴承的设计准则和设计方法。

【课前问题】

(1)对滑动轴承材料提出的主要要求是什么?

(2)在轴瓦或轴径上开设油孔或油槽的原则是什么?

(3)在工程上,形成液体动力润滑滑动轴承油楔的方法有哪些?

【课程资源】

拓展资源:铁梨木轴承;气悬浮轴承和磁悬浮轴承。

11-1

11-2

11.1 滑动轴承类型、结构和材料

11.1.1 滑动轴承的类型

滑动轴承的类型见表11-1。

表11-1 滑动轴承的类型

分类方法	类型	说明
按载荷方向分	径向轴承	受径向力,载荷方向与轴中心线垂直
	止推轴承	受轴向力,载荷方向与轴中心线平行
	径向-止推轴承	同时受径向力和轴向力
按摩擦状态分	液体摩擦轴承	滑动面完全被油膜分开,摩擦产生在液体分子间。根据油膜形成原理的不同,还可分为液体动力润滑轴承和液体静力润滑轴承
	非液体摩擦轴承	滑动表面不能完全被油膜分开
	干摩擦轴承	滑动表面间没有润滑剂存在

11.1.2 径向滑动轴承的结构形式

径向滑动轴承的结构形式见表11-2。

表 11-2　径向滑动轴承的结构形式

形　式	简　图	基本特点及应用
整体式	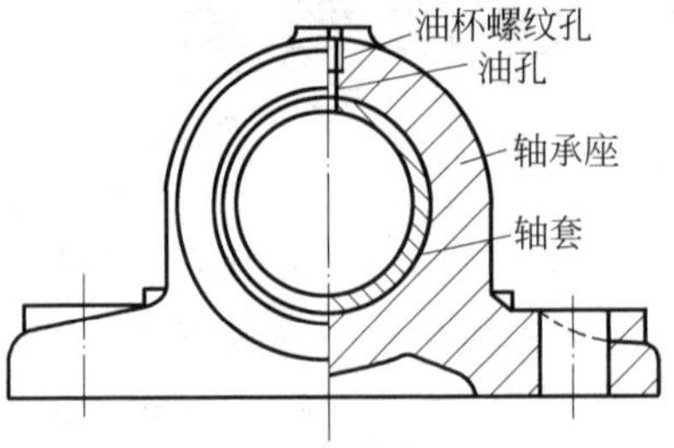 油杯螺纹孔 油孔 轴承座 轴套	结构简单,成本低廉;轴套磨损后,轴承间隙过大时无法调整;只能从轴颈端部装拆,对于质量大的轴或具有中间轴颈的轴,装拆很不方便;这种轴承多用在低速、轻载或间歇性工作的机器中,如某些农业机械、手动机械等
剖分式	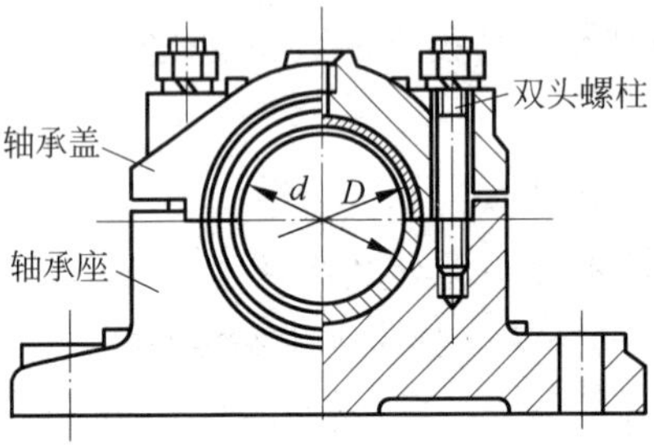 轴承盖 轴承座 双头螺柱 d D	结构简单,装拆方便;剖分面间放调整垫片,磨损后可在一定范围内调整轴承间隙;可承受不大的轴向力;轴承剖分面最好与载荷方向近于垂直,有水平剖分面和倾斜剖分面
自动调心式	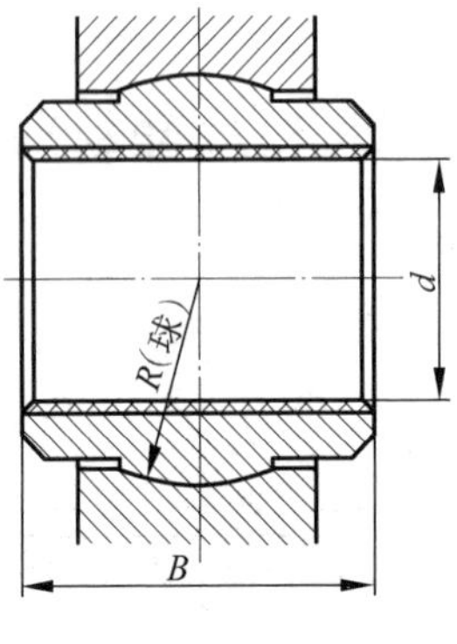 R(球) d B	轴瓦外表面被做成球面形状,与轴承盖和轴承座的球状内表面相配合,球面中心通过轴颈的轴线,因此轴瓦可以自动调位以适应轴颈在轴弯曲时产生的偏斜
间隙可调式	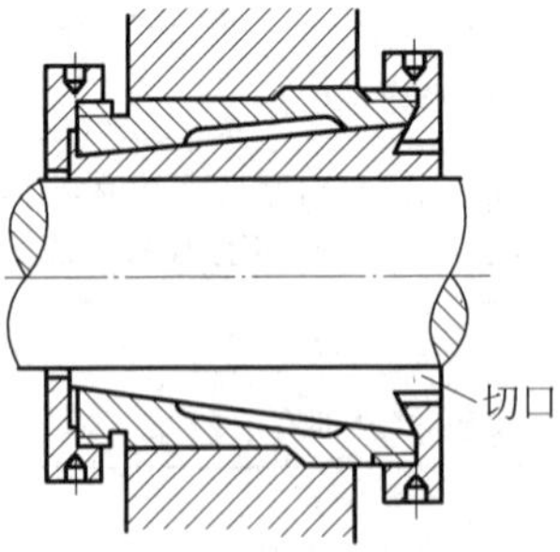 切口	轴瓦外表面为锥形,与内锥形表面的轴套相配合。轴瓦上开有一条纵向槽,调整轴套两端的螺母可使轴瓦沿轴向移动,从而可调整轴颈与轴瓦间的间隙;常用于一般用途的机床主轴上

11.1.3　推力滑动轴承的结构形式

推力滑动轴承的结构形式见表 11-3。

表 11-3　推力滑动轴承的结构形式

形　式	简　图	基本特点及应用
实心式	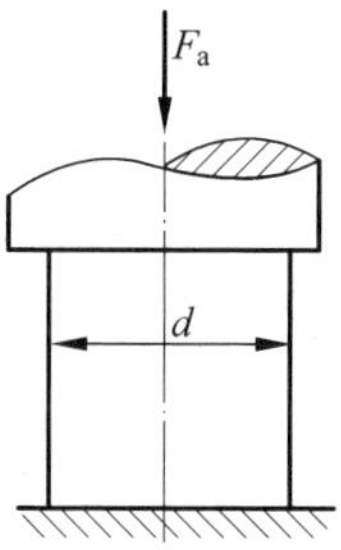 F_a d	支承面上压强分布极不均匀,中心处压强最大,支承面磨损极不均匀,使用较少
空心式	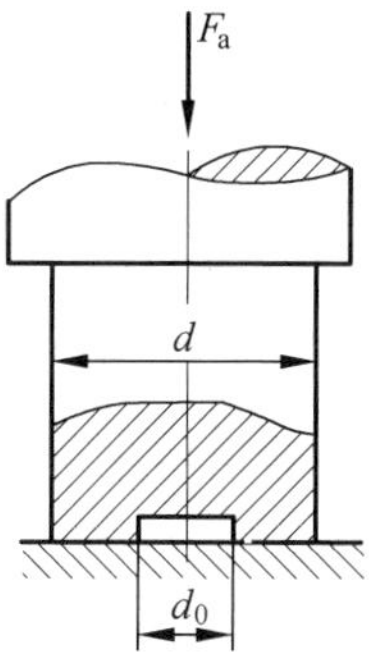 F_a d d_0	支承面上压强分布较均匀,润滑条件有所改善
单环式	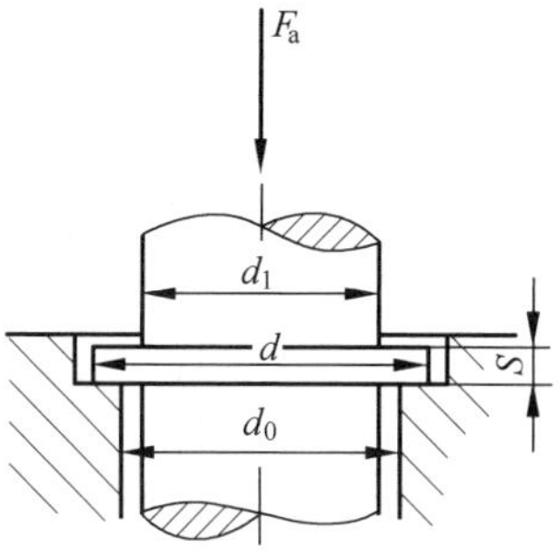 F_a d_1 d d_0 S	利用轴环的端面止推,结构简单,润滑方便,广泛用于低速、轻载的场合
多环式	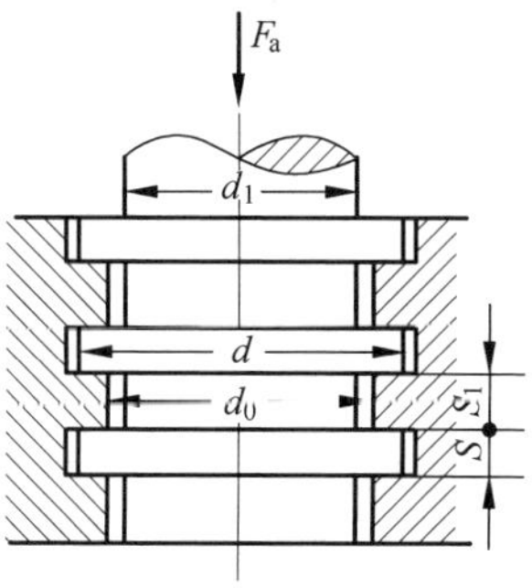 F_a d_1 d d_0 S_1 S	特点同单环式,可承受较单环式更大的载荷,也可承受双向轴向载荷

11.1.4　轴承材料

轴瓦和轴承衬的材料统称为轴承材料,对其基本要求是:①有足够的抗压强度和疲劳强度;②有良好的减摩性、耐磨性、抗胶合性、跑合性、嵌入性和顺应性;③有良好的导热性、润滑性以及耐腐蚀性;④有良好的工艺性。

常用的轴瓦材料有金属材料(如轴承合金、铜合金、铝合金和减摩铸铁等)和非金属材料(如酚醛树脂、尼龙、聚四氟乙烯和石墨等)两大类,见表 11-4。

表 11-4　常用轴承材料的性能及用途

材料	牌号	$[p]$ /(N/mm²)	$[v]$ /(m/s)	$[pv]$ /(N/mm² · m/s)	最高工作温度 t/℃	应用举例
锡基轴承合金	ZSnSb11Cu6 ZSnSb8Cu4	平稳载荷			150	用作轴承衬,用于高速重载条件下的重要轴承,变载荷下易疲劳,价高。如汽轮机、大于 750 kW 的电动机、内燃机、高转速的机床主轴的轴承等
		25	80	20		
		冲击载荷				
		20	60	15		
铅基轴承合金	ZPbSb16Sn16Cu2	15	12	10	150	用于中速中载、不宜受冲击载荷的轴承。可作为锡锑轴承合金的替代品。如车床、发电机、压缩机、轧钢机等的轴承
	ZPbSb15Sn5Cu3Cd2	5	8	5		
	ZPbSb15Sn10	20	15	15		
锡青铜	ZCuSn10P1 (10-1 锡青铜)	15	10	15	280	用于中速、重载及变载荷的轴承
	ZCuSn5Pb5Zn5 (5-5-5 锡青铜)	8	3	15		用于中速中载的轴承,如减速器、起重机的轴承及机床的一般主轴承
铅青铜	ZCuPb30(30 铅青铜)	25	12	30	280	用于高速轴承,能承受变载和冲击,如精密机床主轴轴承
铝青铜	ZCuAl10Fe3 (10-3 铝青铜)	15	4	12	280	最适用于润滑充分的低速重载轴承
铸造黄铜	ZCuZn16Si4 (16-4 硅黄铜)	12	2	10	300	用于低速中载的轴承,如起重机、机车、掘土机、破碎机的轴承
	ZCuZn40Mn2 (10 0 锰黄铜)	10	1	10	200	用于高速中载的轴承,是较新的轴承材料。可用于增压强化柴油机轴承
铸造铝合金	2%铝锡合金	28～35	14	—	140	

续表

材料	牌 号	$[p]$ /(N/mm^2)	$[v]$ /(m/s)	$[pv]$ /(N/mm^2·m/s)	最高工作温度 t/℃	应 用 举 例
灰铸铁	HT150 HT200 HT250	1~4	0.5~2	1~4	150	用于低速低载不重要的轴承,价格低廉
非金属材料	酚醛树脂	41	13	0.18	120	耐水、酸及抗震性极好。导热性差,重载时需要水或油充分润滑。吸水时易膨胀,轴承间隙宜取大
	尼龙	14	3	0.1	90	摩擦因数小,自润滑性好,用水润滑最好。导热性差,吸水易膨胀
	聚四氟乙烯	3	1.3	0.04~0.09	280	摩擦因数小,自润滑性好,低速时无爬行,能耐任何化学药品的侵蚀
	碳-石墨	4	13	0.5(干) 5.25(润滑)	400	自润滑性好,耐高温,耐化学腐蚀,热(膨)胀系数低,常用于要求清洁的机器中

11.1.5 轴瓦构造

常用的轴瓦分为整体式和剖分式两种结构。整体式轴瓦(又称为轴套)用于整体式滑动轴承,分光滑的和带纵向槽的两种(见图 11-1)。剖分式轴瓦用于剖分式滑动轴承,多由两半组成(见图 11-2)。为了改善轴瓦表面的摩擦性质,常在其内表面上浇铸一层或两层减摩材料,该材料层称为轴承衬,即轴瓦做成双金属结构或三金属结构(见图 11-3)。

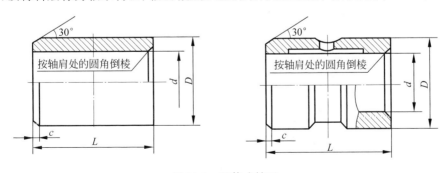

图 11-1 整体式轴瓦

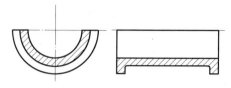

图 11-2　剖分式轴瓦

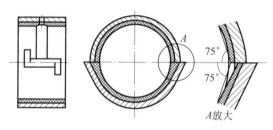

图 11-3　双金属结构轴瓦

　　轴瓦应牢靠地固定在轴承座内,不允许有相对移动。为了防止轴瓦的移动,可将其两端做成凸缘(见图 11-2),或用销钉(或螺钉)将其固定在轴承座上(见图 11-4)。

　　轴瓦或轴颈上需开设油孔及油槽,油孔用于供应润滑油,油槽用于输送和分布润滑油。图 11-5 所示为几种常见的油槽。油经油孔流入后,通过轴的转动使润滑油沿轴向和周向分布到整个摩擦表面。油槽沿轴向应足够长,一般取其长度为轴瓦长度 L 的 80%。

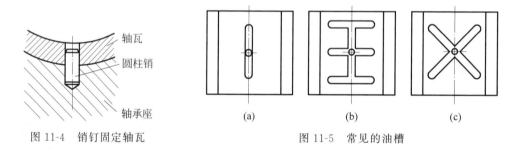

图 11-4　销钉固定轴瓦　　　　　　　　　　　　图 11-5　常见的油槽

　　油孔和油槽的位置及形状对轴承的承载能力和寿命影响很大。通常,对液体动压润滑轴承,油孔应设置在油膜压力最小的地方,油槽应开在轴承不受力或油膜压力较小的区域,要求既便于供油又不降低轴承的承载能力。图 11-6 所示为周向油槽对轴承载能力的影响。

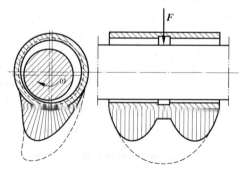

图 11-6　周向油槽对轴承载能力的影响

11.2 非液体摩擦滑动轴承的计算

对于工作要求不高,转速较低,载荷不大的轴承,一般将其设计成非液体润滑轴承。液体摩擦滑动轴承在起动和停车时,处于非液体摩擦状态,设计时,也应按非液体润滑轴承方法初算。

11.2.1 失效形式和设计准则

非液体摩擦滑动轴承工作时,因其摩擦表面不能被润滑油完全隔开,只能形成边界膜,存在局部金属表面的直接接触。因此,其主要失效形式是工作表面的磨损和胶合。轴承的承载能力和寿命与很多因素有关,主要取决于边界膜的强度。但由于边界油膜的强度和破裂温度的影响机理尚未完全清楚,所以目前仍采用简化的条件性计算,其相应的设计条件为:限制轴承的平均压力 p 和限制轴承的滑动速度 v,以保证润滑油不被过大的压力挤出,避免工作表面的过度磨损;限制轴承的 pv 值,以防止轴承温升过高,出现胶合破坏。

11.2.2 设计方法与步骤

1)选择轴承的类型及轴瓦材料

设计时,一般根据已知的轴径 d、转速 n 和轴承载荷 F 及使用要求,确定轴承的类型、结构形式及轴瓦结构,并按表 11-4 初步确定轴瓦材料。

2)确定轴承工作长度

长径比 L/d 是轴承的重要参数,可参考表 11-5 的推荐值,根据已知轴径 d 确定轴承工作长度及相关的轴承座外形尺寸。

表 11-5 轴承长径比和相对间隙

机器	轴承	长径比 L/d	机器	轴承	长径比 L/d
汽车及航空活塞发动机	主轴承	0.8～1.8	空气压缩机与往复式泵	主轴承	1.0～2.0
	连杆轴承	0.7～1.4		连杆轴承	0.9～2.0
	活塞销	1.5～2.2		活塞销	1.5～2.0
汽油与柴油发动机(四冲程)	主轴承	0.6～2.0	铁路车辆	轮轴轴承	1.8～2.0
	连杆轴承	0.6～1.5	汽轮机、鼓风机	主轴承	0.4～1.0
	活塞销	1.5～2.0	发动机、电动机	主轴承	0.6～1.5
轧钢机、压延机	主轴承	0.6～0.9	机床	主轴承	0.8～1.2
			齿轮减速器	轴承	0.6～1.5

3)验算轴承的平均压力 p

$$p \leqslant [p] \tag{11-1}$$

径向轴承

$$p = \frac{F_r}{dL} \leqslant [p], \mathrm{N/mm^2} \tag{11-2}$$

式中, F_r——径向载荷, N;

d——轴颈直径, mm;

L——轴承工作长度, mm;

$[p]$——轴瓦材料的许用压力, 见表 11-4。

推力轴承
$$p = \frac{4F_a}{\pi z(d^2 - d_0^2)k} \leqslant [p], \text{N/mm}^2 \tag{11-3}$$

式中, F_a——轴向载荷, N;

d、d_0——接触面积的外径和内径, mm;

z——推力环数目;

k——考虑开油槽导致的接触面积减小的系数, 通常 $k = 0.8 \sim 0.9$。

4) 验算轴承滑动速度 v

$$v \leqslant [v], \text{m/s} \tag{11-4}$$

即
$$v = \frac{\pi dn}{60\ 000} \leqslant [v], \text{m/s} \tag{11-5}$$

式中, n——轴的转速, r/min;

$[v]$——轴瓦材料的许用滑动速度, 见表 11-4。

5) 验算轴承 pv 值

$$pv \leqslant [pv] \tag{11-6}$$

径向轴承
$$pv = \frac{F_r}{dL} \times \frac{\pi dn}{60 \times 1000} = \frac{F_r n}{19\ 099L} \leqslant [pv], \text{N/mm}^2 \cdot \text{m/s} \tag{11-7}$$

式中, $[pv]$——轴瓦材料 pv 的许用值, 见表 11-4。

推力轴承: 式(11-6)中 v 应取平均线速度, 即

$$\begin{cases} v_m = \dfrac{\pi d_m n}{60 \times 1000} \\ d_m = \dfrac{d + d_0}{2} \end{cases} \tag{11-8}$$

6) 选择轴承的配合

按不同的使用和旋转精度要求, 合理选择轴承的配合, 以确保轴承具有一定的间隙。

11.2.3　润滑剂和润滑装置选择

1) 润滑方式的选择

对于滑动轴承的润滑方式, 可根据经验公式(11-9)及表 11-6 选定。

$$k = \sqrt{pv^3} \tag{11-9}$$

式中, k——轴承平均载荷数;

p——轴承压力, N/mm^2;

v——轴颈圆周速度, m/s。

表 11-6　滑动轴承润滑方式的选择

平均载荷数 k	润 滑 方 式		说　　明
≤2	人工加脂润滑	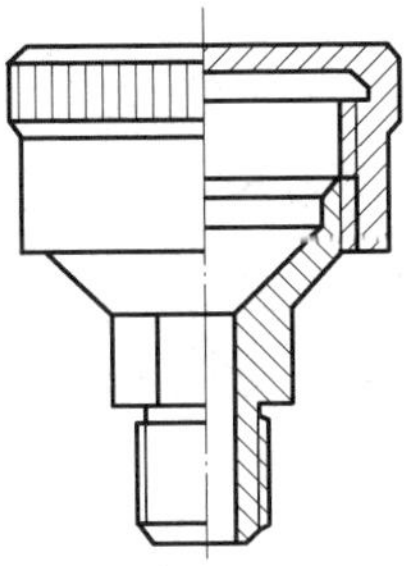	润滑脂储存在杯体内,定期旋转杯盖,可将润滑脂压进轴承
	手动加油润滑	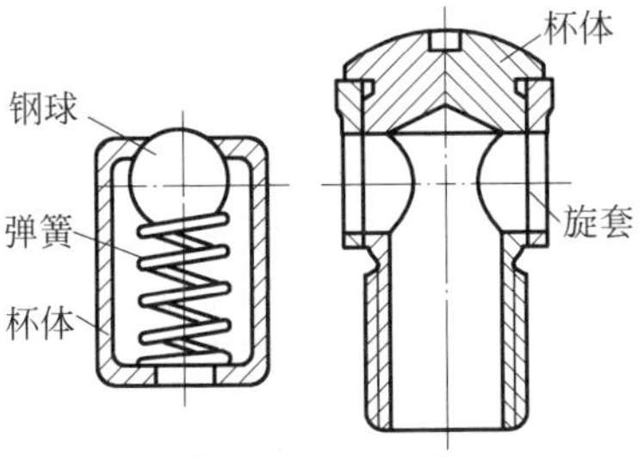 钢球　弹簧　杯体　(a)　杯体　旋套　(b)	用油壶或油枪定期向压配式油杯注油
>2～16	滴油润滑	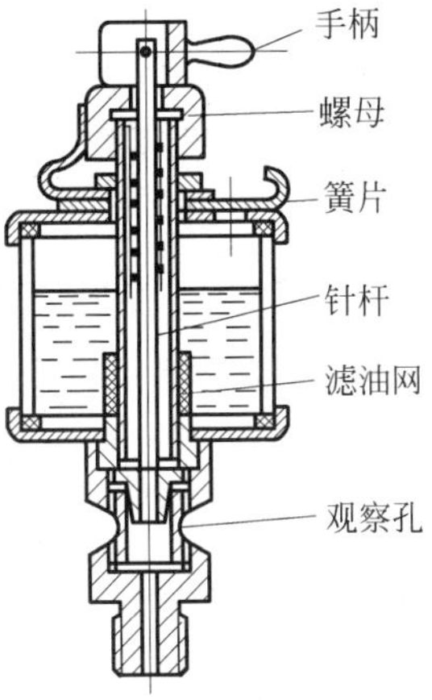 手柄　螺母　簧片　针杆　滤油网　观察孔	左图所示为针阀式滴油油杯。当手柄直立时提起针阀,下端油孔敞开,润滑油靠重力作用流进轴承。调节螺母可控制进油量大小
	油绳润滑	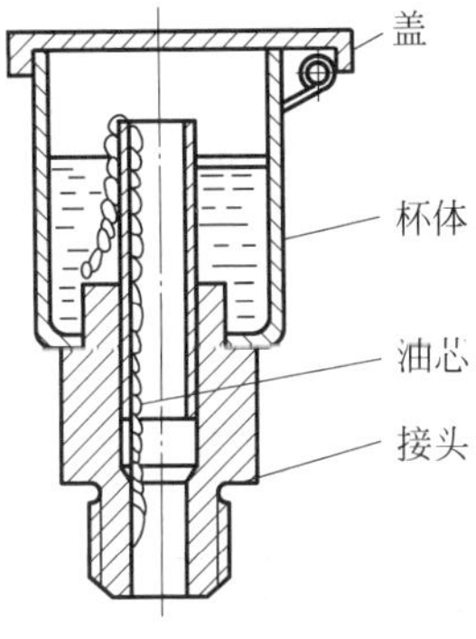 盖　杯体　油芯　接头	油芯(毛线或棉线)的一端浸入油中,利用毛细管作用将油吸到润滑表面上。用于轴转速不太高且不需大量润滑油的轴承

续表

平均载荷数 k	润滑方式		说　明
>16～32	油环润滑	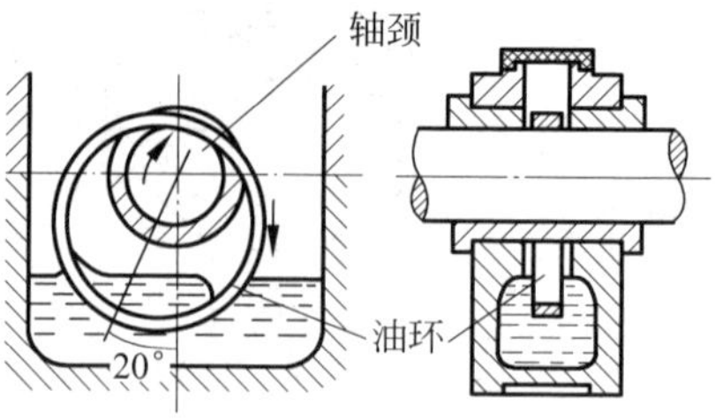	在轴颈上套一油环,环的下部浸在油池中,轴颈靠摩擦力带动油环旋转,从而把润滑油带到轴颈上。适用于 50～3000r/min 水平轴轴承的润滑
	飞溅润滑	—	利用齿轮、曲轴等转动零件,将润滑油由油池溅散或汇流到轴承中进行润滑
>32	压力循环润滑	—	利用油泵供应压力油进行强制润滑。适用于重要的高速重载轴承润滑。

2) 润滑剂的选择(见表 11-7、表 11-8)

表 11-7　滑动轴承润滑油选择

轴颈圆周速度 v/(m/s)	适用油牌号		
	p/(N/mm^2)		
	工作温度 $t=10～60℃$	工作温度 $t=10～60℃$	工作温度 $t=20～80℃$
	<3	=3～7.5	>7.5～30
<0.1	68、100、150 30 号汽油机油	150 40 号汽油机油	28 号轧钢机油 38、52 号汽缸油
0.1～0.3	68、100 30 号汽油机油	100、150 40 号汽油机油	28 号轧钢机油 38 号汽缸油
0.3～1.0	46、68 30 号汽油机油 20 号汽油机油	100 30 号汽油机油	30、40 号汽油机油 100、150 15、22 号压缩机油
1.0～2.5	46、68 30 号汽油机油 20 号汽油机油	100、150 20 号汽油机油	
3.0～9.0	15、22、32 20、30 汽油机油		
>9.0	7、10、15		

注: 7～150 为黏度等级值对应的润滑油, p 为轴承压力。

表 11-8　滑动轴承润滑脂选择

轴承压力 $p/(\mathrm{N/mm^2})$	<1	$1\sim6.5$					>6.5
滑动速度 $v/(\mathrm{m/s})$	<1	$0.5\sim5$	<0.5	$0.5\sim5$	<0.5	<1	<0.5
最高工作温度 /℃	75	55	75	120	110	$50\sim100$	60
适用脂的牌号	钙基脂			2 号钠基脂	1 号钙钠基脂	2 号锂基脂	2 号压延机脂
	3 号	2 号	3 号				

11.3　液体动力润滑径向滑动轴承的设计计算

11.3.1　理论基础

由流体力学可知,两工作表面间形成动压油膜的必要条件是:

(1) 两工作表面间必须构成楔形间隙;

(2) 两工作表面间应充满具有一定黏度的润滑油或其他流体;

(3) 两工作表面间存在一定相对滑动,且运动方向总是带动润滑油从大截面流进,从小截面流出。

如图 11-7 所示,当动板以速度 V 运动时,由一维雷诺方程

$$\frac{\mathrm{d}p}{\mathrm{d}x}=\frac{6\eta V}{h^3}(h-h_0) \tag{11-10}$$

可知两板间压力分布:在入口处,由于 $h>h_0$,所以 $\mathrm{d}p/\mathrm{d}x>0$,压力逐渐增大;在 $h=h_0$ 处 $\mathrm{d}p/\mathrm{d}x=0$,压力达到最大;在出口处,由于 $h<h_0$,$\mathrm{d}p/\mathrm{d}x<0$,压力逐渐减小。对一维雷诺方程积分可得到油膜压力分布(见图 11-7)。

两板间速度分布如图 11-7 所示。

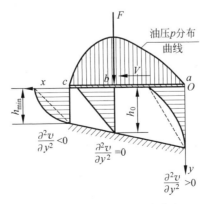

图 11-7　油楔压力与速度分布

形成液体动压润滑的关键是具备收敛油楔。常见的油楔形成方法及其特点见表 11-9。

表 11-9 油楔形成方法及其特点

形成方法	典型图例		特 点
	径向轴承	推力轴承	
利用轴颈与轴承的偏心	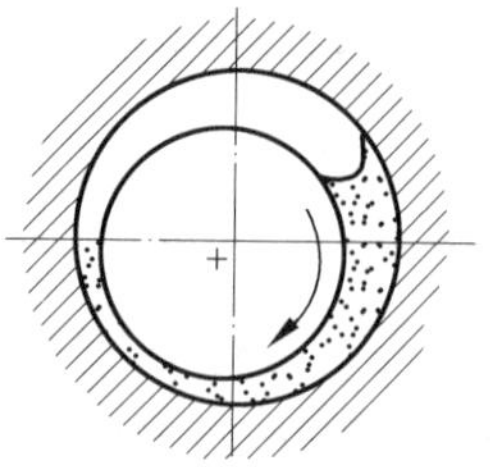	—	只需加工出尺寸略有差异的两圆柱表面,工艺简单。稳定性较差,一般用于重载轴承。当做成间隙可调时,圆柱面的几何形状不易保证
利用加工出的成型表面	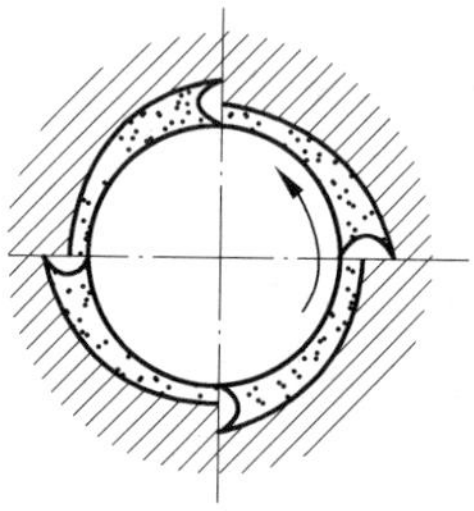	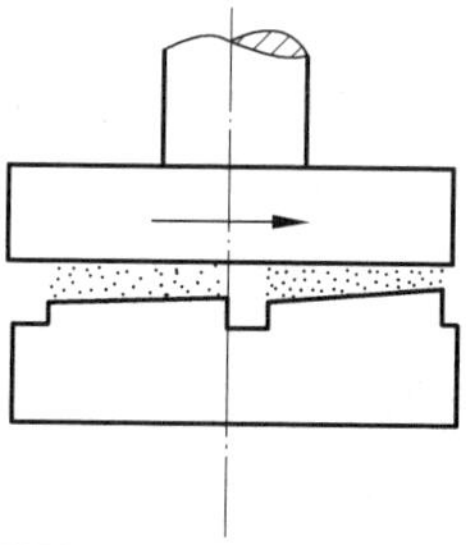	轴瓦刚度大。只要加工精度足够,则轴承旋转精度、油楔参数较稳定,性能可靠。经多次装拆油楔参数不变。成型表面加工较难,很难加工出合理的油楔参数。成型面有:阿基米德螺旋面、偏心圆弧面、阶梯面、斜面等
利用弹性变形	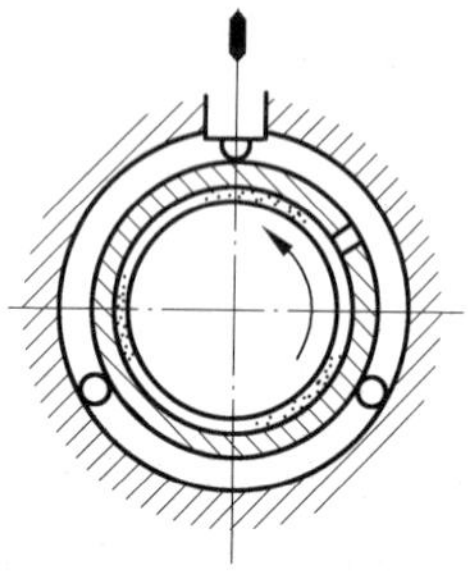	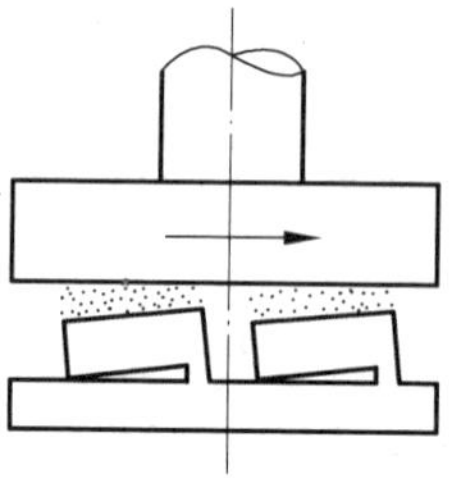	调节灵敏,调整技术水平高时可以获得合理的油楔参数。工艺较困难,对安装调整要求较高。多用于轻载高速轴承,如机床主轴轴承
利用瓦块绕支点的摆动	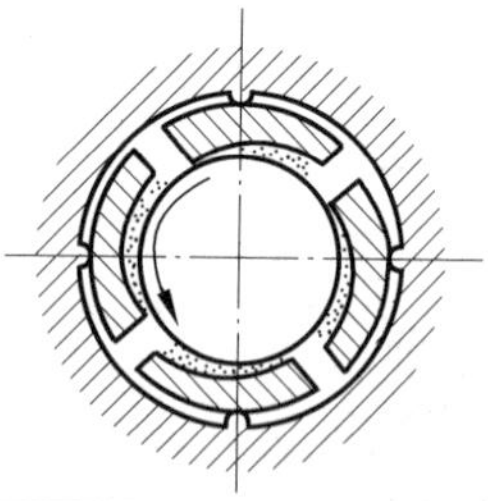	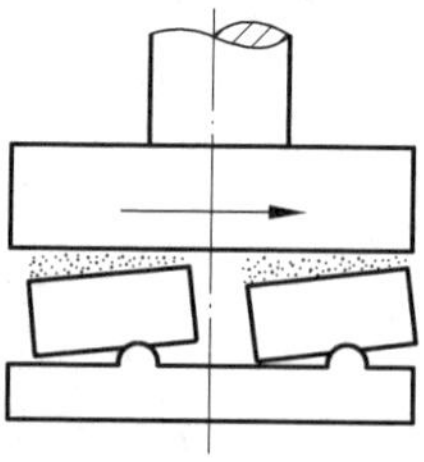	加工简单,维护容易,调整方便。轴瓦能自动调整位置,使油楔参数适应工况的变化。但支点的刚度较低

11.3.2 单油楔径向滑动轴承

1. 滑动轴承动压形成过程

径向滑动轴承的孔轴之间具备间隙,为建立油楔提供了基础。如图 11-8 所示的动压径向滑动轴承动压形成过程,静止时,轴颈在外载荷 F 的作用下处于轴承孔最下方的稳定位置,孔轴两表面间自然形成一弯曲的楔形(见图 11-8(a))。当轴颈开始顺时针转动时,速度极低,这时轴颈和轴承直接接触,接触区摩擦状态为边界摩擦,作用于轴颈上的摩擦阻力大,由于摩擦力方向与轴径表面的圆周速度方向相反,迫使轴颈沿轴承孔内壁向右滚(滑)动(见图 11-8(b))。随着轴颈转速的升高,润滑油顺着旋转方向被不断带入楔形间隙,由于间隙越来越小,使润滑油被挤压从而产生油膜压力,在油膜压力下轴径中心逐渐向左移动。当轴颈转速升至一定值时,油膜压力完全将轴颈托起,两表面完全被油膜隔开,此时,轴承开始按完全液体摩擦状态工作(见图 11-8(c))。轴颈转速越高,轴径中心越接近轴承孔中心。

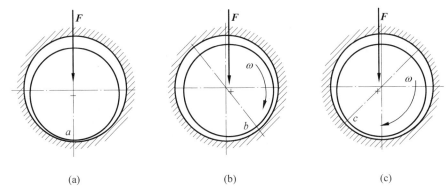

图 11-8　滑动轴承工作原理图

(a) 静止;(b) 过渡;(c) 稳定

在起动和停机阶段,轴承处于非液体润滑状态。此外,若外载荷 F 很大,轴颈转速及油的黏度很低,表面很粗糙,则轴承将始终不能形成完全液体润滑而处于非液体润滑状态。

2. 最小油膜厚度 $h_{\min}$

如图 11-9 所示,设轴承孔中心为 O_1,轴径中心为 O,$O_1 O$ 为轴承与轴径偏心距 e,R、r 分别为轴承孔和轴颈的半径,两者之差即轴承半径间隙,以 δ 表示:

$$\delta = R - r \tag{11-11}$$

半径间隙与轴颈半径之比称为轴承相对间隙,以 ψ 表示,则

$$\psi = \delta / r \tag{11-12}$$

轴承偏心距与半径间隙之比称为偏心率,以 χ 表示,则

$$\chi = e / \delta \tag{11-13}$$

以连心线 $O_1 O$ 为极轴,则任意 φ 角处,轴承的油膜厚度为

$$h = \delta + e\cos\varphi = \delta(1 + \chi\cos\varphi) \tag{11-14}$$

当 $\varphi = \pi$ 时,得最小油膜厚度:

$$h_{\min} = \delta - e = \delta(1 - \chi) = r\psi(1 - \chi) \tag{11-15}$$

当轴承结构参数一定时,计算 $h_{\min}$ 的关键是确定 χ,而 χ 与轴承工作时的流体动力特性直接相关。

3. 径向轴承承载能力

假设轴承宽度为无限宽,在轴承楔形间隙内(见图 11-9),设油膜压力的起始角为 φ_1,油膜压力的终止角为 φ_2,在 $\varphi = \varphi_0$ 时,油膜压力达最大。可将一维雷诺方程式(11-10)改为极坐标形式,即 $dx = r d\varphi$,将 $V = r\omega$ 及 h_0、h 之值代入式(11-10)后得极坐标形式的雷诺方程为

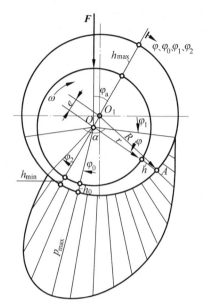

图 11-9　径向轴承的几何参数与油压分布

$$\mathrm{d}p = 6\eta\,\frac{\omega}{\psi^2}\cdot\frac{\chi(\cos\varphi-\cos\varphi_0)}{(1+\chi\cos\varphi)^3}\mathrm{d}\varphi,\mathrm{N/mm^2} \qquad (11\text{-}16)$$

将式(11-16)积分,可得任意位置的油膜压力为

$$p = \int_{\varphi_1}^{\varphi}\mathrm{d}p = \int_{\varphi_1}^{\varphi}6\eta\,\frac{\omega}{\psi^2}\cdot\frac{\chi(\cos\varphi-\cos\varphi_0)}{(1+\chi\cos\varphi)^3}\mathrm{d}\varphi,\mathrm{N/mm^2} \qquad (11\text{-}17)$$

沿外载荷 F 方向单位轴承长度的油膜压力为

$$p_\mathrm{F} = \int_{\varphi_1}^{\varphi_2}p\cos[180°-(\varphi+\varphi_\mathrm{a})]r\mathrm{d}\varphi = -\int_{\varphi_1}^{\varphi_2}p\cos(\varphi+\varphi_\mathrm{a})r\mathrm{d}\varphi,\mathrm{N/mm} \qquad (11\text{-}18)$$

式中,φ_a——外载荷 F 作用的位置角(见图 11-9)。

考虑有限宽度轴承因端泄而影响油膜压力的降低,沿轴承轴向积分,经推导后,可得与外载荷 F 相平衡的油膜总压力为

$$F = \frac{2\eta\omega r L}{\psi^2}\left\{-2\int_{\varphi_1}^{\varphi_2}\left[\int_{\varphi_1}^{\varphi}\frac{\chi(\cos\varphi-\cos\varphi_0)}{(1+\chi\cos\varphi)^3}\mathrm{d}\varphi\right]K_\mathrm{L}\left[\cos(\varphi_\mathrm{a}+\varphi)\mathrm{d}\varphi\right]\right\},\mathrm{N} \qquad (11\text{-}19)$$

式中,L——轴承的实际宽度;

K_L——考虑轴承端降低油膜压力而引入的系数($K_\mathrm{L}<1$),它是轴承长径比 L/d 及偏心率 χ 的函数。

实际上,轴承为有限宽,其两端必定存在端泄现象,且两端的压力为零,故必须考虑端泄的影响。这时,压力沿轴承宽度的变化呈抛物线分布,其油膜压力也比无限宽轴承的油膜压力低(见图 11-10)。

令

$$C_\mathrm{F} = -2\int_{\varphi_1}^{\varphi_2}\left[\int_{\varphi_1}^{\varphi}\frac{\chi(\cos\varphi-\cos\varphi_0)}{(1+\chi\cos\varphi)^3}\mathrm{d}\varphi\right]K_\mathrm{L}\left[\cos(\varphi_\mathrm{a}+\varphi)\mathrm{d}\varphi\right] \qquad (11\text{-}20)$$

则得

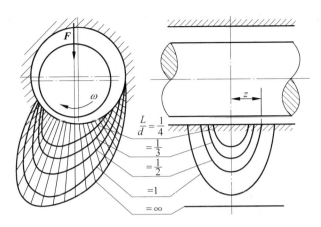

图 11-10　不同长径比时沿轴承周向和轴向的压力分布

$$F = \frac{\eta \omega d L}{\psi^2} C_F \quad 或 \quad C_F = \frac{F \psi^2}{\eta \omega d L} \tag{11-21}$$

式中，C_F——承载量系数，是个无量纲系数，为偏心率 χ 和长径比 L/d 的函数。表 11-10 所示为在非承载区进行无压力供油，轴瓦包角为 $180°$时，不同偏心率 χ 的 C_F 值。

表 11-10　有限宽轴承的承载量系数 C_F

L/d	χ													
	0.3	0.4	0.5	0.6	0.65	0.7	0.75	0.8	0.85	0.9	0.925	0.95	0.975	0.99
	承载量系数 C_F													
0.3	0.0522	0.0826	0.128	0.203	0.259	0.347	0.475	0.699	1.122	2.074	3.352	5.73	15.15	50.52
0.4	0.0893	0.141	0.216	0.339	0.431	0.573	0.776	1.079	1.775	3.195	5.055	8.393	21.00	65.26
0.5	0.133	0.209	0.317	0.493	0.622	0.819	1.098	1.572	2.428	4.261	6.615	10.706	25.62	75.86
0.6	0.182	0.283	0.427	0.655	0.819	1.070	1.418	2.001	3.036	5.214	7.956	12.64	29.17	83.21
0.7	0.234	0.361	0.538	0.816	1.014	1.312	1.720	2.399	3.580	6.029	9.072	14.14	31.88	88.90
0.8	0.287	0.439	0.647	0.972	1.199	1.538	1.965	2.754	4.053	6.721	9.992	15.37	33.99	92.89
0.9	0.339	0.515	0.754	1.118	1.371	1.745	2.248	3.067	4.459	7.294	10.753	16.37	35.66	96.35
1.0	0.391	0.589	0.853	1.253	1.528	1.929	2.469	3.372	4.808	7.772	11.38	17.18	37.00	98.95
1.1	0.440	0.658	0.947	1.377	1.669	2.097	2.664	3.580	5.106	8.186	11.91	17.86	38.12	101.15
1.2	0.487	0.723	1.033	1.489	1.796	2.247	2.838	3.787	5.364	8.533	12.35	18.43	39.04	102.90
1.3	0.529	0.784	1.111	1.590	1.912	2.379	2.990	3.968	5.586	8.831	12.73	18.91	39.81	104.42
1.5	0.610	0.891	1.248	1.763	2.099	2.600	3.242	4.266	5.947	9.304	13.34	19.68	41.07	106.84
2.0	0.763	1.091	1.483	2.070	2.446	2.981	3.671	4.778	6.545	10.091	14.34	20.97	43.11	110.79

　　由式(11-15)及表 11-10 可知，在其他条件不变的情况下，h_{min} 越小则偏心率 χ 越大，轴承的承载能力就越大。但最小油膜厚度 h_{min} 不能过小，它受到轴颈和轴承表面粗糙度、轴的刚性及轴承与轴颈的几何形状误差等的限制。为确保轴承能处于液体摩擦状态，应使最小油膜厚度足以使轴径与轴瓦分开，即

$$h_{min} \geqslant S(R_{z1} + R_{z2}) \tag{11-22}$$

式中，R_{z1}、R_{z2}——轴颈和轴承孔表面微观不平度的十点高度，见表 11-11；

S——安全系数,综合考虑轴颈和轴瓦的制造和安装误差以及轴颈挠曲变形等,常取 $S \geqslant 2$。

表 11-11　不同加工表面的微观不平度的十点高度 R_z　　　　　　单位:μm

加工方法	精车或精镗、中等磨光、刮（每 1 cm² 内有 1.5～3 个点）	铰、精磨、刮（每 1 cm² 内有 3～5 个点）	钻石刀镗、研磨	研磨、抛光、超精加工等
R_z	3.2～6.3	0.8～3.2	0.2～0.8	约 0.2

4. 热平衡计算

轴承工作时,液体内摩擦造成摩擦功损耗,摩擦功将转化为热量,引起轴承升温,使油黏性降低,从而降低了轴承的承载能力,严重时会造成轴承合金软化,甚至胶合。因此,必须进行热平衡计算,控制温升不超过允许值。

摩擦功产生的热量,一部分由流动的润滑油带走;另一部分由轴承座向四周空气散发。因此,轴承的热平衡条件是:单位时间内,轴承发热量与散热量相平衡,即

$$fFV = c_b \rho Q \Delta t + \alpha_s A \Delta t / (\text{J/s}) \tag{11-23}$$

式中,f——液体摩擦因数,$f = 0.329 \eta n / (\psi p) + 0.55 \psi \xi$,其中,$\xi$ 为无量纲数,$L/d < 1$ 时,$\xi = (d/L)^{1.5}$;$L/d \geqslant 1$ 时,$\xi = 1$;p 为轴承平均压力,N/m²;η 为润滑油动力黏度,ψ 为相对间隙;

F——轴承承载能力,即载荷,N;

V——轴颈圆周速度,m/s;

c_b——润滑油比热容,一般为 1680～2100 J/(kg・℃);

ρ——润滑油密度,一般为 850～900 kg/m³;

Q——轴承耗油量,m³/s;

A——轴承散热面积,m²,$A = \pi dL$;

Δt——润滑油的出油温度 t_2 与进油温度 t_1 之差(温升),℃;

α_s——轴承的散热系数,依轴承结构尺寸和通风条件而定,对于轻型轴承或散热困难的环境 $\alpha_s = 50$ J/(m²・s・℃),对于中型轴承及一般通风条件 $\alpha_s = 80$ J/(m²・s・℃),对于重型轴承及良好的散热条件 $\alpha_s = 140$ J/(m²・s・℃)。

热平衡时润滑油的温升为

$$\Delta t = t_2 - t_1 = \frac{\dfrac{f}{\psi} \cdot \dfrac{F}{dL}}{c_b \rho \dfrac{Q}{\psi V dL} + \dfrac{\pi \alpha_s}{\psi V}} = \frac{C_f p}{c_b \rho C_Q + \dfrac{\pi \alpha_s}{\psi V}} \tag{11-24}$$

式中,C_f——摩擦特性系数,$C_f = f / \psi$,无量纲系数;

C_Q——耗油量系数,无量纲系数,是轴承长径比 L/d 和偏心率 χ 的函数,如图 11-11 所示。

计算轴承承载能力时,应采用润滑油平均温度下的黏度。平均温度为

$$t_m = t_1 + \frac{\Delta t}{2} \tag{11-25}$$

一般平均温度不应超过 75℃。通常由于冷却设备的限制,进油温度 t_1 一般控制在 35～45℃。

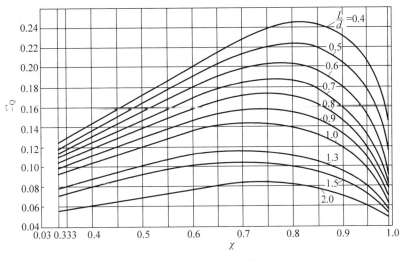

图 11-11　耗油量系数

11.3.3　设计参数

参数选择如下。

1. 相对间隙 ψ

相对间隙 ψ 是影响轴承承载能力、温升、旋转精度的一个主要参数。一般而言,相对间隙越小,轴承承载能力越高,轴承运转越平稳,但轴承温升大。设计时,可按如下经验公式计算:

$$\psi = (0.6 \sim 1.0) \times 10^{-3} v^{0.25} \tag{11-26}$$

各种典型机器常用的轴承相对间隙推荐值见表 11-12。

表 11-12　各种典型机器的相对间隙 ψ 推荐值

机 器 名 称	相对间隙 ψ
汽轮机、电动机、发电机	$0.001 \sim 0.002$
轧钢机、铁路机车	$0.0002 \sim 0.0015$
机床、内燃机	$0.0002 \sim 0.001$
风机、离心泵、齿轮变速装置	$0.001 \sim 0.003$

2. 长径比 L/d

长径比对轴承承载能力、耗油量和轴承温升影响极大。若 L/d 小,则承载能力小,耗油量小,温升小,占空间小,边缘接触现象减轻;反之,则相反。典型机器的 L/d 推荐值如表 11-5 所示。应尽可能取表 11-5 中较小值。

3. 润滑油黏度 η

若黏度大,则轴承承载能力高,但摩擦功耗大,轴承温升大。对一般轴承,可按转速用下式计算:

$$\eta = (n^{1/3} \times 10^{7/6})^{-1} \tag{11-27}$$

例 11-1　设计一电动机液体动压润滑轴承。已知：转速 $n=1500$ r/min，轴径 $d=200$ mm；轴颈表面淬火后研磨，表面微观不平度为 0.4 μm，轴承表面经刮研微观不平度为 0.8 μm；承受载荷 $F=17\,900$ N，工作平稳，载荷方向确定；轴承采用剖分结构，在水平剖分面两侧供油（即轴承包角为 $180°$）；采用 20 号机械油润滑；平均油温 $t_m=50℃$，要求温升 $\Delta t<30℃$。

解　设计过程见下表：

计算及说明	结　果
1. 初步选择轴承参数、轴瓦材料、润滑油黏度	
轴承长度 L，由表 11-5 选 $L/d=0.8$，则 $L=0.8d=0.8×200$ mm	$L=160$ mm
轴承平均压力 p，由式(11-2)，$p=F_r/(dL)=17\,900/(200×160)$ N/mm^2	$p=0.559$ N/mm^2
轴颈圆周速度 v，由式(11-5)，$v=\pi dn/60\,000=\pi×200×1500/60\,000$ m/s	$v=15.7$ m/s
pv 值，$pv=0.559×15.7$ N/mm^2 · m/s	$pv=8.78$ N/mm^2 · m/s
选择轴承材料，查表 11-4，根据轴承的 p、v、pv 值选择锡锑轴承合金 ZSnSb11Cu6	$[p]=25$ N/mm^2
	$[v]=80$ m/s
润滑油黏度 η，取 20 号机械油，查机械设计手册，其运动黏度 $v_{50}=20$ mm^2/s$=2×10^{-5}$ m^2/s，取润滑油密度 $\rho=900$ kg/m^3，则 $\eta=\rho v=900×2×10^{-5}$ Pa · s$=1.8×10^{-2}$ Pa · s	$[pv]=20$ N/mm^2 · m/s
	$\eta=1.8×10^{-2}$ Pa · s
相对间隙 ψ，由式(11-26)，$\psi=(0.6\sim1.0)×10^{-3}v^{0.25}=(0.6\sim1.0)×10^{-3}×15.7^{0.25}=(1.19\sim1.99)×10^{-3}$，则半径间隙 $\delta=r\psi=(d/2)\psi=(200/2)×1.3×10^{-3}$ mm	取 $\psi=1.3×10^{-3}$
	$\delta=0.13$ mm
2. 计算最小油膜厚度和确定轴承润滑状态	
承载量系数 C_F，由式(11-21)，$C_F=\dfrac{F\psi^2}{\eta\omega dL}=\dfrac{17\,900×0.0013^2}{0.2×0.018×157×0.16}$	$C_F=0.3345$
偏心率 χ，查表 11-10 经插值计算	$\chi=0.331$
最小油膜厚度 h_{min}，由式(11-15)，$h_{min}=r\psi(1-\chi)=100×1.3×10^{-3}×(1-0.331)$ mm	$h_{min}=0.087$ mm
轴承润滑状态，式(11-22)，$h_{min}\geqslant S(R_{z1}+R_{z2})$，取安全系数 $S=2$，则 $h_{min}\geqslant2(0.4+0.8)$ μm$=2.4$ μm	h_{min} 大于 2.4 μm 能实现液体动压润滑
3. 轴承热平衡计算	
摩擦因数 f，由说明 $f=0.329\eta n/(\psi p)+0.55\psi\xi$，因为 $L/d<1$，故 $\xi=(d/L)^{1.5}$，则 $f=0.329×0.018×1500/(0.0013×0.559×10^6)+0.55×0.0013×(200/160)^{1.5}$	$f=0.013\,22$
温升 Δt，由式(11-24)，$\Delta t=\dfrac{C_f p}{c_b\rho C_Q+\dfrac{\pi\alpha_s}{\psi V}}$	
耗油量系数 C_Q，查图 11-11	$C_Q=0.108$
取油的比热容 $c_b=1890$ J/(kg · ℃)，油的密度 $\rho=900$ kg/m^3，散热系数 $\alpha_s=80$ J/(m^2 · s · ℃)	
摩擦特性系数 C_f，$C_f=f/\psi=0.013\,22/0.0013$	$C_f=10.2$
则 $\Delta t=\dfrac{10.2×0.559×10^6}{1890×900×0.108+\dfrac{\pi×80}{0.0013×15.7}}$℃	$\Delta t=29.1℃<30℃$
入口温度 t_1，$t_1=t_m-\Delta t/2=(50-29.1/2)℃$	$t_1=35.5℃$
出口温度 t_2，$t_2=t_m+\Delta t/2=(50+29.1/2)℃$	$t_2=64.6℃$

计算及说明	结　　果
4. 选择轴承配合 　按 GB/T 1800.1—2020 选择配合 D7/e6,孔为 $\phi 200^{+0.216}_{+0.170}$,轴为 $\phi 200^{-0.100}_{-0.129}$, 故半径间隙 $\delta_1 = \delta_{max} = [0.216 - (-0.129)]/2$ mm $= 0.1725$ mm,$\delta_2 =$ $\delta_{min} - [0.170 - (-0.100)]/2$ mm $= 0.135$ mm 　相对间隙 $\psi_1 = \psi_{max} = \delta_{max}/r = 0.1725/100$ $\psi_2 = \psi_{min} = \delta_{min}/r = 0.135/100$ 　以 ψ_1、ψ_2 重复 2.、3. 的计算得到最小油膜厚度 h_{min1}、h_{min2} 　温升 Δt_1、Δt_2	$\delta_1 = \delta_{max} = 0.1725$ mm $\delta_2 = \delta_{min} = 0.135$ mm $\psi_1 = \psi_{max} = 0.001\,725$ $\psi_2 = \psi_{min} = 0.001\,35$ $h_{min1} = 91.08\ \mu m$ $h_{min2} = 88.02\ \mu m$ $\Delta t_1 = 14.9\,℃$ $\Delta t_2 = 24.4\,℃$ 均满足要求

11.4　其他滑动轴承简介

11.4.1　多油楔轴承

单油楔滑动轴承只形成一个油楔来产生液体动压油膜,这类轴承在轻载、高速条件下运转时,易产生失稳现象,即轴径受到一个外部的微小干扰而偏离平衡位置,最后不能自动回到其原来的平衡位置的现象。为了提高轴承的工作稳定性和旋转精度,常把轴承做成多油楔状,轴承承载力等于各油楔承载能力的矢量和。

常见的多油楔轴承见表 11-9 中简图。

11.4.2　液体静压轴承

液体静压轴承利用专门的供油装置,把具有一定压力的润滑油送入轴承静压油腔,形成具有压力的油膜,利用静压腔间压力差,平衡外载荷,以保证轴承在完全液体润滑状态下工作。

液体静压轴承主要特点是:

(1)静压轴承的承载能力取决于静压油腔的压力差,当外载荷改变时,供油系统能自动调节各油腔间的压力差;

(2)静压轴承承载能力和润滑状态与轴颈表面速度无关,即使轴颈不旋转,也可以形成油膜,因此可以在转速极低的条件下(如巨型天文望远镜的轴承)获得液体摩擦润滑;

(3)静压轴承的承载能力不是靠油楔作用形成的,因此,工作时不需要偏心距,因而旋转精度高;

(4)静压轴承必须有一套专门的供油装置,成本高。

11.4.3　气体静压轴承

气体轴承是用气体作润滑剂的轴承。空气因其黏度仅为机械油的 1/4000,且受温度变化的影响小,被首先采用。气体轴承可在高速下工作,轴颈转速可达每分钟几十万转。气体轴承不存在油类污染,密封简单,回转精度高,运行噪声低。气体轴承的主要缺点是承载量不大,气体轴承常用于高速磨头、陀螺仪、医疗设备等。

习　　题

11-1　试设计某非液体润滑径向轴承。已知轴径为 200 mm,轴承径向载荷为 60 000 N,转速为 900 r/min,载荷平稳。

11-2　已知某鼓风机的径向轴承的轴径 $d = 60$ mm,宽度 $L = 40$ mm,轴颈转速 $n = 1500$ r/min,径向载荷 $F = 2500$ N,材料为 ZCuAl9Fe4Ni4Mn2。问:根据非液体润滑轴承设计方法校核是否可用? 如不可用,应如何改进?(按轴的强度要求,轴径不得小于 48 mm)。

11-3　试设计某汽轮机的液体动压润滑轴承。已知轴的转速 $n = 2000$ r/min,轴径 $d = 60$ mm,载荷 $F = 8000$ N,轴承的轴瓦水平中分面从两侧供油,进油温度控制在 40℃左右。

11-4　已知某液体动压径向滑动轴承的轴颈直径 $d = 200$ mm,长径比 $L/d = 1$,轴承包角为 180°,径向载荷 $F = 100$ kN,轴颈转速 $n = 500$ r/min,轴承相对间隙 $\psi = 0.001\,25$,拟采用 N68 机械油润滑,平均温度 $t_m = 50$℃。试求:

(1) 该轴承的偏心距 e;

(2) 最小油膜厚度 h_{min};

(3) 轴承摩擦因数 f;

(4) 轴承的耗油量 Q。

11-5　若题 11-4 动压润滑轴承中,散热系数 $\alpha_s = 80$ J/(m^2·s·℃),试求入口处润滑油的温度。

自测题 11

第 12 章 滚 动 轴 承

【教学导读】

滚动轴承是现代机器中广泛应用的部件之一,常用的滚动轴承绝大多数已经标准化,并由专业工厂大量制造及供应各种常用规格的轴承。设计中主要解决轴承的正确选用问题。本章介绍滚动轴承的类型和代号、常见失效形式和寿命计算。

12-1

【课前问题】

(1) 滚动轴承常见类型有哪些? 选择轴承类型的原则是什么?

(2) 什么是滚动轴承的基本额定寿命? 什么是滚动轴承的预期寿命和计算寿命?

(3) 什么是滚动轴承的基本额定动载荷? 什么是滚动轴承的当量动载荷?

12-2

【课程资源】

标准资源:调心球轴承结构性能参数;深沟球轴承结构性能参数;圆锥滚子轴承结构性能参数;角接触球轴承结构性能参数;单向推力球轴承结构性能参数;圆柱滚子轴承结构性能参数。

12-3

12.1　滚动轴承类型与选择

12-4

12.1.1　滚动轴承的构造和材料

滚动轴承的基本结构如图 12-1 所示,它由内圈 1、外圈 2、滚动体 3 和保持架 4 这四部分组成。内圈装在轴颈上,外圈装在轴承座(或机座)中,也有只用内圈(或外圈)或内、外圈都不用的。通常是内圈随轴颈回转,外圈固定,但也可以是外圈回转而内圈不动,或是内、外圈同时回转。常用的滚动体如图 12-2 所示,有球、圆柱滚子、滚针、圆锥滚子、球面滚子、非对称球面滚子和螺旋滚子等。

12-5

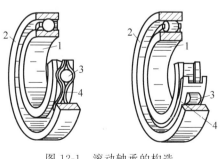

图 12-1　滚动轴承的构造

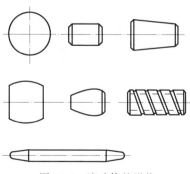

图 12-2　滚动体的形状

　　轴承的内、外圈和滚动体，一般是用强度高、耐磨性好的轴承铬钢制造的，常用牌号有 GGr15、GGr15SiMn 等，热处理后，硬度一般不低于 60HRC。保持架有冲压的和实体的两种，冲压保持架一般用低碳钢板冲压制成，实体保持架常用铜合金、塑料经加工制成。

12.1.2　滚动轴承的主要类型与特点

　　按轴承所能承受的外载荷不同，滚动轴承可以分为向心轴承、推力轴承和向心推力轴承三大类。按滚动体的形状，滚动轴承可分为球轴承和滚子轴承。按自动调心性能，轴承可分为调心轴承和非调心轴承。常用滚动轴承的性能和特点见表 12-1。

表 12-1　常用滚动轴承类型、尺寸系列代号及特性（GB/T 272—2017）

轴承类型	结构简图、承受载荷方向	类型代号	尺寸系列代号	组合代号	特　　性
调心球轴承		1	(0)2	12	主要承受径向载荷，也可同时承受少量的双向的轴向载荷，外圈滚道为球面，具有自动调心性能。内外圈轴线相对偏斜允许 2°～3°，适用于多支点轴、弯曲刚度小的轴及难以精确对中的支承
		(1)	22	22	
		1	(0)3	13	
		(1)	23	23	
调心滚子轴承		2	22	222	用于承受径向载荷，其承受载荷能力比调心球轴承约大一倍，也能承受少量的双向的轴向载荷。外圈滚道为球面，具有调心性能，内外圈轴线相对偏斜允许 0.5°～2°，适用于多支点轴、弯曲刚度小的轴及难于精确对中的支承
			23	223	
			30	230	
			31	231	
			32	232	
			40	240	
			41	241	
圆锥滚子轴承		3	02	302	能承受较大的径向载荷和单向的轴向载荷，极限转速较低。内、外圈可分离，故可在安装时调整轴承游隙。通常成对使用，对称安装。适用于转速不太高、轴的刚性较好的场合
			03	303	
			13	313	
			20	320	
			22	322	
			23	323	
			29	329	
			30	330	
			31	331	
			32	332	

续表

轴承类型	结构简图、承受载荷方向		类型代号	尺寸系列代号	组合代号	特　　性
推 力 球 轴承	单向		5	11	511	单向推力球轴承只能承受单向的轴向载荷。两个圈的孔不一样大：内孔较小的是紧圈，与轴配合；内孔较大的是松圈，与机座固定在一起。极限转速较低，适用于轴向力大而转速较低的场合。没有径向限位能力，不能单独组成支承，一般要与向心轴承组成组合支承使用
				12	512	
				13	513	
				14	514	
	双向		5	22	522	双向推力轴承可承受双向轴向载荷，中间圈为紧圈，与轴配合，另两圈为松圈。 高速时，离心力大，球与保持架磨损，发热严重，寿命降低。没有径向限位能力，不能单独组成支承，一般要与向心轴承组成组合支承使用。常用于轴向载荷大、转速不高的场合
				23	523	
				24	524	
深沟球轴承			6	17	617	主要承受径向载荷，也可同时承受少量的双向的轴向载荷，工作时内外圈轴线允许偏斜 $8' \sim 16'$。 　　摩擦阻力小，极限转速高，结构简单，价格便宜，应用广泛，但承受冲击载荷能力较差。适用于高速场合，在高速时，可用来代替推力球轴承
			6	37	637	
			6	18	618	
			6	19	619	
			16	(0)0	160	
			6	(1)0	60	
			6	(0)2	62	
			6	(0)3	63	
			6	(0)4	64	
角接触球轴承			7	18	718	能同时承受径向载荷与单向的轴向载荷，公称接触角 α 有15°、25°、40°三种。α 越大，轴向承载能力也越大。通常成对使用，对称安装。极限转速较高。适用于转速较高、同时承受径向和轴向载荷的场合
				19	719	
				(1)0	70	
				(0)2	72	
				(0)3	73	
				(0)4	74	
推力圆柱滚子轴承			8	11	811	能承受很大的单向轴向载荷，但不能承受径向载荷，它比推力球轴承承载能力要大；套圈也分紧圈和松圈。其极限转速很低，故适用于低速重载的场合。没有径向限位能力，故不能单独组成支承
				12	812	

轴承类型	结构简图、承受载荷方向	类型代号	尺寸系列代号	组合代号	特　性
圆柱滚子轴承	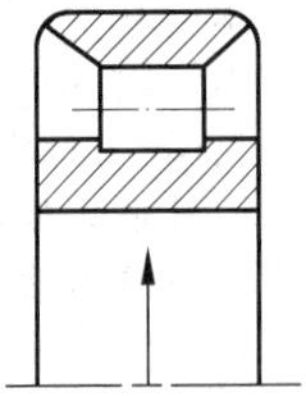	N	10	N10	只能承受径向载荷,不能承受轴向载荷。承受载荷能力比同尺寸的球轴承大,尤其是承受冲击载荷能力大,极限转速较高,对轴的偏斜敏感,允许外圈与内圈的偏斜度较小(2′～4′),故只能用于刚性较大的轴上,并要求支承座孔对中很好。轴承的外圈、内圈可以分离,还可以不带外圈或内圈
			(0)2	N2	
			22	N22	
			(0)3	N3	
			23	N23	
			(0)4	N4	
滚针轴承	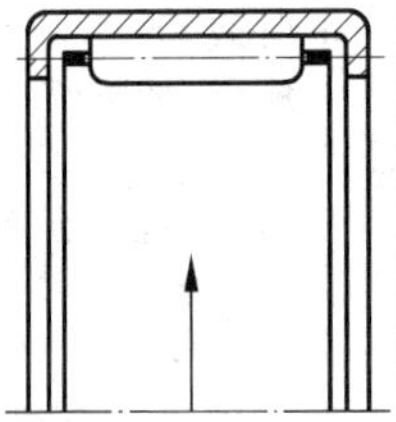	NA	48	NA4800	这类轴承采用数量较多的滚针作为滚动体,一般没有保持架。径向结构紧凑,且径向承受载荷能力较大,价格低廉。缺点是不能承受轴向载荷,滚针间有摩擦,旋转精度及极限转速低,工作时不允许内、外圈轴线有偏斜。常用于转速较低而径向尺寸限制的场合。内外圈可分离
			49	NA4900	
			69	NA6900	

12.1.3　滚动轴承类型选择

设计滚动轴承部件时,首先选择滚动轴承的类型,应考虑轴承的工作条件、各类轴承的特点、价格等因素。一般,选择滚动轴承类型时应考虑以下问题。

1. 轴承所承受的载荷

(1)载荷的大小。载荷较轻或中等载荷时,可选用球轴承;载荷较大时宜选用滚子轴承。

(2)载荷的方向。根据表12-1各类轴承所能承受的载荷方向来选择。当径向载荷与轴向载荷联合作用时,也可选用向心轴承和推力轴承联合使用,以分别承受径向载荷和轴向载荷。

(3)载荷的性质。承受径向冲击载荷时,宜选用螺旋滚子轴承或圆锥滚子轴承。

2. 轴承的转速

通常,转速较高,载荷较小或要求旋转精度较高时,宜选用球轴承;转速较低,载荷较大或有冲击载荷时宜选用滚子轴承。

推力轴承的极限转速很低。工作转速较高时,若轴向载荷不十分大,可采用角接触球轴承承受轴向载荷。

3. 调心性能的要求

当轴承的内、外圈轴线有较大的相对转角时,应采用调心球轴承或调心滚子轴承。

4. 安装和拆卸

当轴承座没有剖分面而必须沿轴向安装和拆卸轴承部件时,应优先选用内外圈可分离的轴承(如圆柱滚子轴承、滚针轴承、圆锥滚子轴承等)。当在长轴上安装轴承时,为了便于装拆,可以选用内圈孔为 1∶12 的圆锥孔的轴承。

5. 经济性要求

一般,深沟球轴承价格最低,滚子轴承比球轴承价格高。轴承精度越高,则价格越高。选择轴承时,必须详细了解各类轴承的价格,在满足使用要求的前提下,尽可能地降低成本。

12.1.4　滚动轴承代号

GB/T 272—2017 规定滚动轴承代号由基本代号、前置代号和后置代号组成,用字母和数字等表示。轴承代号的构成见表 12-2。

表 12-2　滚动轴承代号的构成

前置代号	基 本 代 号				后 置 代 号								
轴承分部件代号	轴承系列			内径代号	内部结构代号	密封与防尘及外部形状代号	保持架及其材料代号	轴承零件材料代号	公差等级代号	游隙代号	配置代号	其他代号
	类型代号	尺寸系列代号										
		宽度(或高度)系列代号	直径系列代号									

1. 基本代号

基本代号用来表明轴承的内径、直径系列、宽(高)度系列和类型,一般最多为五位数。下面分别介绍这几种基本代号。

(1) 内径代号。用基本代号右起第一、二位数字表示。对常用内径 $d=20\sim495$ mm 的轴承,内径一般为 5 的倍数,这两位数字表示轴承内径尺寸被 5 除得的商数,如 04 表示 $d=20$ mm。对于内径为 10 mm、12 mm、15 mm 和 17 mm 的轴承,内径代号依次为 00、01、02 和 03。对于内径小于 10 mm 或 ⩾500 mm 的轴承内径表示方法,另有规定,可参看 GB/T 272—2017。

(2) 直径系列代号。用基本代号右起第三位数字表示,反映了结构相同、内径相同的轴承在外径和宽度方面的变化系列。直径系列代号有 7、8、9、0、1、2、3、4 和 5,对应于相同内径轴承的外径尺寸依次递增。部分系列尺寸对比如图 12-3 所示。

(3) 宽度系列代号:用基本代号右起第四位数字表示,反映了结构、内径和直径系列都相同的轴承在宽度方面的变化系列。宽度系列代号有 8、0、1、2、3、4、5 和 6,对应同一直径系列的轴承,其宽度依次递增。当宽度系列为 0 系列时,对多数轴承在代号中可不标出代号 0,但对于调心滚子轴承和圆锥滚子轴承,应标出宽度系列代号 0。

直径系列代号和宽度系列代号统称为尺寸系列代号。

(4) 类型代号。用基本代号右起第五位数字或字母表示,其表示方法见表 12-1。

2. 后置代号

轴承的后置代号是用字母和数字等表示轴承的结构、公差及材料的特殊要求等。后置代号的内容很多,下面介绍几个常

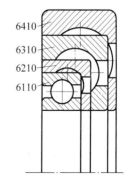

图 12-3　直径系列的对比

用的后置代号。

(1) 内部结构代号。表示同一类型轴承的不同内部结构,用字母紧跟着基本代号表示。如:对于接触角为 15°、25°和 40°的角接触球轴承分别用 C、AC 和 B 表示内部结构的不同。

(2) 公差等级代号。用/P2、/P4、/P5、/P6、/P6x 和/P0 表示,分别对应公差等级为 2 级、4 级、5 级、6 级、6x 级和 0 级,依次由高级到低级。公差等级中,6x 级仅适用于圆锥滚子轴承;0 级为普通级,在轴承代号中不标出。

(3) 径向游隙组别代号。用/C1、/C2、/C0、/C3、/C4、/C5 表示,分别对应径向游隙系列为 1 组、2 组、0 组、3 组、4 组和 5 组,径向游隙依次由小到大。0 组游隙是常用的游隙组别,在轴承代号中不标出。

3. 前置代号

轴承的前置代号用于表示轴承的分部件,用字母表示。如:用 L 表示可分离轴承的可分离套圈;K 表示轴承的滚动体与保持架组件等。

实际应用的滚动轴承类型很多,相应的轴承代号也比较复杂。关于滚动轴承详细的代号方法可查阅 GB/T 272—2017。

12.2　滚动轴承的载荷分析和失效形式

12.2.1　滚动轴承载荷分析

对于在中心轴向载荷作用下的滚动轴承,可认为载荷由各个滚动体平均负担。在径向载荷作用下的滚动轴承(见图 12-4),一般只有半圈滚动体受载。而且各个滚动体的载荷 P_0、P_1、$\cdots$、P_i 的大小也各不相同。根据力的平衡条件和变形协调条件,可求出受载最大的滚动体的载荷为

点接触时　　　　　　　　　　$P_0 = 4.37 F_r / (z \cos\alpha)$ 　　　　　　　　(12-1)

线接触时　　　　　　　　　　$P_0 = 4.06 F_r / (z \cos\alpha)$ 　　　　　　　　(12-2)

式中,z——滚动体数目。

由滚动轴承的载荷分布可知,轴承工作时各滚动体所承受载荷将由小逐渐增大,直到最大值 P_0,然后再逐渐减小。因此,滚动体承受的载荷是变化的。

工作时旋转的内圈上的任一点 a(见图 12-4)在承受载荷区内,每次与滚动体接触时就承受载荷一次,因此旋转内圈上 a 点的载荷及应力呈周期性的不稳定变化,如图 12-5(a)所示。

固定的外圈上的各点所受载荷随位置不同而大小不同,位于承受载荷区内的任一点 b(见图 12-4),当每一个滚动体滚过时便承受载荷一次,而所承受载荷的最大值是不变的,承受稳定的脉动载荷,如图 12-5(b)所示。

滚动体工作时,有自转又有公转,因而,其上任一点所承受的载荷和应力也是变化的,其变化规律与内圈相似,只是变化频率增加。

12.2.2　滚动轴承常见失效形式及计算准则

滚动轴承常见失效形式如下。

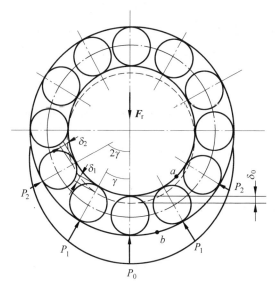

图 12-4　滚动轴承径向载荷分布

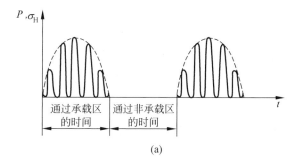

(a)

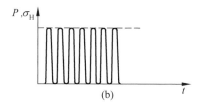

(b)

图 12-5　滚动轴承各零件上载荷及应力分布

（1）疲劳点蚀。在正常使用条件下，滚动体与套圈在相互接触的表层内产生脉动循环接触应力，经过一定次数循环后，此应力就导致零件浅表层形成微观裂缝，微观裂缝被渗入其中的润滑油挤裂而引起点蚀。这是滚动轴承常见的失效形式。

（2）塑性变形。在过大的静载荷或冲击载荷作用下，滚动体或套圈滚道上出现不均匀的塑性变形凹坑，这种情况多发生在转速极低或摆动的轴承上。

（3）磨损。滚动轴承在密封不可靠以及多尘的运转条件下工作时，易发生磨粒磨损。转速越高，磨损越严重。

（4）裂纹和断裂。由材料缺陷和热处理不当，配合过盈量过大或轴承组合设计不当引起的应力集中，以及不正常的安装、拆卸操作等，会使座圈或保持架出现裂纹，甚至断裂。

对于中速运转的轴承,其主要失效形式是疲劳点蚀,应按疲劳寿命进行校核计算。对于高速轴承,由于发热大,常产生过度磨损和烧伤,为避免轴承产生失效,除保证轴承具有足够的疲劳寿命之外,还应限制其转速不超过极限值。对于不转动或转速极低的轴承,其主要的失效形式是产生过大的塑性变形,应进行静强度的校核计算。

12.3　滚动轴承疲劳寿命计算

12.3.1　基本额定寿命和基本额定动载荷

轴承的寿命是指,轴承在一定的载荷和工作条件下运转,轴承中任一零件材料首次出现疲劳点蚀之前,内圈(或外圈)相对于外圈(或内圈)所运转的总转数。

同型号的同一批轴承,在完全相同的工作条件下,各个滚动轴承的疲劳寿命是不同的,最低寿命和最高寿命相差几倍,甚至几十倍。为了兼顾工作的可靠性和经济性,将轴承失效概率为 10% 时的寿命定义为轴承的基本额定寿命,即轴承基本额定寿命 L_{10} 是指一批相同的轴承,在相同条件下运转,其中 90% 轴承不发生疲劳点蚀前能运转的总转数(以 10^6 r 为单位)或在一定转速下所能运转的总工作小时数。

滚动轴承的基本额定动载荷是指,使轴承的基本额定寿命为 10^6 r 时,轴承所能承受的载荷值,用字母 C 表示。对向心轴承,基本额定动载荷是指纯径向载荷,用 C_r 表示;对推力轴承,基本额定动载荷是指纯轴向载荷,用 C_a 表示;对角接触球轴承或圆锥滚子轴承,基本额定动载荷是指使套圈间只产生纯径向位移的载荷的径向分量。C_r、C_a 可在轴承样本中查到。

12.3.2　滚动轴承疲劳寿命计算的基本公式

12-7

图 12-6 所示为某型号同一批轴承的寿命-载荷曲线,该曲线表示这类轴承的载荷 P 与基本额定寿命 L_{10} 之间的关系,其曲线方程为

$$L_{10} = \left(\frac{C}{P}\right)^{\varepsilon}, 10^6 \text{ 转} \tag{12-3}$$

式中,P——当量动载荷,N;

ε——寿命指数,对于球轴承 $\varepsilon=3$;对于滚子轴承 $\varepsilon=10/3$。

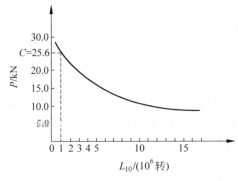

图 12-6　轴承的载荷-寿命曲线

实际计算时,用小时数表示寿命比较方便。令 n 表示轴承的转速(r/min),则以小时数表示的轴承寿命 L_h 为

$$L_h = \frac{10^6}{60n}\left(\frac{C}{P}\right)^\varepsilon ,h \tag{12-4}$$

通常在轴承样本中列出的额定动载荷值,是对一般温度下(120℃以下)工作的轴承而言的,如果轴承的工作温度高于120℃,则轴承元件材料的组织将产生变化,硬度将要降低,从而影响其承受载荷能力。为此,计算寿命时,引入温度系数 f_t,寿命公式可写为

$$L_{10} = \left(\frac{f_t C}{P}\right)^\varepsilon ,10^6 \text{ 转}$$
$$L_h = \frac{10^6}{60n}\left(\frac{f_t C}{P}\right)^\varepsilon ,h \tag{12-5}$$

式中,f_t——温度系数,见表 12-3。

表 12-3　温度系数 f_t

轴承工作温度/℃	≤120	125	150	175	200	225	250	300	350
温度系数 f_t	1.00	0.95	0.90	0.85	0.80	0.75	0.70	0.6	0.5

如果已知载荷 P 和转速 n,又已取定预期寿命 L'_h,则所需轴承应具有的基本额定动载荷为

$$C' = \frac{P}{f_t}\sqrt[\varepsilon]{\frac{60nL'_h}{10^6}} ,N \tag{12-6}$$

式中,L'_h——轴承预期寿命,列于表 12-4,可供参考。

表 12-4　推荐的轴承预期寿命 L'_h

机 器 类 型	预期寿命 L'_h/h
不经常使用的仪器或设备,如闸门开闭装置等	300～3000
短期或间断使用的机械,中断使用不致引起严重后果,如手动机械等	3000～8000
间断使用的机械,中断使用引起严重后果,如发动机辅助设备、流水作业线自动传递装置、升降机、车间吊车、不常使用的机床等	8000～12 000
每日 8 h 工作的机械(利用率较高),如一般的齿轮传动、某些固定电动机等	12 000～20 000
每日 8 h 工作的机械(利用率不高),如金属切削机床、连续使用的起重机、木材加工机械、印刷机械等	20 000～30 000
24 h 连续工作的机械,如矿山升降机、纺织机械、泵、电动机等	40 000～60 000
24 h 连续工作的机械,中断使用引起严重后果,如纤维生产或造纸设备、发电站主电动机、矿井水泵、船舶桨轴等	100 000～200 000

12.3.3　滚动轴承的当量动载荷

滚动轴承寿命计算公式中的当量动载荷 P 是一个假想的载荷,在它作用下的轴承寿命与工作中的实际载荷作用下的轴承寿命相等。当量动载荷 P 与轴承的实际径向载荷 F_r 及实际轴向载荷 F_a 之间的关系为

$$P = f_p(xF_r + yF_a) \tag{12-7}$$

式中，x、y——径向载荷系数和轴向载荷系数，见表 12-5；

f_p——载荷系数，考虑到机器工作时还可能产生振动和冲击，轴承实际所受的载荷要比计算值大而引入的修正系数，见表 12-6。

表 12-5 当量动载荷的径向载荷系数 x、轴向载荷系数 y

轴承类型		相对轴向载荷 iF_a/C_{0r}[①]	判断系数 e	单列轴承				双列轴承或成对安装单列轴承（在同一支点上）			
				$F_a/F_r \leqslant e$		$F_a/F_r > e$		$F_a/F_r \leqslant e$		$F_a/F_r > e$	
名 称	代号			x	y	x	y	x	y	x	y
深沟球轴承	60000	0.014	0.19	1	0	0.56	2.30	1	0	0.56	2.30
		0.028	0.22				1.99				1.99
		0.056	0.26				1.71				1.71
		0.084	0.28				1.55				1.55
		0.11	0.30				1.45				1.45
		0.17	0.34				1.31				1.31
		0.28	0.38				1.15				1.15
		0.42	0.42				1.04				1.04
		0.56	0.44				1.00				1.00
调心球轴承	10000		$1.5\tan\alpha$[②]	1	0	0.40	$0.40\cot\alpha$[②]	1	$0.42\cot\alpha$[②]	0.65	$0.65\cot\alpha$[②]
调心滚子轴承	20000		$1.5\tan\alpha$[②]	1	0	0.40	$0.40\cot\alpha$[②]	1	$0.45\cot\alpha$[②]	0.67	$0.67\cot\alpha$[②]
角接触球轴承 $\alpha=15°$	70000C	0.015	0.38	1	0	0.44	1.47	1	1.65	0.27	2.39
		0.029	0.40				1.40		1.57		2.28
		0.058	0.43				1.30		1.46		2.11
		0.087	0.46				1.23		1.38		2.00
		0.12	0.47				1.19		1.34		1.93
		0.17	0.50				1.12		1.26		1.82
		0.29	0.55				1.02		1.14		1.66
		0.44	0.56				1.00		1.12		1.63
		0.58	0.56				1.00		1.12		1.63
$\alpha=25°$	70000AC		0.68	1	0	0.41	0.87	1	0.92	0.67	1.41
圆锥滚子轴承	30000		$1.5\tan\alpha$[②]	1	0	0.40	$0.4\cot\alpha$[②]	1	$0.45\cot\alpha$[②]	0.67	$0.67\cot\alpha$[②]

注：① 式中 i 为滚动体列数，C_{0r} 为径向额定静载荷；

② 具体数值按不同型号的轴承查有关设计手册。

对只能承受纯径向载荷的向心圆柱滚子轴承、滚针轴承、螺旋滚子轴承，$P=f_p F_r$；对只能承受纯轴向载荷的推力轴承，$P=f_p F_a$。

表 12-6 载荷系数 f_p

载荷性质	f_p	举 例
无冲击或轻微冲击	1.0～1.2	电动机、汽轮机、通风机、水泵等
中等冲击或中等惯性力	1.2～1.8	车辆、动力机械、起重机、造纸机、冶金机械、选矿机、卷扬机、机床等
强大冲击	1.8～3.0	破碎机、轧钢机、钻探机、振动筛等

12.3.4 角接触球轴承与圆锥滚子轴承的轴向载荷

角接触球轴承和圆锥滚子轴承承受纯径向载荷时,会产生派生的轴向力 F_d。派生轴向力的大小取决于该轴承所承受的径向载荷和轴承结构,其值可按表 12-7 计算。

表 12-7 约有半数滚动体接触时派生轴向力 F_d 的计算公式

圆锥滚子轴承	角接触球轴承		
	$7000C(\alpha=15°)$	$70000AC(\alpha=25°)$	$70000B(\alpha=40°)$
$F_d=F_r/(2y)$	$F_d=eF_r$	$F_d=0.68F_r$	$F_d=1.14F_r$

注:y 是对应于表 12-5 中 $F_a/F_r>e$ 的 y;e 值由表 12-5 查出。

为了使角接触球轴承与圆锥滚子轴承的派生轴向力 F_d 得到平衡,通常要成对使用。图 12-7 所示为两种不同安装方式。图 12-7(a)所示为正装(或称为"面对面"安装);图 12-7(b)所示为反装(或称为"背对背"安装)。不同安装方式时所产生的派生轴向力 F_d 的方向不同,但其方向总是沿轴向由外圈的宽端面指向窄端面的。

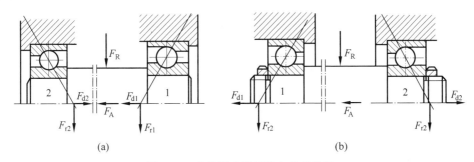

图 12-7 角接触球轴承轴向载荷分析

设作用于轴上的径向外载荷及轴向外载荷分别为 F_R 及 F_A。两轴承所承受的径向载荷分别为 F_{r1} 及 F_{r2},相应的派生轴向力为 F_{d1} 及 F_{d2}。

以图 12-7(a)中的正装结构为例,视轴颈、轴承内圈和滚动体为一体,并以它们为分离体考虑轴系的平衡。如果 $F_{d1}+F_A>F_{d2}$,则轴有左移的趋势,此时轴承 2 被"压紧",轴承 1 被"放松"。为保持轴的平衡,轴承座必然通过轴承 2 的外圈对轴系施加一平衡力 F_{b2},$F_{b2}=F_{d1}+F_A-F_{d2}$,用来阻止轴向窜动,则作用在轴承 2 上的轴向力应为

$$F_{a2}=F_{d2}+F_{b2}=F_{d1}+F_A \tag{12-8a}$$

作用在轴承 1 上的轴向力为

$$F_{a1}=F_{d1} \tag{12-8b}$$

如果 $F_{d1}+F_A<F_{d2}$,则此时轴有右移的趋势,轴承 1 被"压紧",轴承 2 被"放松"。为了保持轴的平衡,在轴承 1 的外圈上必有一个平衡力 F_{b1} 作用,$F_{b1}=F_{d2}-(F_{d1}+F_A)$,则作用在轴承 1 及轴承 2 上的轴向力分别为

$$F_{a1}=F_{d2}-F_A \tag{12-9a}$$

$$F_{a2}=F_{d2} \tag{12-9b}$$

综上所述,计算角接触球轴承和圆锥滚子轴承所承受轴向力的方法,可归结为:①根据轴承的受载和安装情况,通过对轴承的派生轴向力和外部轴向载荷的分析与计算,找出被

"压紧"轴承及被"放松"轴承;②被"压紧"轴承的轴向载荷等于除本身派生轴向力以外的其他所有轴向载荷的代数和,被"放松"轴承的轴向载荷等于轴承自身的派生轴向力。

12.4 滚动轴承静强度校核

对于基本不转动或转速极低的轴承,其主要失效形式是产生过大的塑性变形,轴承强度计算准则是校核其额定静载荷:

$$C_0 \geqslant S_0 P_0 \tag{12-10}$$

式中,S_0——轴承静强度安全系数,其最小值见表 12-8。

表 12-8　静强度安全系数 S_0(GB/T 4662—2012)

工　作　条　件	S_0	
	球轴承	滚子轴承
运转条件平稳:运转平稳、无振动、旋转精度高、运转条件正常	2	3
运转条件正常:运转平稳、无振动、正常旋转精度	1	1.5
承受冲击载荷条件:显著的冲击载荷*	1.5	3
对于推力球面滚子轴承,在所有的工作条件下,S_0 的最小推荐值为 4;对于表面硬化的冲压外圈滚子轴承,在所有的工作条件下,S_0 的最小推荐值为 3		

* 当载荷大小是未知的时,对于球轴承,S_0 值至少取 1.5,对于滚子轴承,S_0 值至少取 3;当冲击载荷的大小可精确地得到时,可采用较小的 S_0 值

C_0 为额定静载荷,它是限制塑性变形的极限载荷值。GB/T 4662—2012 规定,C_0 为受载最大滚动体与滚道接触中心处,引起与下列计算接触应力相当的静载荷:调心球轴承计算接触应力 4600 N/mm²;其他向心球轴承计算接触应力 4200 N/mm²;向心滚子轴承计算接触应力 4000 N/mm²;推力球轴承计算接触应力 4200 N/mm²;推力滚子轴承计算接触应力 4000 N/mm²。C_0 可从有关设计手册中查到。

P_0 为当量静载荷,它是指受载最大滚动体与滚道接触中心处,引起与实际载荷条件下相同接触应力的静载荷。当量静载荷 P_0 按下式计算。

(1) 深沟球轴承、角接触球轴承、调心球轴承

$$\left.\begin{array}{l} P_0 = x_0 F_r + y_0 F_a \\ P_0 = F_r \end{array}\right\} \quad (\text{取两式计算值的较大者}) \tag{12-11}$$

(2) 向心球轴承和 $\alpha \neq 0°$ 的向心滚子轴承

$$\left.\begin{array}{l} P_0 = x_0 F_r + y_0 F_a \\ P_0 = F_r \end{array}\right\} \quad (\text{取两式计算值的较大者}) \tag{12-12}$$

$\alpha = 0°$ 且仅承受径向载荷的向心滚子轴承

$$P_0 = F_r \tag{12-13}$$

(3) $\alpha = 90°$ 的推力轴承

$$P_0 = F_a \tag{12-14}$$

(4) $\alpha \neq 90°$ 的推力轴承

$$P_0 = 2.3 F_r \tan\alpha + F_a \tag{12-15}$$

式中,x_0 和 y_0 分别为静径向载荷系数和静轴向载荷系数,其值见表 12-9。

表 12-9　轴承的静径向载荷系数 x_0、静轴向载荷系数 y_0

轴 承 类 型		单列向心球轴承		双列向心球轴承		$\alpha \neq 0°$ 的向心滚子轴承			
		x_0	y_0	x_0	y_0	x_0		y_0	
						单列	双列	单列	双列
深沟球轴承		0.6	0.5	0.6	0.5				
角接触球轴承 $\alpha=30°$	15°	0.5	0.46	1	0.92	0.5	1	0.22cotα	0.44cotα
	20°	0.5	0.42	1	0.84				
	25°	0.5	0.38	1	0.76				
	30°	0.5	0.33	1	0.66				
	35°	0.5	0.29	1	0.58				
	40°	0.5	0.26	1	0.52				
	45°	0.5	0.22	1	0.44				
圆锥滚子轴承		0.5	0.22cotα	1	0.44cotα				
调心球轴承($\alpha \neq 0°$)		0.5	0.22cotα	1	0.44cotα				

注: 对于两套相同的单列深沟或角接触轴承以"背靠背"或"面对面"排列安装(成对安装)在同一轴上作为一个支承整体的运转情况,计算其当量静载荷时用双列轴承的 x_0 和 y_0 值,以 F_R 和 F_A 作为作用在该支承上的总载荷。

例 12-1　一水泵选用向心球轴承。已知轴颈 $d=35$ mm,转速 $n=2900$ r/min,轴承所承受的径向载荷 $F_r=2300$ N,轴向载荷 $F_a=540$ N,要求使用寿命 $L_h'=5000$ h,试选择轴承型号。

解　设计过程见下表:

计 算 及 说 明	结 果
1. 计算当量动载荷 P 暂选轴承为深沟球轴承 6207,其额定动载荷 $C=25\ 500$ N,额定静载荷 $C_{0r}=15\ 200$ N(GB/T 276—2013) $F_a/C_{0r}=540/15\ 200=0.0355$,查表 12-5 并插值计算,$e=0.23$ 因 $F_a/F_r=540/2300=0.235>e$,查表 12-5 并插值计算,$x=0.56$,$y=1.915$	$e=0.23$ $x=0.56$ $y=1.915$
由式(12-7),当量动载荷 $P=f_p(xF_r+yF_a)$ 轴承工作时有轻微冲击,由表 12-6,载荷系数 $f_p=1.1$ 故　$P=f_p(xF_r+yF_a)=1.1\times(0.56\times2300+1.915\times540)$ N	$f_p=1.1$ $P=2554$ N
2. 计算轴承寿命 L_h 由式(12-5),轴承寿命 $L_h=\dfrac{10^6}{60n}\left(\dfrac{f_t C}{P}\right)^\varepsilon$ 因泵轴承工作温度不高,由表 12-3,温度系数 $f_t=1.00$ 故　$L_h=\dfrac{10^6}{60\times2900}\left(\dfrac{1.00\times25\ 500}{2554}\right)^3$ h	$f_t=1.00$ $L_h=5720$ h$>L_h'$ 深沟球轴承 6207 合适

例 12-2　圆锥齿轮减速器主动轴选用一对 30206 轴承,如图 12-8 所示。已知锥齿轮平均分度圆直径 $d_m=56.25$ mm,所承受圆周力 $F_t=1130$ N,轴向力 $F_a=146$ N,径向力 $F_r=380$ N,转速 $n=640$ r/min,工作中有中等冲击,试求该轴承寿命。

解　设计过程见下表：

计算及说明	结　果
查设计手册,30206 轴承的主要性能参数(GB/T 276—2013)为：$C = 43\,200$ N,$C_{0r} = 50\,500$ N,$e = 0.37$,$y = 1.6$	
1. 计算轴承支反力	
（1）水平支反力	
$F_{1H} = 50F_t/100 = 50 \times 1130/100$ N	$F_{1H} = 565$ N
$F_{2H} = 150F_t/100 = 150 \times 1130/100$ N	$F_{2H} = 1695$ N
（2）垂直支反力	
$F_{1V} = (50F_r - 0.5d_m F_a)/100 = (50 \times 380 - 0.5 \times 56.25 \times 146)/100$ N	$F_{1V} = 148.9$ N
$F_{2V} = (150F_r - 0.5d_m F_a)/100 = (150 \times 380 - 0.5 \times 56.25 \times 146)/100$ N	$F_{2V} = 528.9$ N
（3）合成支反力	
$F_{r1} = \sqrt{F_{1H}^2 + F_{1V}^2} = \sqrt{565^2 + 148.9^2}$ N	$F_{r1} = 584.3$ N
$F_{r2} = \sqrt{F_{2H}^2 + F_{2V}^2} = \sqrt{1695^2 + 528.9^2}$ N	$F_{r2} = 1775.6$ N
2. 计算轴承派生轴向力	
由表 12-7,轴承派生轴向力 F_d	$F_{d1} = 182.6$ N
$F_{d1} = F_{r1}/(2y) = 584.3/(2 \times 1.6)$ N	
$F_{d2} = F_{r2}/(2y) = 1775.6/(2 \times 1.6)$ N	$F_{d2} = 554.9$ N
3. 计算轴承所承受的轴向载荷	
因 $F_A + F_{d2} = F_a + F_{d2} = (146 + 554.9)$ N $= 700.9$ N $> F_{d1}$,轴承 1 被"压紧",	
轴承 2 被"放松"	
则　$F_{a1} = F_a + F_{d2} = (146 + 554.9)$ N $= 700.9$ N	$F_{a1} = 700.9$ N
$F_{a2} = F_{d2} = 554.9$ N	$F_{a2} = 554.9$ N
4. 计算轴承所承受当量动载荷	
轴承工作时有中等冲击,由表 12-6,载荷系数 $f_p = 1.5$	$f_p = 1.5$
因 $F_{a1}/F_{r1} = 700.9/584.3 = 1.20 > e$,查表 12-5,$x_1 = 0.4$,$y_1 = 1.6$	$x_1 = 0.4$,$y_1 = 1.6$
故 $P_1 = f_p(x_1 F_{r1} + y_1 F_{a1}) = 1.5 \times (0.4 \times 584.3 + 1.6 \times 700.9)$ N	$P_1 = 2032.7$ N
因 $F_{a2}/F_{r2} = 554.9/1775.6 = 0.3125 < e$,查表 12-5,$x_2 = 1$,$y_2 = 0$	$x_2 = 1$,$y_2 = 0$
故 $P_2 = f_p(x_2 F_{r2} + y_2 F_{a2}) = 1.5 \times (1 \times 1775.6 + 0 \times 554.9)$ N	$P_2 = 2663.4$ N
5. 计算轴承寿命	
因 $P_2 > P_1$,故应按 P_2 计算,由表 12-3,取温度系数 $f_t = 1$	$f_t = 1$
故　$L_h = \dfrac{10^6}{60n}\left(\dfrac{f_t C}{P}\right)^\varepsilon = \dfrac{10^6}{60 \times 640}\left(\dfrac{1 \times 43\,200}{2663.4}\right)^{10/3}$ h	$L_h = 281\,294$ h

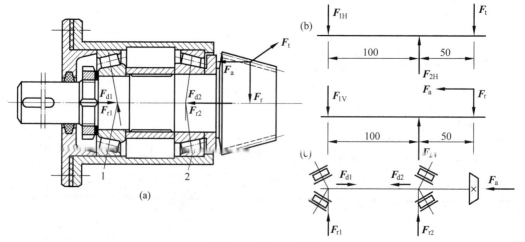

图 12-8　例 12-2 图

案例 12-1 案例 9-1 所示矿用链板输送机所用圆锥圆柱齿轮减速器的输出轴选用一对 32019 轴承,如图 12-9 所示。已知圆柱大齿轮分度圆直径 $d = 492.03$ mm,所受圆周力 $F_t = 11\,864$ N,轴向力 $F_a = 928$ N,径向力 $F_r = 4413$ N,转速 $n = 52.09$ r/min,运输机单向连续运转,中等冲击。每天工作 8 h,每年工作 300 天,预期寿命 10 年。试校核该轴承寿命。

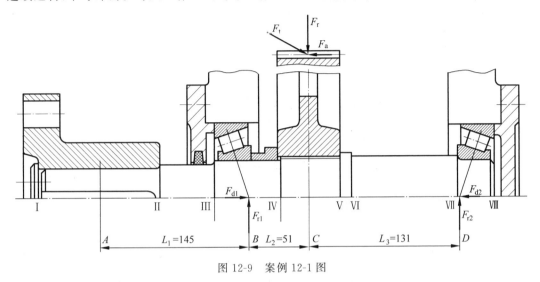

图 12-9 案例 12-1 图

解 设计过程见下表:

计 算 及 说 明	结 果
查设计手册,32019 轴承的主要性能参数(GB/T 297—2015)为:$C = 175$ kN,$C_{0r} = 280$ kN,$e = 0.36$,$y = 1.7$ 1. 轴承支反力 由例 9-1 计算可知,轴承的支反力: H 水平面 $F_{1H} = 8539$ N,$F_{2H} = 3325$ N V 垂直面 $F_{1V} = 4431$ N,$F_{2V} = -18$ N 合成支反力 $F_{r1} = \sqrt{F_{1H}^2 + F_{1V}^2} = \sqrt{8539^2 + 4431^2}$ N $F_{r2} = \sqrt{F_{2H}^2 + F_{2V}^2} = \sqrt{3325^2 + (-18)^2}$ N 2. 计算轴承派生轴向力 由表 12-7 计算轴承派生轴向力 F_d $F_{d1} = F_{r1}/(2y) = 9620/(2 \times 1.7)$ N $F_{d2} = F_{r2}/(2y) = 3325/(2 \times 1.7)$ N 3. 计算轴承所受的轴向载荷 因 $F_A + F_{d2} = F_a + F_{d2} = (928 + 978)$ N $= 1906$ N $< F_{d1}$,轴承 2 被"压紧",轴承 1 被"放松",则 $F_{a2} = F_{d1} - F_a = (2829 - 928)$ N $= 1901$ N $F_{a1} = F_{d1} = 2829$ N 4. 计算轴承所承受当量动载荷 轴承工作时有中等冲击,由表 12-6,载荷系数 $f_p = 1.5$ 因 $F_{a1}/F_{r1} = 2829/9619 = 0.294 < e$,查表 12-5,$x_1 = 1$,$y_1 = 0$	$F_{1H} = 8539$ N $F_{2H} = 3325$ N $F_{1V} = 4431$ N $F_{2V} = -18$ N $F_{r1} = 9620$ N $F_{r2} = 3325$ N $F_{d1} = 2829$ N $F_{d2} = 978$ N $F_{a1} = 2829$ N $F_{a2} = 1901$ N $f_p = 1.5$ $x_1 = 1$,$y_1 = 0$

续表

计算及说明	结　果
故 $P_1 = f_p(x_1 F_{r1} + y_1 F_{a1}) = 1.5 \times (1 \times 9619)$ N $= 14\ 429$ N 因 $F_{a2}/F_{r2} = 1901/3325 = 0.572 > e$，查表 12-5，$x_2 = 0.4，y_2 = 1.7$ 故 $P_2 = f_p(x_2 F_{r2} + y_2 F_{a2}) = 1.5 \times (0.4 \times 3325 + 1.7 \times 1901)$ N $= 6843$ N 5. 计算轴承寿命 　因 $P_1 > P_2$，故应按 P_1 计算，由表 12-3，温度系数 $f_t = 1$ 　故　$L_h = \dfrac{10^6}{60n}\left(\dfrac{f_t C}{P}\right)^\varepsilon = \dfrac{10^6}{60 \times 52.09}\left(\dfrac{1 \times 175\ 000}{14\ 429}\right)^{10/3}$ h 　预期寿命 $L_h' = 10 \times 300 \times 8 = 2.4 \times 10^4$ h	$P_1 = 14\ 429$ N $x_2 = 0.4，y_2 = 1.7$ $P_2 = 6843$ N $f_t = 1$ $L_h = 1.31 \times 10^6$ h 满足寿命要求

12.5　滚动轴承的润滑和密封

12.5.1　滚动轴承的润滑

1　润滑方式的选择

润滑方式的选择见表 12-10。

表 12-10　滚动轴承在各种润滑方式下的 d_n 允许值　　单位：mm·r/min

轴承类型	脂润滑	油 润 滑			
		油浴、飞溅润滑	滴油润滑	压力循环、喷油润滑	油雾润滑
深沟球轴承、调心球轴承、角接触球轴承、圆柱滚子轴承	<180 000	250 000	400 000	600 000	>600 000
圆锥滚子轴承	100 000	160 000	230 000	300 000	—
推力球轴承	40 000	60 000	120 000	150 000	—

2. 润滑剂的选择

滚动轴承润滑剂的选择主要取决于载荷、速度和温度等工作条件。图 12-10 供确定润滑油的黏度时参考。选择时由速度参数 $4 \times 10^5/(d_m n)$ 和载荷参数 C/P 从图 12-10(a) 确定工作温度条件下所需的运动黏度，再根据该运动黏度画水平线，该水平线与轴承实际工作温度的垂线相交，按交点所接近的黏度等级线确定润滑油的黏度。图 12-10 中，参数 d_m 为轴承内、外径的平均值，mm；n 为轴承转速，r/min；C 为基本额定动载荷；P 为当量动载荷。

图 12-11 可供选择润滑脂时参考。选择时根据 $K_a d_m n$（对于调心滚子轴承、圆锥滚子轴承、滚针轴承，$K_a = 2$，对于球轴承和圆柱滚子轴承，$K_a = 1$）和 P/C 确定区域（Ⅰ、Ⅱ或Ⅲ），再按区域选用不同的润滑脂。一般润滑脂有钙基润滑脂、钠基润滑脂等，高压、高速润滑脂可查有关资料。

12.5.2　滚动轴承的密封类型

轴承的密封装置是为了阻止灰尘、水、酸气和其他杂物进入轴承，并阻止润滑剂流失而

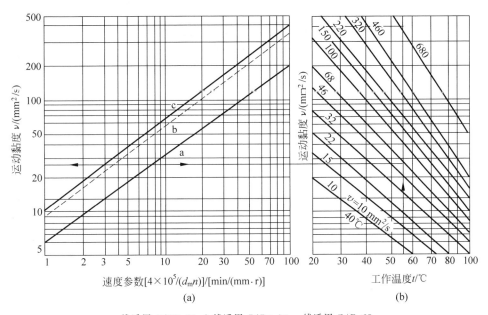

(a)　　　　　　　　　　　　(b)

a 线适用 $C/P>20$；b 线适用 $C/P\approx20$；c 线适用 $C/P<5$。

图 12-10　润滑油的运动黏度和轴承载荷、速度和温度的关系

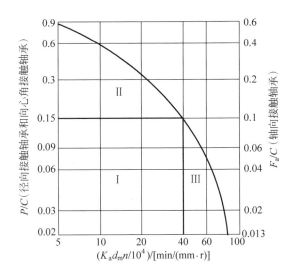

Ⅰ区—常用区域，选用一般润滑脂；

Ⅱ区—高压区域，选用高压润滑脂；

Ⅲ区—高压、高速区域，选用高压、高速润滑脂。

图 12-11　润滑脂的选用

设置的。密封装置可分为两大类,即接触式密封和非接触式密封,它们的适用场合及说明见表 12-11。

表 12-11 常见滚动轴承密封类型

密封类型	图 例	适 用 场 合	说 明
接触式密封	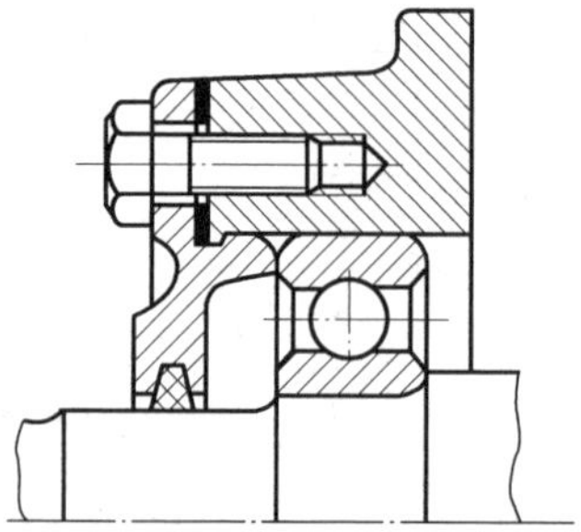 (a) 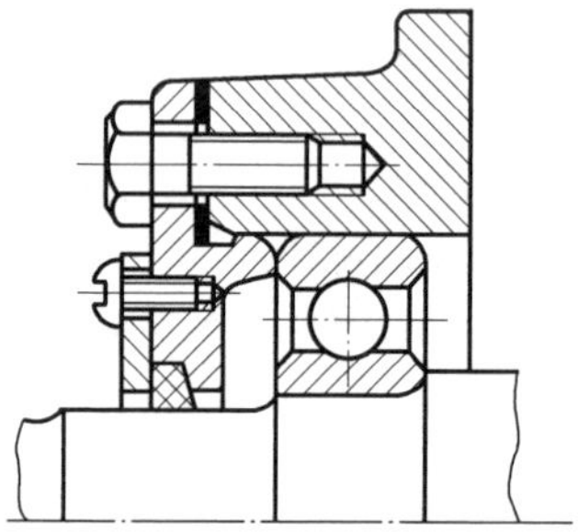 (b)	脂润滑。要求环境清洁,轴径圆周速度 v 不大于 $4\sim5$ m/s,工作温度不超过 90℃	矩形截面的毛毡圈被安装在梯形槽内,它对轴产生一定的压力,从而起密封作用
	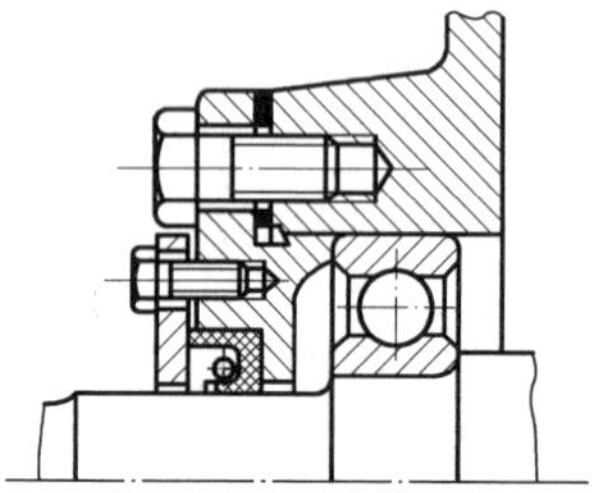 (a) 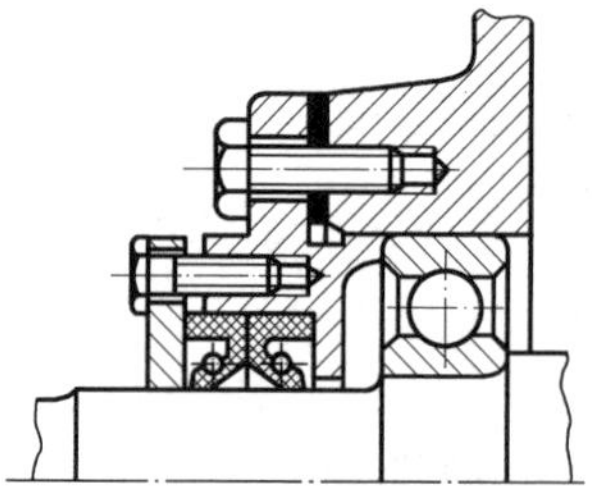 (b)	脂或油润滑。轴径圆周速度 $v<7$ m/s,工作温度为 $-40\sim100$℃	唇形密封圈用耐油橡胶制成,靠弯折了的橡胶的弹力和附加的环形螺旋弹簧的扣紧作用紧套在轴上,起密封作用。图(a)中密封唇朝内,目的是防漏油;图(b)中反向放置的两个密封唇,既防漏油又防灰尘、杂质进入

密封类型	图　例	适用场合	说　明
非接触式密封	 （a） （b）	脂润滑。干燥清洁环境	靠轴与盖间的细小环形间隙密封,间隙越小越长,效果越好。间隙 δ 取 $0.1\sim0.3$ mm
		脂或油润滑。工作温度不高于密封用脂的滴点。这种密封效果可靠	将旋转件与静止件之间的间隙做成迷宫形式,在间隙中充填润滑脂或润滑油以加强密封效果。分径向和轴向曲路两种

习　　题

12-1　某齿轮轴上装有 6212 型滚动轴承,承受径向载荷 $F_r=6000$ N,载荷平稳,轴的转速为 400 r/min,工作温度为 125℃,已工作过 5000 h,试问该轴承还能用多长时间?

12-2　题 12-2 图为某轴用一对 6314 型滚动轴承作为支承,两个轴承所承受径向载荷分别为 $F_{r1}=7550$ N,$F_{r2}=3980$ N,轴上的轴向载荷 $F_A=2270$ N,工作时有中等冲击,在常温下工作,要求使用寿命不低于 20 000 h。试验算这对轴承能否满足要求。

12-3　题 12-3 图为一对反装 7200AC 型滚动轴承,其所承受径向载荷分别为 $F_{r1}=5000$ N,$F_{r2}=8000$ N,轴上的轴向载荷 $F_A=2000$ N,试分别计算两轴承的轴向力 F_{a1}、F_{a2}。

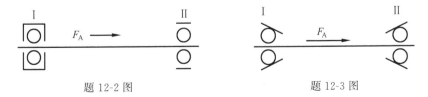

题 12-2 图　　　　　　　　　　　　　　　　　题 12-3 图

12-4 题 12-4 图为一对 30308 型滚动轴承,其所承受径向载荷分别为 $F_{r1}=4700$ N,$F_{r2}=1700$ N,轴上的轴向载荷 $F_A=320$ N,试分别计算两轴承的当量动载荷 P_1、P_2。

12-5 轴承的支承如题 12-2 图所示,在其所承受径向载荷分别为 $F_{r1}=7500$ N,$F_{r2}=15\ 000$ N,轴上的轴向载荷 $F_A=3000$ N,轴的转速 $n=1470$ r/min,预期寿命 $L'_h=8000$ h 的条件下,试选择轴承的型号:

(1)选用 $\alpha=15°$ 的 7 类轴承;(2)选用 $\alpha=25°$ 的 7 类轴承。

12-6 题 12-6 图为斜齿圆柱齿轮减速器的低速轴,轮齿上作用圆周力 $F_t=1890$ N,轴向力 $F_a=360$ N,径向力 $F_r=700$ N,转速 $n=196$ r/min,斜齿轮分度圆直径 $d=188$ mm,装轴承处轴颈直径为 30 mm,轴承预期寿命 $L'_h=20\ 000$ h,载荷系数 $f_p=1.5$。试选择轴承型号:

(1)选用深沟球轴承;(2)选用圆锥滚子轴承。

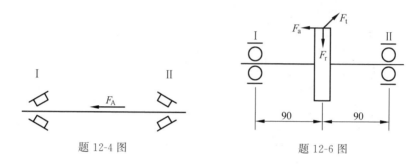

题 12-4 图　　　　　　　　题 12-6 图

12-7 如题 12-7 图所示,斜齿轮轴采用一对正安装角接触轴承。已知轴上所承受载荷:轴向载荷 $F_A=2500$ N,径向载荷 $F_R=4800$ N,方向如题 12-7 图所示,该轴转速 $n=1800$ r/min,轴颈直径 $d=50$ mm,预期寿命 $L'_h=8000$ h,工作平稳。试确定:

(1)两轴承所承受的载荷;(2)两轴承的当量动载荷;(3)轴承型号。

12-8 如题 12-8 图所示,一工程机械中的传动装置,根据工作条件决定采用一对圆锥滚子轴承,并暂定轴承型号为 30308,已知轴承载荷 $F_{r1}=2400$ N,$F_{r2}=5000$ N,轴上的轴向载荷 $F_A=800$ N,轴转速 $n=500$ r/min,运转中受中等冲击,预期寿命 $L'_h=12\ 000$ h,试问所选轴承型号是否合适?

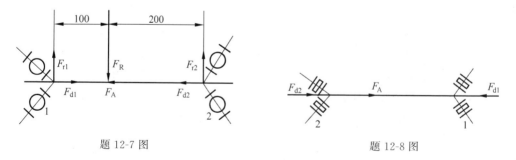

题 12-7 图　　　　　　　　题 12-8 图

第13章 联轴器、离合器和制动器

【教学导读】

联轴器和离合器用来连接两轴,使之一同回转并传递运动与转矩。有时也用作安全装置。联轴器在机器停车后用拆装方法才能把两轴分离或连接。离合器在机器运转过程中,可使两轴随时接合或分离。制动器主要用来降低机械速度或使机械停止运转,有时也用作限速装置。本章介绍常见联轴器、离合器和制动器的类型及选用。

13-1

【课前问题】

(1)常用联轴器有哪些类型?各适用在什么场合?

(2)常用离合器有哪些类型?各适用在什么场合?

(3)常用制动器有哪些类型?各适用在什么场合?

13-2

【课程资源】

标准资源:凸缘联轴器主要技术参数;LX 型弹性柱销联轴器技术参数;LT 型弹性套柱销联轴器技术参数;梅花型弹性联轴器技术参数。

13-3

13-4

13.1 联 轴 器

13.1.1 联轴器的类型

联轴器所连接的两轴的制造及安装误差,承载后的变形及温度变化的影响等,会引起两轴相对位置的变化,致使不能保证两轴严格对中,如图 13-1 所示。

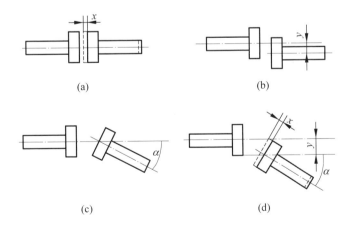

图 13-1 联轴器连接两轴的相对位移

联轴器分类如下：

联轴器
- 机械式
  - 刚性(无补偿轴间相对位移能力)：如套筒、凸缘、夹壳联轴器等
  - 挠性
    - 无弹性元件：如十字滑块、齿式、滚子链、万向联轴器等
    - 金属弹性元件：如蛇形弹簧、簧片、膜片、波纹管联轴器等
    - 非金属弹性元件：如弹性套柱销、轮胎式、弹性柱销联轴器等
- 液力式：液力联轴器
- 电磁式：电磁联轴器

联轴器类型很多,常用的联轴器结构、性能、使用条件及优缺点见表13-1。

表 13-1 常用联轴器结构、性能、使用条件及优缺点

名称	结 构 简 图	许用转矩/(N·m)	轴径范围/mm	允许转速/(r/min)	许用位移			使用条件	优缺点
					轴向 Δx /mm	径向 Δy/ mm	角向 Δα		
凸缘联轴器	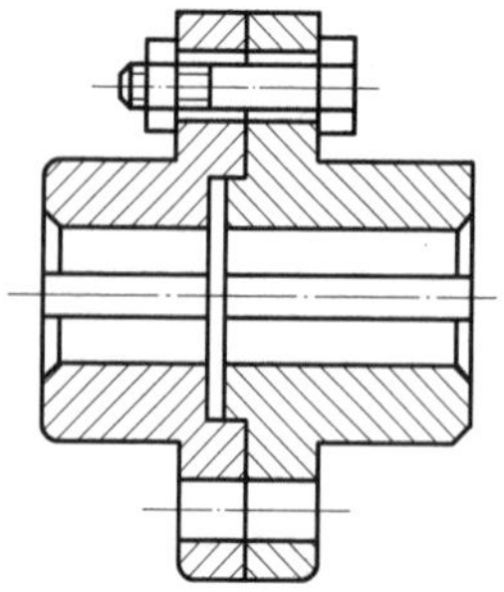	25～ 100 000	12～ 250	1600～ 12 000				适用于转速低、无冲击、刚性大的轴	构造简单、成本低、可传递较大的转矩。缺乏补偿相对位移能力。装拆时须将轴进行轴向移动
套筒联轴器	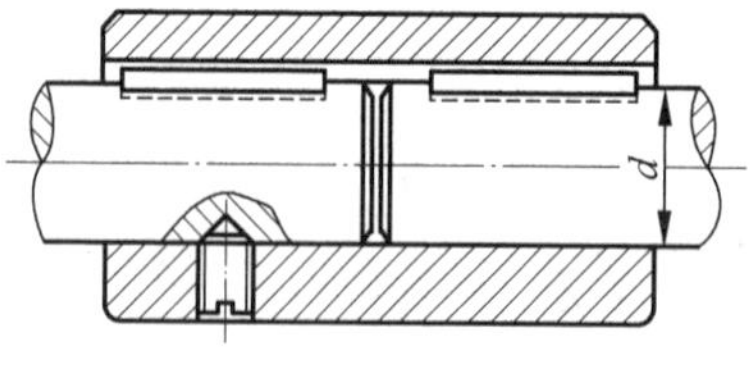	71～ 4000	4～ 100	≤250				适用于两轴同心度高、工作平稳、无冲击载荷的场合	结构简单,制造方便,径向尺寸较小,成本较低。装拆时须将轴进行轴向移动。缺乏补偿相对位移能力

名称	结 构 简 图	许用转矩/(N·m)	轴径范围/mm	允许转速/(r/min)	许用位移			使用条件	优缺点
					轴向 Δx /mm	径向 Δy/mm	角向 Δα		
齿式联轴器	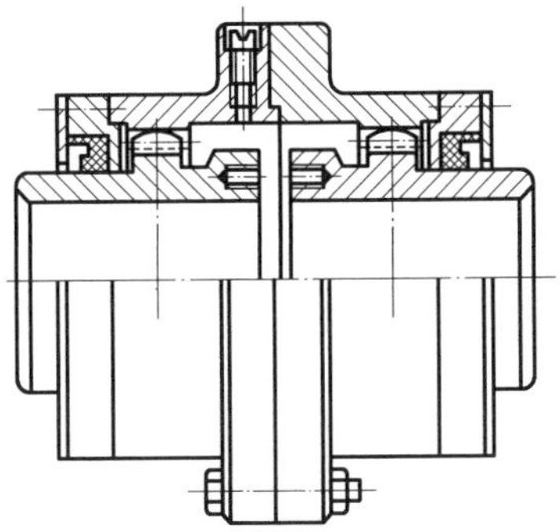	CL 型 710～ 10⁶	CL 型 18～ 560	CL 型 300～ 3780	较大		直齿 30′ 鼓形齿 1°30′	适用于高速,正反转多变频繁起动场合,在重型机器和起重设备中应用较广。用于高速传动,需进行动平衡处理,需良好的润滑和密封	承载能力高,并允许有较大的偏移量,安装精度要求不高。但结构较复杂,质量较大,成本较高。不宜用于立轴连接
十字滑块联轴器	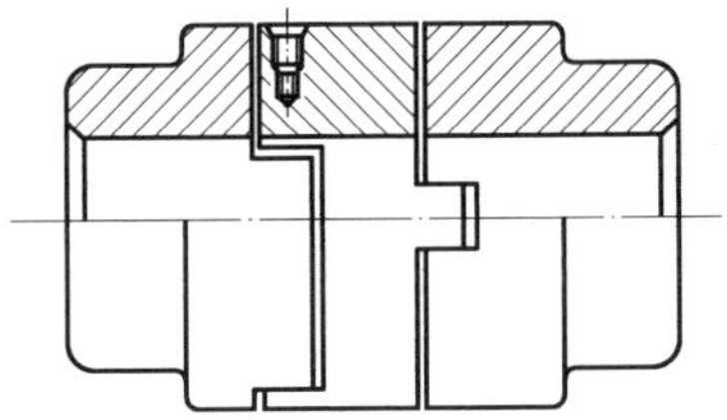	120～ 20 000	15～ 150	100～ 250		0.04d (d 为轴的直径)	30′	用于两轴间相对径向位移较大、轴的刚度较大、无剧烈冲击、传递转矩大而转速不高的两轴连接,工作时应注意润滑	结构简单,径向尺寸较小。工作面易磨损
十字轴式万向联轴器	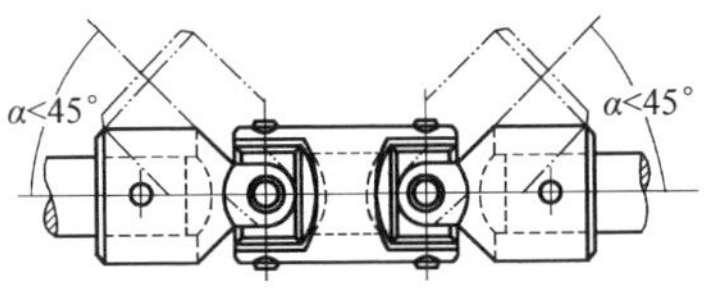	2500～ 1 000 000	100～ 550	3300			≤45° 常用 <10°	适用于允许两轴间有较大角位移或工作中有较大角位移的场合,广泛应用于汽车、多头钻床等机器的传动系统中	传递转矩范围较大,结构紧凑,维护方便

其中"齿式联轴器"行结构简图上标注:直齿 0.4 ～ 6.3;"十字轴式万向联轴器"结构简图标注 α<45° α<45°

名称	结构简图	许用转矩/(N·m)	轴径范围/mm	允许转速/(r/min)	许用位移			使用条件	优缺点
					轴向 Δx/mm	径向 Δy/mm	角向 Δα		
弹性套柱销联轴器	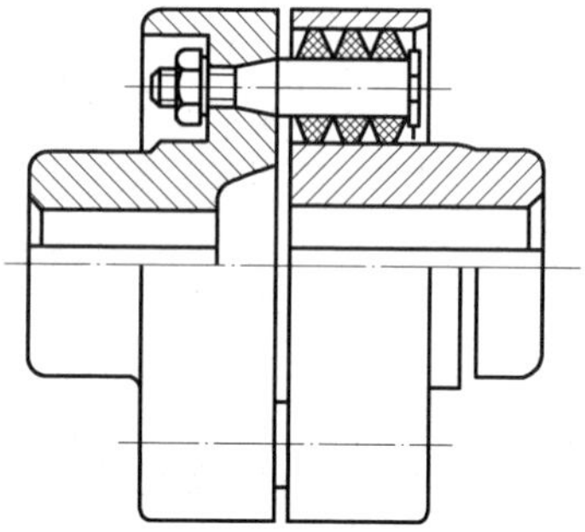	16~22 400	10~170	1150~8800	较大	0.2~0.6	30′~1°30′	适用于连接载荷平稳、需正反转或起动频繁的传递中、小转矩的场合	结构比较简单,制造容易,更换方便,不用润滑。具有一定的补偿两轴线相对偏移能力和减振、缓冲性能,但弹性套易磨损,寿命较短
弹性柱销联轴器	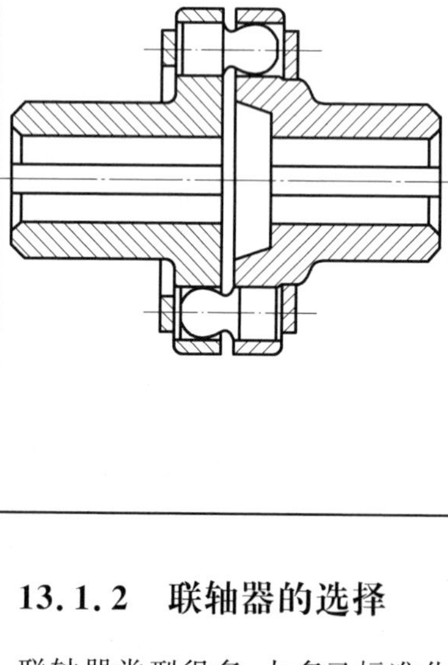	250~180 000	12~340	950~8500	0.5~3	0.15~0.25	30′	适用于轴向窜动较大、正反转变化较多和起动频繁的场合	传递很大转矩,结构简单,安装、制造方便,耐久性好,有一定的缓冲和减振能力,允许被连接两轴有一定的轴向位移以及少量的径向位移和角位移

13.1.2　联轴器的选择

联轴器类型很多,大多已标准化或规格化了,一般情况下,只需正确选择联轴器的类型,确定联轴器的型号及尺寸。必要时,可对其易损的薄弱环节进行载荷能力的校核计算,转速高时,还应验算其外缘的离心应力和弹性元件的变形,进行平衡试验等。

1. 选择联轴器的类型

选择联轴器类型时,应考虑以下因素:原动机的机械特性和负载性质,对缓冲、减振性能的要求以及是否可能发生共振等；能否补偿由制造和装配误差、轴受载和热膨胀变形以及部件之间的相对运动等引起的联轴器所连两轴轴线的相对位移；外形尺寸和安装方法应便于装配、调整和维护，应考虑必需的操作空间；高速场合工作的联轴器应考虑联轴器外缘的离心应力和弹性元件的变形等因素，并应进行平衡试验等。

2. 确定联轴器型号、尺寸

选定合适的联轴器类型后，可按转矩、轴直径和转速等确定联轴器的型号和结构尺寸。

考虑起动引起的动载荷及过载等现象，在名义转矩 T 中引入工作情况系数 K_A，得联轴器的计算转矩 T_{ca} 为

$$T_{ca} = K_A T \tag{13-1}$$

式中，T——联轴器所需传递的名义转矩，N·m；

　　　T_{ca}——联轴器所需传递的计算转矩，N·m；

　　　K_A——工作情况系数，其值见表 13-2。

表 13-2　工作情况系数 K_A

分类	工作情况及举例	电动机、汽轮机	四缸和四缸以上内燃机	双缸内燃机	单缸内燃机
Ⅰ	转矩变化很小，如发电机、小型通风机、小型离心泵	1.3	1.5	1.8	2.2
Ⅱ	转矩变化小，如透平压缩机、木工机床、运输机	1.5	1.7	2.0	2.4
Ⅲ	转矩变化中等，如搅拌机、增压泵、有飞轮的压缩机、冲床	1.7	1.9	2.2	2.6
Ⅳ	转矩变化和冲击载荷中等，如织布机、水泥搅拌机、拖拉机	1.9	2.1	2.4	2.8
Ⅴ	转矩变化和冲击载荷大，如造纸机、挖掘机、起重机、碎石机	2.3	2.5	2.8	3.2
Ⅵ	转矩变化大并有强烈的冲击载荷，如压延机、无飞轮的活塞泵、重型初轧机	3.1	3.3	3.6	4.0

根据计算转矩、轴直径和转速等，由下面的条件，可从有关手册中选取联轴器的型号和结构尺寸。

$$\begin{cases} T_{ca} \leqslant [T] \\ n \leqslant n_{max} \end{cases} \tag{13-2}$$

式中，$[T]$——所选联轴器的许用转矩，N·m；

　　　n_{max}——所选联轴器允许的最高转速，r/min。

案例 13-1　案例 4-1 所示矿用链板输送机，圆锥圆柱齿轮减速器的输出轴与工作机星轮轴通过联轴器连接。运输机单向连续运转，中等冲击。已知输出轴传递的功率 $P_3 = 15.92$ kW，转速 $n_3 = 52.09$ r/min，输出轴伸的直径 $d = 80$ mm。试选择联轴器。

解　设计过程见下表：

计算项目及说明	结　　果
1. 联轴器类型选择 　　为了缓冲和减振,选用弹性柱销联轴器	弹性柱销联轴器
2. 载荷计算 　　由案例 4-2 计算可知: 　　输出轴传递公称扭矩: $T=2918.72$ N·m 　　工作情况系数 K_A,由表 13-2 查得 $K_A=1.9$ 　　由式(13-1),得计算转矩 $T_{ca}=K_A T=1.9\times2918.72$ N·m	$T=2918.72$ N·m $T_{ca}=5545.57$ N·m
3. 型号选择 　　由计算转矩 T_{ca}、转速 n、轴伸直径 d 的大小,按 GB/T 5014—2017,查得联轴器型号为 LX6 型联轴器,其许用转矩为 6300 N·m,许用转速为 2720 r/min。选 J 型轴孔,轴孔直径为 80 mm,轴孔长度为 132 mm	LX6 型弹性柱销联轴器 (GB/T 5014—2017)

13.2　离　合　器

离合器在机器运转中可将传动系统随时分离或接合。对离合器的要求有接合平稳,分离迅速而彻底,调节和修理方便,外廓尺寸小,质量小,耐磨性好和有足够的散热能力,操纵方便省力。

13.2.1　离合器的类型及应用

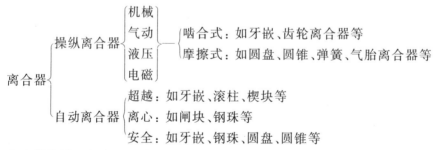

离合器的类型与应用见表 13-3。

表 13-3　离合器的类型与应用

类　型		变型或附属型	自动或可控	是否可逆	典 型 应 用
机械式	刚性	牙嵌	可控	是	农业机械、机床等
		齿型	可控	是或否	通用机械传动
		转键	可控	是	曲轴压力机
		滑键	可控	是	一般机械
		拉键	可控	是	小转矩机械传动

类　　型		变型或附属型	自动或可控	是否可逆	典 型 应 用
机械式	摩擦	干式单片	可控	是	拖拉机、汽车
		湿式单片			
		干式多片	可控	是	汽车、工程机械、机床
		湿式多片			
		锥式	可控	是	机械传动
		涨圈	可控	是	机械传动
		扭簧	可控	是	机械传动
	离心	自由闸块式	自动	否	离心机、压缩机、搅拌机
		弹簧闸块式	自动	否	低起动转矩传动
		钢球式	自动	是或否	特殊传动
	超越	滚柱式	自动	否	升降机、汽车
		棘轮式	自动	否	农机、自行车等
		楔块式	自动	否	飞轮驱动、飞机
		螺旋弹簧式	自动	否	高转矩传动
		同步切换式	自动	否	发电机组等
电磁	磁场	湿式粉末	自动	是或否	专用传动
	磁滞	干式粉末	自动	是或否	专用传动
	涡流		自动或可控	是	小功率仪表、伺服传动
			自动或可控	是	电铲、拔丝、冲压、石油
流体摩擦	气胎	鼓式	自动	是	船舶
		缘式	自动	是	
		盘式	自动	是	
	液压	盘式	自动	是	船舶、工业机械
流体	液力	变矩器	自动	否	液力变速箱
		耦合器	自动	是	挖掘机、矿山机械

13.2.2　牙嵌离合器

如图 13-2 所示,牙嵌离合器主要由端面带齿的两个半离合器 1、2 组成,通过啮合的齿来传递转矩。其中半离合器 1 固装在主动轴上,而半离合器 2 利用导向平键安装在从动轴上,它可沿轴线移动。工作时利用操纵杆(图 13-2 中未画出)带动滑环 3,使半离合器 2 做轴向移动,实现离合器的接合或分离。

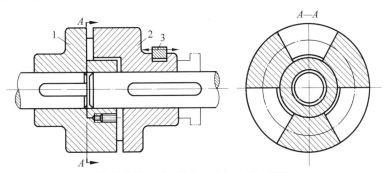

1—固定半离合器;2—移动半离合器;3—滑环。

图 13-2　牙嵌离合器

牙嵌离合器常用的牙形及使用条件见表 13-4。

表 13-4 牙嵌离合器的牙形及使用条件

牙形和角度	使用条件和特点	牙形和角度	使用条件和特点
$\alpha=30°\sim45°$	应在运转速度很低时结合,可双向传动,传递转矩较小	$\alpha=2°\sim8°$ $50°\sim70°$	用于转速差较大而要求结合容易时,单向传动,牙强度最高,传递转矩大
$\alpha=2°\sim8°$	用于转速差较大而要求结合容易时。可双向传动,传递转矩较大,牙强度高,能自动补偿磨损和牙侧间隙,应用广	$\alpha=2°\sim8°$ $50°\sim70°$	静止状态下手动结合,可双向传动,传递转矩较大,牙磨损后无法补偿

牙嵌离合器齿数选择原则是:传递转矩越大,选用牙数应越小;要求结合时间越短,选用的牙数越多。但牙数越多,各牙分担的载荷越不均匀。为了减轻牙的磨损,牙面应具有较高的硬度。

牙嵌离合器接合后两半离合器没有相对滑动,可保证两轴同速转动,牙嵌离合器不发热,结构简单,外廓尺寸小,多用于低速轴,通常在两轴的转速差较小或相对静止的情况下接合。

13.2.3 圆盘摩擦离合器

圆盘摩擦离合器可分为单盘式和多盘式两种。图 13-3 所示多盘摩擦离合器有两组摩擦片,其中外摩擦片组 4 利用外圆上的花键与外鼓轮 2 相连(外鼓轮 2 与轴 1 相固连),内摩擦片组 5 利用内圆上的花键与内套筒 10 相连(内套筒 10 与轴 9 相固连)。当滑环 8 做轴向移动时,将拨动曲臂压杆 7,使压板 3 压紧或松开内、外摩擦片组,从而使离合器接合或分离。

由圆盘摩擦离合器的结构和工作原理可见,它靠摩擦工作,但摩擦又会带来发热和磨损。因此摩擦盘的材料和热处理就很重要。表 13-5 为摩擦离合器圆盘的材料及性能。

表 13-5 摩擦离合器圆盘的材料及性能

摩擦副的材料及工作条件		摩擦因数 f	基本许用压力 $[p_0]$[1]$/(\text{N/mm}^2)$
在油中工作	淬火钢-淬火钢	0.06	$0.6\sim0.8$
	淬火钢-青铜	0.08	$0.4\sim0.5$
	铸铁-铸铁或淬火钢	0.08	$0.6\sim0.8$
	钢-夹布胶木	0.12	$0.4\sim0.6$
	淬火钢-陶质金属	0.1	0.8
不在油中工作	压制石棉-钢或铸铁	0.3	$0.2\sim0.3$
	淬火钢-陶质金属	0.4	0.3
	铸铁-铸铁或淬火钢	0.15	$0.2\sim0.3$

① 基本许用压力为标准情况下的许用压力。

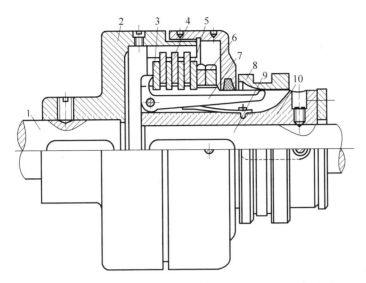

1—主动轴；2—外鼓轮；3—压板；4—外摩擦片组；5—内摩擦片组；6—固定圆螺母；
7—曲臂压杆；8—滑环；9—从动轴；10—内套筒。

图 13-3　多盘摩擦离合器

在设计圆盘摩擦离合器时要进行压紧力 F_Q 和最大转矩的计算。

(1) 压紧力 F_Q。假定压力沿摩擦面均匀分布，压紧力 F_Q 为

$$F_Q = \frac{\pi(D_2^2 - D_1^2)}{4}[p], \text{N} \tag{13-3}$$

式中，D_1、D_2——外摩擦盘内径和内摩擦盘外径，mm；

　　　　$[p]$——许用压力，N/mm^2。

许用压力 $[p]$ 为基本许用压力 $[p_0]$ 与系数 k_1、k_2、k_3 的乘积，即

$$[p] = [p_0]k_1k_2k_3 \tag{13-4}$$

式中，k_1、k_2、k_3 分别为因离合器的平均圆周速度、主动摩擦片数以及每小时的接合次数不同而引入的修正系数，见表 13-6；各种摩擦副材料的摩擦因数 f 和基本许用压力 $[p_0]$ 见表 13-5。

表 13-6　修正系数 k_1、k_2、k_3

平均圆周速度/(m·s^{-1})	1	2	2.5	3	4	6	8	10	15
k_1	1.35	1.08	1	0.94	0.86	0.75	0.68	0.63	0.55
主动摩擦片数	3	4	5	6	7	8	9	10	11
k_2	1	0.97	0.94	0.91	0.88	0.85	0.82	0.79	0.76
每小时接合次数	90	120		180		240		300	≥360
k_3	1	0.95		0.80		0.70		0.60	0.50

（2）最大转矩 $T_{\max}$ 计算。多盘式摩擦离合器能传递的最大转矩为

$$T_{\max} = f F_{Q} R_{m} z \geqslant K_{A} T \qquad (13\text{-}5)$$

式中，z——接合摩擦面数；

　　　R_{m}——摩擦盘的平均半径，$R_{m} = (D_{1} + D_{2})/4$；

　　　K_{A}——见表13-2。

设计时，可先选定摩擦面材料，根据结构要求初步定出摩擦片接合面的直径 D_{1} 和 D_{2}，然后利用式（13-3）求出压紧力 F_{Q}，再利用式（13-5）求出所需的接合摩擦面数 z。

13.3　制　动　器

制动器应满足的基本要求是：能产生足够的制动力矩，制动平稳可靠，操纵灵活，散热好，体积小，有足够的强度、刚度和耐久性，构造简单，维修方便。

13.3.1　制动器的类型

制动器
{ 根据制动零件结构特点：块式、带式和盘式制动器等
根据非工作时制动零件状态：常闭和常开式制动器
根据控制方法：自动式和操纵式制动器

常用制动器的类型主要有瓦块制动器、内张蹄式制动器、带式制动器、钳盘式制动器等。其结构、特点和应用见表13-7和图13-4～图13-6。

表 13-7　常用机械制动器分类

形式	制动器名称	特　点	应　用　范　围
轮式制动器	外抱瓦块制动器（简称为瓦块制动器，也称为块式制动器）（见图13-4）	构造简单、可靠，制造与安装方便，双瓦块无轴向力，维护方便，价格便宜。有冲击和振动。广泛用于各种机械中	各种起重运输机械、石油机械、矿山机械、挖掘机械、冶金机械及设备、建筑机械、船舶机械等
	内张蹄式制动器（简称为蹄式制动器）（见图13-5）	结构紧凑，构造复杂，制动不够平稳，散热性差；制动鼓的热膨胀影响制动性能。价格高，维修不方便，逐渐被盘式制动器所代替。曾广泛用于各种车辆的行走轮上	各种车辆（如汽车、拖拉机、叉车等），各种无轨运行式起重机的行走机构，筑路机械、飞机等
	带式制动器（见图13-6）	结构简单、紧凑，包角大，因而制动力矩大。制动轮轴承受较大的弯曲载荷，制动带的比压分布不均匀等	各种卷扬机、机床、汽车起重机的起升机构以及要求紧凑的机构。装在低速轴或卷筒上的安全制动器
盘式制动器	单盘制动器（有干式或湿式之分）	制动平稳。湿式散热性较好，承受轴向载荷	电动葫芦及各种车辆
	多盘制动器（有干式或湿式之分）	制动平稳，制动力矩大。干式散热性差，湿式散热性好，承受轴向载荷	电动葫芦、机床、汽车、飞机、坦克以及工程机械等大型设备

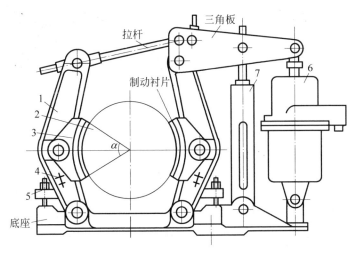

1—制动架（包括制动臂、底座、三角板、拉杆等）；2—制动轮；3—制动瓦块（包括制动衬片）；
4—制动瓦块复位装置；5—退距调整装置；6—松闸装置（电力液压推动器）；7—紧闸装置（弹簧）。

图 13-4　块式制动器

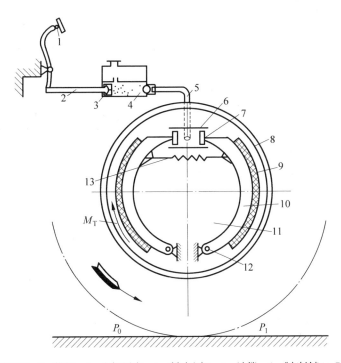

1—制动踏板；2—推杆；3—主缸活塞；4—制动主缸；5—油管；6—制动轮缸；7—轮缸活塞；
8—制动鼓；9—制动垫片；10—制动蹄；11—制动底板；12—支承销；13—制动蹄回位弹簧。

图 13-5　内张蹄式制动器制动系统

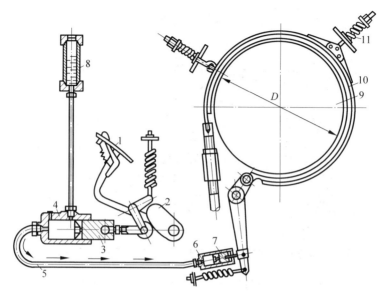

1—踏板；2—凸轮；3,7—活塞；4,6—油缸；5—油管；8—储油器；9—制动轮；10—钢带；
11—防止制动带偏斜和贴在制动轮上，并保证松闸间隙的机构。

图 13-6　液压操纵带式制动器

制动器主要组成部分一般包括以下几个。

（1）制动架或壳体。它是制动器的基础件,起连接或组装其他零部件的作用。

（2）紧闸装置。它是使制动器起制动作用的紧闸部件,如手柄、杠杆、弹簧、液压和气压装置等。

（3）松闸装置。松闸装置也称驱动器装置,使制动器不起制动作用的部件,即松闸部件,如手柄、杠杆、电力液压推动器、电磁液压推动器、电磁阀和液压系统、电磁铁等。

（4）摩擦副。摩擦副即制动轮(盘)和制动瓦块,是制动器执行制动的对偶件。

（5）调整装置。调整装置是调整制动器退距均等的机构。

（6）辅助装置。辅助装置由制动瓦块的复位装置等其他零部件组成。

13.3.2　制动器的选择

1. 选择制动器类型

选择制动器时应考虑以下几方面。①配套主机的性能和结构。如起重机的起升机构、矿山机械的提升机都必须选用常闭式制动器,以保证安全可靠,而行走机构和回转机构选用常闭式或常开式制动器都可以。②配套主机的使用环境、工作条件和保养条件。若主机上有液压站,则选用带液压的制动器;若主机要求干净,并有直流电源供给时,则选用直流短程电磁铁制动器最合适。③制动器的安装位置和容量。制动器通常安装在机械传动中的高速轴上,此时,需要的制动力矩小,制动器的体积和质量小,但安全可靠性相对较差。若安装在机械传动的低速轴上,则比较安全可靠,但转动惯量人,所需的制动力矩大,制动器体积和质量相对也大。④经济性。满足使用要求前提下,成本最好低些。

2. 确定制动器型号

对于制动器型号,主要根据制动轴所需的计算制动力矩来选择,再进行必要的发热、制动时间（或距离、转角）等验算。

制动轴上所需的计算制动力矩 T_{ca}，可由稳定工况时的驱动力矩 T_L（即根据外载荷计算所需的制动力矩或要求的给定值）和传动机构的效率 η 及安全系数 S 算得

$$T_{ca} = S T_L \eta \qquad (13\text{-}6)$$

式中，T_{ca}——制动轴上需要的制动力矩，$N \cdot m$；

　　T_L——制动轴上的驱动力矩，$N \cdot m$；

　　η——由高速轴至制动轴传动机构的效率；

　　S——安全系数。

对于手动起升机构，$S = 1.3 \sim 1.5$；对于普通电动机起升机构，$S = 2 \sim 3$；对于抓斗起升机构和重型吊具的起升机构，$S = 3 \sim 4$；对于行走和回转机构，$S = 1.5$。

习　　题

13-1　一链式输送机用联轴器与电动机相连。已知传递的功率 $P = 15\ kW$，电动机转速 $n = 1450\ r/min$，两轴同轴度好。输送机工作时，起动频繁并有轻微冲击。试选择联轴器类型。

13-2　电动机与油泵之间用弹性套柱销联轴器连接，功率 $P = 20\ kW$，转速 $n = 960\ r/min$，两轴直径均为 $35\ mm$，选择联轴器型号，并验算弹性套上的压力和柱销的弯曲强度。

13-3　一单圆盘式摩擦离合器，其摩擦副材料采用压制石棉-铸铁，设环形接合面的外径 $D_2 = 150\ mm$，内径 $D_1 = 50\ mm$，主动轴转速 $n = 600\ r/min$，每小时接合次数小于 90 次，试计算此离合器所能传递的最大转矩 T_{max} 和所需的轴向压紧力 F_Q。

自测题 13

第四篇　其他零件及典型零部件结构设计

第 14 章　螺 纹 连 接

【教学导读】

螺纹连接结构简单,拆装方便,互换性好,成本低廉,工作可靠,可反复拆装而不必破坏任何零件,应用非常广泛。螺纹连接件是标准件,设计中主要解决其正确选用问题。本章介绍螺纹连接的类型、预紧和防松,螺栓组结构设计和受力分析,单个螺栓强度设计计算。

【课前问题】

(1) 螺纹连接的类型有哪些? 各适用在什么场合?

(2) 螺纹连接为什么要预紧? 如何控制预紧力的大小? 螺纹连接常用的防松方法有哪些?

14-1

(3) 提高螺纹连接强度的措施有哪些? 为什么有些汽缸盖连接螺栓采用细腰结构的长螺栓?

14-2

【课程资源】

拓展资源:螺纹连接松动机理和防松方法研究综述;HARDLOCK 防松螺母工作原理。

14.1　螺纹连接的类型

螺纹连接的基本类型有以下四种。

(1) 螺栓连接。螺栓连接分为普通螺栓连接和配合螺栓连接两种形式。

图 14-1(a)所示是普通螺栓连接,其特点是螺栓杆与被连接件的孔壁之间有间隙,孔的加工精度可以略低,结构简单,装拆方便,应用广泛。图 14-1(b)所示是配合螺栓连接,其特点是螺栓杆与被连接件的孔壁之间没有间隙,常采用基孔制过渡配合。这种连接能精确地固定被连接件的位置,主要用于螺栓承受横向载荷或需靠螺栓杆精确固定被连接件相对位置的场合。

(2) 双头螺柱连接 。如图 14-2(a)所示,双头螺柱连接主要用于被连接件之一较厚,或为了结构紧凑必须采用盲孔,且需要经常装拆的场合。

(3) 螺钉连接。如图 14-2(b)所示,螺钉连接用于被连接件之一较厚,或为了结构紧凑必须采用盲孔,且不经常装拆的场合。

(4) 紧定螺钉连接。如图 14-3 所示,紧定螺钉连接利用紧定螺钉旋入并通过一个零件,其末端压紧或嵌入另一零件,来固定两零件的相对位置,传递较小的力或转矩,多用于轴上零件的连接。

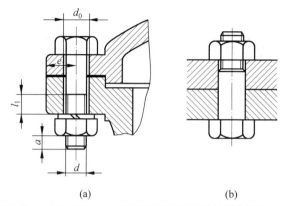

(a)　　　　　　　　　　　　　　(b)

a—螺纹伸出长度，$a=(0.2\sim0.3)d$；e—螺栓轴线到被连接件边缘的距离，$e=d+(3\sim6)$ mm；d_0—通孔直径，$d_0\approx1.1d$；l_1—螺纹余留长度，对于静载荷，$l_1\geq(0.3\sim0.5)d$，对于变载荷，$l_1\geq0.75d$，对于冲击或弯曲载荷，$l_1\geq d$，对于铰制孔用螺栓连接，$l_1\approx d$。

图 14-1　螺栓连接

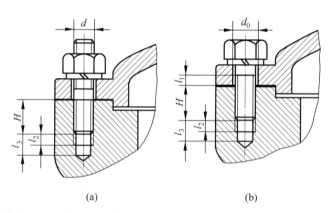

(a)　　　　　　　　　　　　　　(b)

H—拧入深度，当带螺纹孔件材料为钢或青铜时，$H\approx d$，当带螺纹孔件材料为铸铁时，$H\approx(1.25\sim1.5)d$，当带螺纹孔件材料为铝合金时，$H\approx(1.5\sim2.5)d$。

图 14-2　双头螺柱连接和螺钉连接

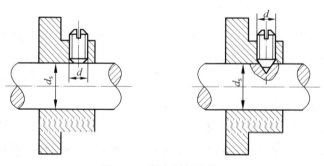

图 14-3　紧定螺钉连接

14.2 螺纹连接的预紧和防松

绝大多数的螺栓连接在装配时都必须拧紧,以提高连接的可靠性、紧密性和防松能力,这样也利于提高螺栓连接的疲劳强度和承载能力。对于较重要的有强度要求的螺栓连接,预紧力和拧紧力矩的大小应能被控制。

对于一般连接用的钢制螺栓连接的预紧力 F_0,可根据螺栓材料性能来定。对于碳素钢螺栓,$F_0 \leqslant (0.6 \sim 0.7)\sigma_s A$,对于合金钢螺栓,$F_0 \leqslant (0.5 \sim 0.6)\sigma_s A$,其中,$\sigma_s$ 为螺栓材料屈服极限,A 为螺栓危险截面的面积。

对于 M10~M68 的粗牙螺纹,其拧紧力矩 T 的计算式为

$$T \approx 0.2F_0 d \tag{14-1}$$

式中,F_0——预紧力,N;

d——螺栓的大径,mm。

控制拧紧力矩可以借助专用扳手,图 14-4(a)所示为测力矩扳手,图 14-4(b)所示为定力矩扳手。另外,还可以采用装配时测量螺栓的伸长量或控制开始拧紧后所扳动螺母的角度等方法来控制拧紧力矩。对于大型连接,还可以利用液力来拉伸螺栓,或借助电阻、电感和蒸汽加热等方法,使螺栓伸长到需要的变形量后再装上螺母。

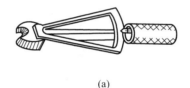

(a)

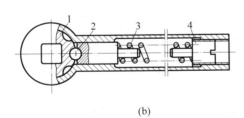

(b)

1—扳手卡盘;2—圆柱销;3—弹簧;4—调整螺钉。

图 14-4 拧紧力矩扳手

(a)测力矩扳手;(b)定力矩扳手

在静载荷和工作温度变化不大时,一般连接螺纹都具有自锁性,螺旋副不会自行松脱。但在变载荷或冲击、振动的作用下以及工作温度变化较大时,螺旋副仍然有可能松脱。因此,设计时必须采用有效的防松措施。防松的根本问题就在于防止螺纹副的相对转动。

常用的防松装置和防松方法见表 14-1。

表 14-1　常用的防松装置和防松方法

防松原理		防松装置和防松方法		
摩擦防松	轴向压紧	对顶螺母	弹簧垫圈	锁紧垫圈
	径向压紧	非金属嵌件锁紧螺母	扣紧螺母	自锁螺母
机械防松		开槽螺母与开口销	止动垫圈		头部带孔螺栓与串联钢丝
			圆螺母用	双耳	

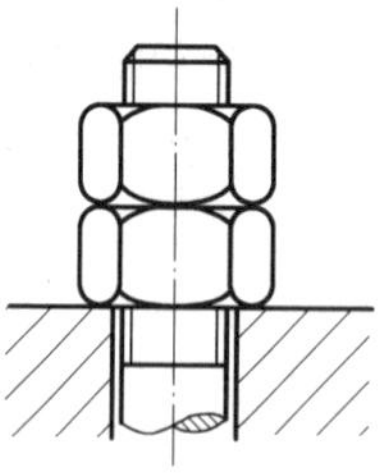

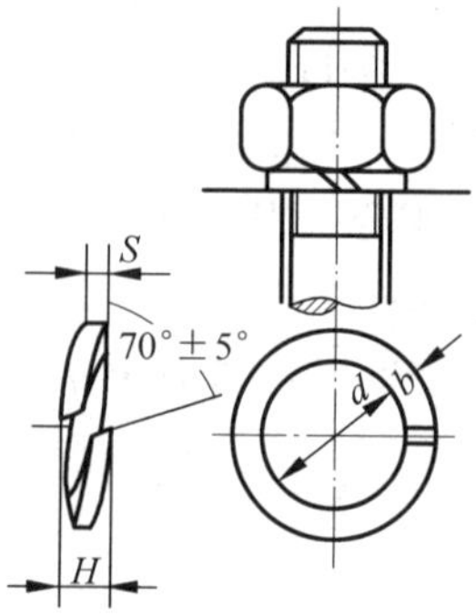

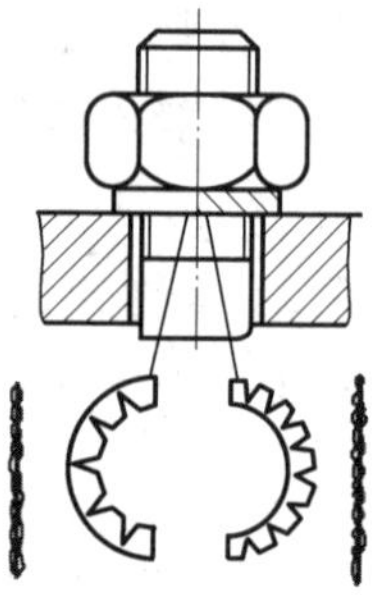

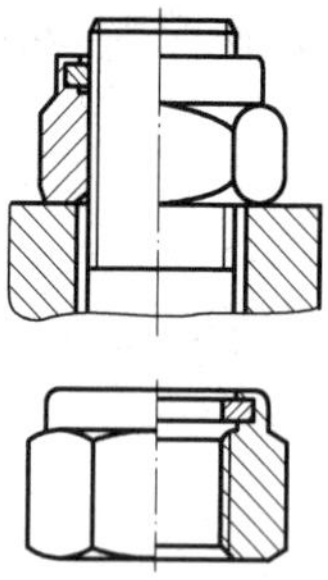

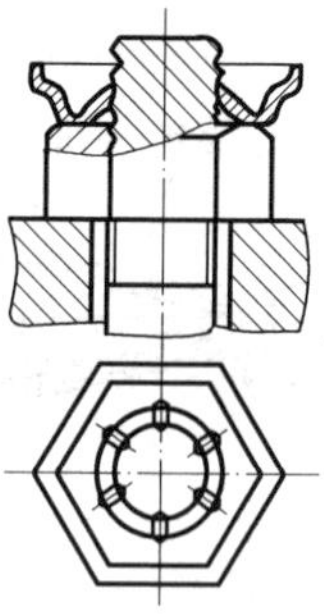

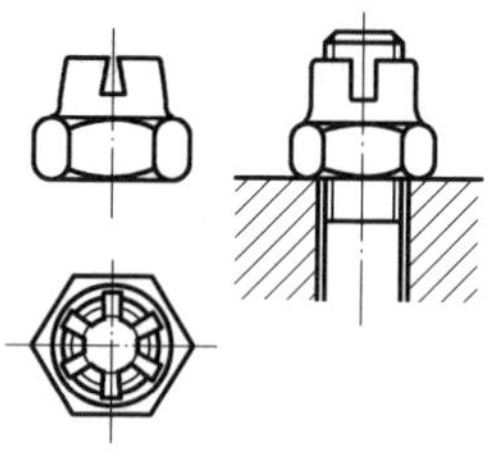

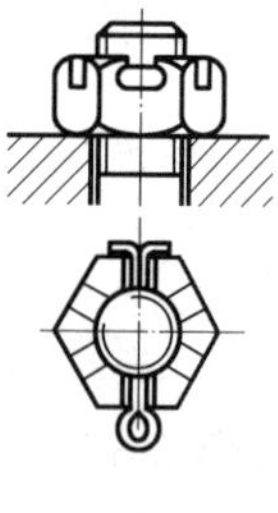

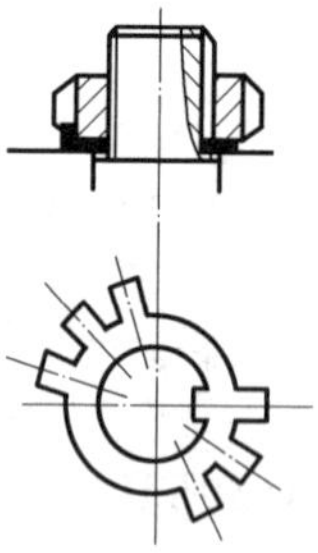

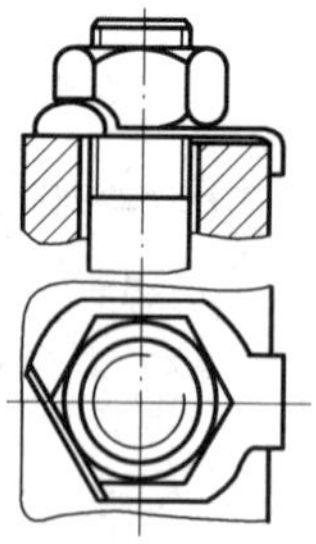

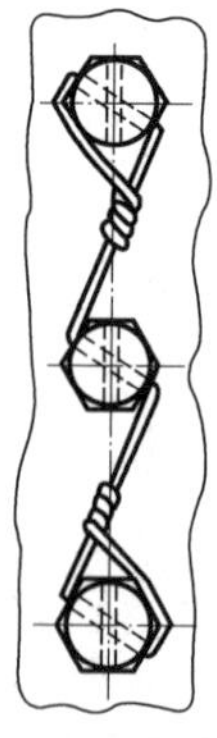

防松原理	防松装置和防松方法		
	铆	焊	粘
永久防松	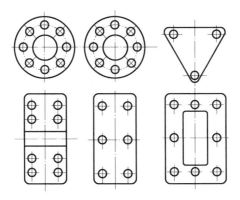		

14.3　螺栓组连接的结构设计与受力分析

绝大多数情况下,螺栓是成组使用的。设计螺栓组连接需要选择螺纹连接类型,明确螺栓组连接的结构形式,确定螺栓数目和布置方式,定出连接件的规格、材料与尺寸。

14.3.1　螺栓组连接的结构设计

1. 连接接合面的几何形状

为了便于加工制造、便于对称布置螺栓和利于接合面受力均匀,通常将接合面设计成轴对称的简单几何形状,如图 14-5 所示。布置螺栓时尽量使螺栓组的形心与连接接合面的形心重合,以利于连接接合面受力均匀。

图 14-5　常见的接合面形状

2. 材料和尺寸

同一螺栓组各螺栓尽量采用相同的材料和热处理方法、相同的直径与长度,以利于减少螺栓规格,简化结构,便于装配。螺栓的数目取 3、4、6、8、12 等为宜,以利于分度、划线与钻孔。

3. 间距和扳手空间

如图 14-6 所示,螺栓的排列应有合理的间距和边距,以满足拧紧螺栓时所需扳手的最小空间尺寸,有关扳手空间尺寸可查阅相关手册。

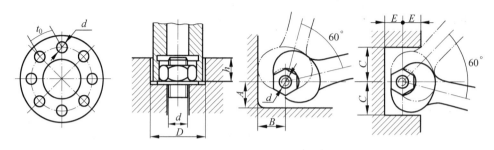

图 14-6　间距和扳手空间距离

压力容器的螺栓间距可参考表 14-2 选取。

表 14-2　压力容器的螺栓间距

工作压力 $p/(\text{N/mm}^2)$	$\leqslant 1.6$	$>1.6 \sim 4$	$>4 \sim 10$	$>10 \sim 16$	$>16 \sim 20$	$>20 \sim 30$
间距 t_0/mm	$7d$	$5.5d$	$4.5d$	$4d$	$3.5d$	$3d$

14.3.2　螺栓组连接受力分析

螺栓组连接受力分析的目的在于找出螺栓组中受力最大的螺栓,并求出它所承受的载荷大小,以便针对它进行强度计算,确定其材料、尺寸和性能等级。螺栓组受力分析时假设:①螺栓的应变在其弹性范围内;②所有螺栓的预紧力相同;③将被连接件视为刚体。

1. 受横向力 F_R 作用的螺栓组连接

受横向力 F_R 作用的螺栓组连接可选用配合螺栓连接或采用普通螺栓连接。

图 14-7(a)所示为选用配合螺栓时的连接与传力情况。螺栓杆与被连接件的孔壁直接接触,连接靠螺栓与被连接件的相互剪切和挤压作用来传递载荷。对于这种连接,每个螺栓所受的工作剪力为

$$F_s = \frac{F_R}{z} \tag{14-2}$$

为了减少受力不均衡性,沿 F_R 方向布置的螺栓数目不宜超过 6 个。

图 14-7(b)所示为选用普通螺栓时的连接与传力情况。螺栓杆与被连接件孔壁之间有间隙,不直接接触,连接利用接合面间的摩擦力来传递载荷 F_R 而不滑移。根据平衡条件,装配时必须使每个螺栓受到的预紧力为

$$F_0 = \frac{K_s F_R}{fzm} \tag{14-3}$$

式中, f ——接合面间的摩擦因数,见表 14-3;

z ——螺栓个数;

m ——接合面对数;

K_s ——考虑摩擦传力的可靠性系数,一般 $K_s = 1.1 \sim 1.3$。

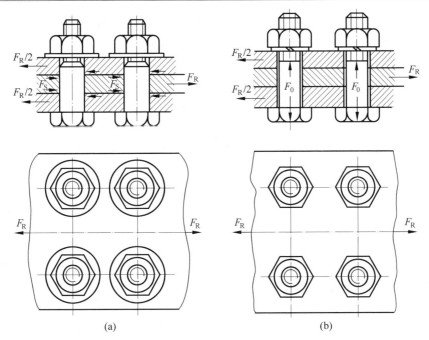

图 14-7 受横向力 F_R 作用的螺栓组连接

表 14-3 被连接件结合面间摩擦因数 f

材料及表面状况	钢或铸铁加工面		钢结构件			铸铁对混凝土或砖，或木材、干燥表面
	干燥	有油	清理浮锈	涂敷锌漆	喷砂处理	
f	$0.1\sim0.16$	$0.06\sim0.10$	$0.30\sim0.35$	$0.35\sim0.40$	$0.45\sim0.55$	$0.4\sim0.45$

2. 受旋转力矩 T 作用的螺栓组连接

图 14-8 所示的底板螺栓组连接，受旋转力矩 T 的作用。这种连接可采用配合螺栓连接或采用普通螺栓连接。

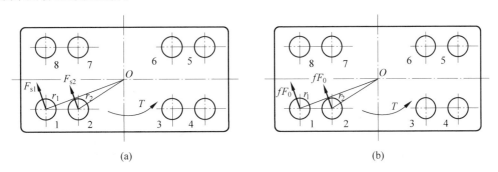

图 14-8 受旋转力矩 T 作用的螺栓组连接

当采用配合螺栓连接（见图 14-8(a)）时，各个螺栓所受的工作剪力与螺栓中心到底板旋转中心 O 的连线垂直，设各螺栓中心到底板旋转中心 O 的距离为 r_1、r_2、$\cdots$、r_z。忽略接合面间的摩擦力。根据底板静力平衡条件有

$$T = F_{s1}r_1 + F_{s2}r_2 + \cdots + F_{sz}r_z \tag{14-4}$$

根据螺栓变形协调条件,各螺栓的剪切变形量与其中心至底板旋转中心的距离成正比。因为螺栓剪切刚度相同,所以各螺栓的剪力也与这个距离成正比,于是

$$\frac{F_{s1}}{r_1} = \frac{F_{s2}}{r_2} = \cdots = \frac{F_{sz}}{r_z} \tag{14-5}$$

联立式(14-4)和式(14-5),可求得各个螺栓所受的工作剪力 F_s 以及螺栓受到的最大工作剪力。

当采用普通螺栓连接(见图 14-8(b))时,各个螺栓连接处的摩擦力相等,若结合面数 $m=1$,根据底板不滑移条件有

$$K_s T \leqslant f F_0 r_1 + f F_0 r_2 + \cdots + f F_0 r_z \tag{14-6}$$

$$F_0 \geqslant \frac{K_s T}{f(r_1 + r_2 + \cdots + r_z)} = \frac{K_s T}{f \sum\limits_{i=1}^{z} r_i} \tag{14-7}$$

3. 受轴向力 F_Q 作用的螺栓组连接

图 14-9 所示的压力容器凸缘螺栓组连接中,轴向力 F_Q 通过螺栓组形心,各个螺栓所承受的工作载荷均相同,设螺栓数目为 z,则每个螺栓所承受的工作载荷为

$$F = \frac{F_Q}{z} \tag{14-8}$$

4. 受倾覆力矩 M 作用的螺栓组连接

图 14-10 所示的底板螺栓组连接,在倾覆力矩 M 的作用下,底板有绕通过螺栓组形心的轴线 O—O 翻转的趋势。假设螺栓承受相同的预紧力,被连接件是弹性体,接合面始终保持为平面,根据底板静力平衡条件有

$$M = F_1 r_1 + F_2 r_2 + \cdots + F_z r_z \tag{14-9}$$

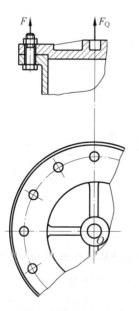

图 14-9　受轴向载荷作用的螺栓组连接

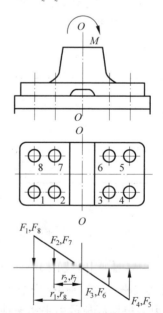

图 14-10　受倾覆力矩作用的螺栓组连接

根据螺栓变形协调条件,各螺栓的拉伸变形量与其中心至底板翻转轴线的距离成正比。于是

$$\frac{F_1}{r_1}=\frac{F_2}{r_2}=\cdots=\frac{F_z}{r_z} \tag{14-10}$$

联立式(14-9)和式(14-10),可求得 F_1、F_2、$\cdots$、F_z。

14.4　单个螺栓连接的强度计算

14.4.1　配合螺栓连接的强度计算

图 14-11 所示为承受工作剪力的配合螺栓连接,螺栓受剪切应力和挤压应力作用,连接的主要失效形式为螺栓杆和孔壁间压溃或螺栓杆被剪断。其强度条件为

$$\sigma_p=\frac{F_s}{d_0 L_{\min}}\leqslant [\sigma_p] \tag{14-11}$$

$$\tau=\frac{4F_s}{\pi d_0^2 m}\leqslant [\tau] \tag{14-12}$$

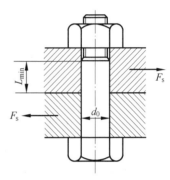

图 14-11　配合螺栓受力分析

式中,F_s——螺栓所承受的工作剪力,N;

　　　d_0——螺栓抗剪面直径(螺栓光杆直径),mm;

　　　m——螺栓抗剪面数目;

　　　$L_{\min}$——螺栓杆与孔壁接触受压的最小轴向长度,mm;

　　　$[\tau]$——螺栓材料的许用剪切应力,N/mm^2,见式(14-31);

　　　$[\sigma_p]$——螺栓材料和被连接件中弱者的许用挤压应力,N/mm^2,见式(14-32)。

14.4.2　普通螺栓连接的强度计算

根据螺栓连接装配时是否拧紧螺母,普通螺栓连接可分为松螺栓连接和紧螺栓连接两种连接形式。

1. 松螺栓连接

松螺栓连接的特点是装配时不拧紧螺母,图 14-12 所示起重滑轮中的螺栓连接就是典型的例子。当所承受的轴向工作载荷为 F 时,其强度条件为

$$\sigma=\frac{F}{\frac{\pi d_1^2}{4}}\leqslant [\sigma] \tag{14-13}$$

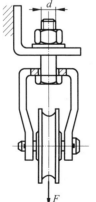

图 14-12　松螺栓连接应用

或　　　　　　　　　　　　$$d_1\geqslant\sqrt{\frac{4F}{\pi[\sigma]}} \tag{14-14}$$

式中,F——轴向工作载荷,N;

　　　d_1——螺纹小径,mm;

$[\sigma]$——松螺栓的许用拉应力,N/mm^2,见式(14-30)。

2. 紧螺栓连接

紧螺栓连接的特点是在装配时需要拧紧螺母。

(1) 不受轴向工作载荷作用的紧螺栓连接。虽然该连接并不承受任何工作载荷作用,但是由于装配时已经将螺母拧紧,所以,螺栓受到预紧力 F_0 和螺纹副摩擦力矩 T_1 的作用。预紧力 F_0 使螺栓危险截面上产生拉应力 σ:

$$\sigma = \frac{4F_0}{\pi d_1^2} \tag{14-15}$$

螺纹副摩擦力矩 T_1 则使螺栓危险截面上产生剪应力 τ:

$$\tau = \frac{16T_1}{\pi d_1^3} = \frac{8d_2 F_0 \tan(\lambda + \rho_v)}{\pi d_1^3} = \frac{2d_2 \tan(\lambda + \rho_v)}{d_1}\sigma \tag{14-16}$$

式中,d_2——螺纹中径,mm;

$\quad \lambda$——螺纹升角,(°);

$\quad \rho_v$——螺纹副当量摩擦角,(°)。

对于 M10~M68 的普通螺纹,取 d_1、d_2 和 λ 的平均值,取 $\tan\rho_v = 0.15$,可得

$$\tau \approx 0.5\sigma \tag{14-17}$$

按照第四强度理论,螺栓危险截面上的当量应力为

$$\sigma_e = \sqrt{\sigma^2 + 3\tau^2} = \sqrt{\sigma^2 + 3(0.5\sigma)^2} \approx 1.3\sigma \tag{14-18}$$

故螺栓螺纹部分的强度条件为

$$\sigma_e = 1.3\sigma = \frac{1.3F_0}{\dfrac{\pi d_1^2}{4}} \leqslant [\sigma] \tag{14-19}$$

或

$$d_1 \geqslant \sqrt{\frac{4 \times 1.3F_0}{\pi[\sigma]}} \tag{14-20}$$

式中,$[\sigma]$——紧螺栓的许用拉应力,N/mm^2,见式(14-27)。

(2) 受轴向工作载荷作用的紧螺栓连接。受轴向工作载荷的螺栓实际承受的总拉力 F_Σ 不等于预紧力 F_0 与工作载荷 F 之和。螺栓和被连接件受载前后的情况如图 14-13 所示。

图 14-13(a)所示是螺母刚好拧到与被连接件接触的临界状态,此时,因螺栓与被连接件均未受力,所以两者都不产生任何变形。

图 14-13(b)所示是连接已经拧紧,但还未承受工作载荷的情况。这时,螺栓受预紧力 F_0(拉力)作用,其伸长变形量为 δ_1;被连接件受预紧力 F_0(压缩力)作用,其压缩变形量为 δ_2。

图 14-13(c)所示是连接承受工作载荷 F(拉力)的情况。这时,螺栓所受拉力增大到 F_Σ,其拉力增量为 $\Delta F_1 = F_\Sigma - F_0$,其伸长变形增量为 $\Delta\delta_1$,其总伸长变形量为 $\delta_1 + \Delta\delta_1$;与此同时,被连接件随着螺栓伸长而放松,其所受的压力由原来的 F_0 减小到 F_0'(称为剩余预紧力),其压力减小量为 $\Delta F_2 = F_0 - F_0'$,其压缩变形减小量为 $\Delta\delta_2$,其剩余的压缩变形量为 $\delta_2 - \Delta\delta_2$。由于螺栓与被连接件的变形协调关系,被连接件压缩变形的减小量 $\Delta\delta_2$ 应等于螺栓伸长变形增量 $\Delta\delta_1$,即 $\Delta\delta_1 = \Delta\delta_2$。

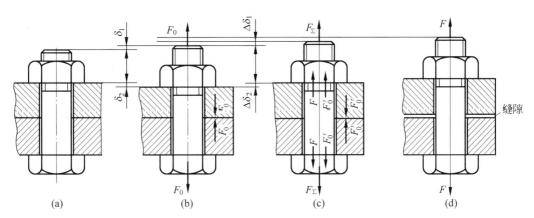

图 14-13　螺栓与被连接件受力与变形

（a）开始拧紧；（b）拧紧后；（c）受工作载荷时；（d）工作载荷过大时

综合上述分析,受轴向工作载荷作用的紧螺栓连接的螺栓所承受的总拉力 F_Σ 应等于剩余预紧力 F'_0 与工作拉力 F 之和,即

$$F_\Sigma = F'_0 + F \tag{14-21}$$

由图 14-14 还可以进一步得到螺栓所受的总拉力 F_Σ、预紧力 F_0、剩余预紧力 F'_0 与工作拉力 F 之间的关系：

$$F'_0 = F_0 - \Delta F_2 = F_0 - \frac{c_2}{c_1 + c_2} F \tag{14-22}$$

$$F_0 = F'_0 + \Delta F_2 = F'_0 + \frac{c_2}{c_1 + c_2} F \tag{14-23}$$

$$F_\Sigma = F_0 + \Delta F_1 = F_0 + \frac{c_1}{c_1 + c_2} F \tag{14-24}$$

式中,c_1、c_2——螺栓与被连接件的刚度；

$\dfrac{c_1}{c_1 + c_2}$——螺栓的相对刚度,按表 14-4 查取。

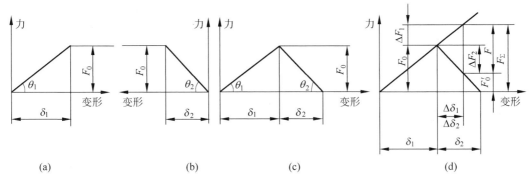

图 14-14　螺栓与被连接件受力与变形关系

表 14-4　螺栓的相对刚度系数

被连接钢板间垫片材料	金属(或无垫片)	皮革	铜皮石棉	橡胶
$c_1/(c_1+c_2)$	0.2~0.3	0.7	0.8	0.9

图 14-13(d)所示为螺栓连接所承受工作载荷过大,使连接出现了缝隙的情况,这是不允许的。为了保证连接的紧密性和刚性,应保证足够大的剩余预紧力 F_0'。设计时,剩余预紧力 F_0' 的取值范围可参考表 14-5。

表 14-5　剩余预紧力 F_0' 推荐值

连接情况	强固连接		紧密连接	地脚螺栓连接
	工作拉力无变化	工作拉力有变化		
剩余预紧力 F_0'	$(0.2\sim0.6)F$	$(0.6\sim1.0)F$	$(1.5\sim1.8)F$	$\geqslant F$

故受轴向工作载荷螺栓连接的静强度条件为

$$\frac{1.3F_\Sigma}{\dfrac{\pi d_1^2}{4}} \leqslant [\sigma] \tag{14-25}$$

式中,$[\sigma]$——静载荷时螺栓的许用拉应力,N/mm^2,见式(14-30)。

当工作载荷在 0 与 F 之间变化时,螺栓所受的总拉力 F_Σ 将在 F_0 和 F_Σ 之间变化,引起螺栓中的应力将是变应力,如图 14-15 所示。在这种工作条件下,螺栓的主要失效形式是疲劳断裂,因此,应按照疲劳强度进行计算。

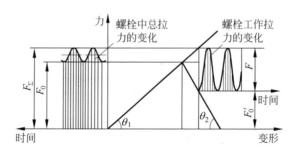

图 14-15　承受变载荷螺栓连接受力变形图

螺栓危险截面的最大应力为

$$\sigma_{max} = F_\Sigma/(\pi d_1^2/4) \tag{14-26}$$

螺栓危险截面的最小应力为

$$\sigma_{min} = F_0/(\pi d_1^2/4) = 常数 \tag{14-27}$$

螺栓危险截面的应力幅为

$$\sigma_a = \frac{\Delta F_1/2}{\dfrac{\pi d_1^2}{4}} = \frac{2F}{\pi d_1^2} \cdot \frac{c_1}{c_1+c_2} \tag{14-28}$$

不考虑螺纹力矩 T_1 的扭转作用时,螺栓承受单向应力,由式(2-11)可直接得到螺栓疲劳强度计算公式,其中,对于 σ_{-1} 应该用螺栓材料的对称循环拉压疲劳强度极限 $\sigma_{-1\mathrm{tc}}$ 来代替,则螺栓的疲劳强度条件为

$$S = \frac{2k_N\sigma_{-1\mathrm{tc}} + (K_\sigma - \psi_\sigma)\sigma_{\min}}{(K_\sigma + \psi_\sigma)(\sigma_{\min} + 2\sigma_a)} \geqslant [S] \tag{14-29}$$

式中,$\sigma_{-1\mathrm{tc}}$——螺栓材料的对称循环拉压疲劳强度极限(其值见表 14-9),$\mathrm{N/mm^2}$;

ψ_σ——材料特性系数,对于碳钢,$\psi_\sigma = 0.1\sim0.2$,对于合金钢,$\psi_\sigma = 0.2\sim0.3$;

k_N——寿命系数,$k_N = \sqrt[m]{N_0/N}$;

K_σ——拉压疲劳强度综合影响系数,$K_\sigma = k_\sigma/\varepsilon_\sigma k_m k_u$,此处 k_σ 为有效应力集中系数,ε_σ 为尺寸系数,k_m 为螺纹制造系数,k_u 为受力分配系数,见表 14-10~表 14-12;

$[S]$——许用安全系数,见表 14-8。

14.4.3　螺纹连接的材料、许用应力与许用安全系数

螺栓常用的材料为 10、15、Q215、Q235、25、35 和 45 钢,对重要或特殊用途的螺纹连接件可采用 15Cr、20Cr、40Cr、15MnVB、30CrMnSi 等机械性能较高的合金钢。

国家标准规定螺栓、螺柱、螺钉的性能等级分为 10 级,用带小数点的数字表示。小数点前的数字为公称抗拉强度极限 σ_b 的 1/100,小数点后的数字为公称屈服极限 σ_s 与公称抗拉强度极限 σ_b 比值的 10 倍。如螺栓等级为 8.8 级,其极限抗拉强度为 800 $\mathrm{N/mm^2}$,极限屈服强度为 640 $\mathrm{N/mm^2}$。

螺纹连接件的常用材料、性能等级及其机械性能见表 14-6 和表 14-7。

表 14-6　螺栓、螺钉、螺柱性能等级及推荐材料(摘自 GB/T 3098.1—2010)

性能等级	4.6	4.8	5.6	5.8	6.8	8.8		9.8	10.9	12.9
						$d \leqslant 16$ mm	$d > 16$ mm			
抗拉强度极限 $\sigma_b/(\mathrm{N/mm^2})$	400	420	500	520	600	800		900	1000	1220
屈服极限 $\sigma_s/(\mathrm{N/mm^2})$	240	340	300	420	480	640		720	940	1100
硬度/HBW	114	124	147	152	181	245	250	286	316	380
推荐材料	低碳钢或中碳钢					中碳钢淬火并回火			中碳钢,低、中碳合金钢,淬火并回火,合金钢	合金钢

表 14-7　螺母的性能等级及推荐材料（摘自 GB/T 3098.2—2015）

性能等级	5	6	8	10	12
抗拉强度极限 σ_b/ (N/mm^2)	520	600	800	1040	1150
推荐材料	易切削钢	低碳钢或中碳钢	中碳钢，低、中碳合金钢，淬火并回火		
相配螺栓最高性能 等级	5.8	6.8	8.8	10.9	12.9

螺纹连接件的许用应力为屈服极限与许用安全系数的比值：

$$[\sigma] = \sigma_s / [S] \tag{14-30}$$

$$[\tau] = \sigma_s / [S_\tau] \tag{14-31}$$

$$[\sigma_p] = \sigma_s / [S_p] \tag{14-32}$$

式中，$[S]$、$[S_\tau]$、$[S_p]$——螺栓许用安全系数，见表 14-8。

表 14-8　螺栓的许用安全系数

载荷性质		$[S]$	$[S_\tau]$	$[S_p]$
静载荷	紧连接	$[S]=1.3\sim2$	2.5	$1\sim1.25$
	松连接	$[S]=1.2\sim1.6$		
变载荷	紧连接	$[S]=1.3\sim2$	$3.5\sim5.0$	$1.6\sim2$
	松连接	—		

表 14-9　螺栓常用材料的疲劳极限

材　料	疲劳极限/(N/mm^2)		材　料	疲劳极限/(N/mm^2)	
	σ_{-1}	σ_{-1tc}		σ_{-1}	σ_{-1tc}
10	160~220	120~150	45	250~340	190~250
Q215	170~220	120~160	40Cr	320~440	240~340
35	220~300	170~220			

表 14-10　螺栓连接的尺寸系数

螺栓直径 d /mm	<12	16	20	24	30	36	42	48	56	64
尺寸系数 ε_σ	1	0.87	0.81	0.76	0.69	0.65	0.62	0.60	0.57	0.54

表 14-11　螺栓连接的应力集中系数

抗拉强度极限 σ_b/(N/mm^2)	400	600	800	1000
螺纹应力集中系数 k_σ	3	3.9	4.8	5.2

表 14-12　螺纹制造系数和受力分配系数

螺纹制造系数 k_m		受力分配系数 k_u	
车　制	碾　制	螺母受压	螺母受拉
1	1.25	1	1.5~1.6

例 14-1　在图 14-9 所示的汽缸盖螺栓连接中,已知:汽缸压力 p 在 $0\sim1.2$ N/mm^2 之间变化,汽缸内径 $D=250$ mm,螺栓数目 $z=12$,采用铜皮石棉垫片。要求选择汽缸盖螺栓的材料和性能等级,确定各个螺栓预紧力 F_0 和螺栓直径 d。

解　设计过程见下表:

计算项目及说明	结　　果
1. 螺栓材料及性能等级	
螺栓材料,45 号钢	45 号钢
性能等级,查表 14-6 选 6.8 级,$\sigma_b=600$ N/mm^2,$\sigma_s=480$ N/mm^2	6.8 级
2. 螺栓受力分析计算	
汽缸盖最大压力 $F_p=\dfrac{\pi D^2}{4}p=\dfrac{\pi\times250^2}{4}\times1.2$ N	$F_p=58\,905$ N
螺栓工作拉力,由式(14-8),$F=F_p/z$	$F=4909$ N
残余预紧力,查表 14-5 选,$F_0'=1.6F=1.6\times4909$ N	$F_0'=7854$ N
螺栓总拉力,由式(14-21),$F_\Sigma=F_0'+F=(7854+4909)$ N	$F_\Sigma=12\,763$ N
相对刚度系数,查表 14-4,$c_1/(c_1+c_2)=0.8$	$c_1/(c_1+c_2)=0.8$
螺栓所需预紧力,由式(14-24),$F_0=F_\Sigma-\Delta F_1=F_\Sigma-\dfrac{c_1}{c_1+c_2}F$	$F_0=8836$ N
$\qquad\qquad=(12\,763-4909\times0.8)$ N	
3. 初定螺栓直径	
选安全系数,查表 14-8,$[S]=1.8$	$[S]=1.8$
许用拉应力,由式(14-30),$[\sigma]=\sigma_s/[S]=480/1.8$ N/mm^2	$[\sigma]=266.67$ N/mm^2
所需螺栓小径,由式(14-25),$d_1\geqslant\sqrt{\dfrac{4\times1.3F_\Sigma}{\pi[\sigma]}}=\sqrt{\dfrac{4\times1.3\times12\,763}{\pi[\sigma]}}$	$d_1\geqslant8.90$ mm
螺栓大径,查有关的设计手册,选 $d=16$ mm,其 $d_1=13.835$ mm	
4. 螺栓疲劳强度校核	
螺栓尺寸系数,查表 14-10,$\varepsilon_\sigma=1$	$\varepsilon_\sigma=1$
螺栓材料的疲劳极限,查表 14-9,$\sigma_{-1tc}=220$ N/mm^2	$\sigma_{-1tc}=220$ N/mm^2
应力集中系数,查表 14-11,$k_\sigma=3.9$	$k_\sigma=3.9$
螺纹制造系数,查表 14-12,$k_m=1$	$k_m=1$
受力分配系数,查表 14-12,$k_u=1$	$k_u=1$
综合影响系数,$K_\sigma=k_\sigma/\varepsilon_\sigma k_m k_u=3.9/(1\times1\times1)=3.9$	$K_\sigma=3.9$
寿命系数,取 $k_N=1$	$k_N=1$
材料特性系数,$\psi_\sigma=0.15$	$\psi_\sigma=0.15$
螺栓危险截面最大应力,由式(14-26)	
$\sigma_{max}=F_\Sigma/(\pi d_1^2/4)=12\,763/(\pi\times13.835^2/4)$ N/mm$^2=84.90$ N/mm^2	$\sigma_{max}=84.90$ N/mm^2
螺栓危险截面最小应力,由式(14-27)	
$\sigma_{min}=F_0/(\pi d_1^2/4)=8836/(\pi\times13.835^2/4)$ N/mm$^2=58.78$ N/mm^2	$\sigma_{min}=58.78$ N/mm^2
螺栓应力幅,$\sigma_a=(\sigma_{max}-\sigma_{min})/2=(84.90-58.78)/2$ N/mm$^2=13.06$ N/mm^2	$\sigma_a=13.06$ N/mm^2
螺栓疲劳安全系数,由式(14-29)	
$S=\dfrac{2k_N\sigma_{-1tc}+(K_\sigma-\psi_\sigma)\sigma_{min}}{(K_\sigma+\psi_\sigma)(\sigma_{min}+2\sigma_a)}=\dfrac{2\times1\times220+(3.9-0.15)\times58.78}{(3.9+0.15)\times(58.78+2\times13.06)}=1.92>[S]$	满足疲劳强度要求

14.5　提高螺栓连接强度的措施

螺栓连接的强度主要取决于螺栓的强度,提高疲劳强度可采取如下措施。

(1) 改善螺纹牙间载荷分配不均匀现象。采用普通结构的螺母时,载荷在旋合螺纹各圈间的分布是不均匀的,螺栓杆因受拉而螺距增大,螺母因受压而螺距减小,这种螺距变化差主要靠旋合各圈螺纹牙的变形来补偿,这使得从螺母支承面算起的第一圈螺纹受力与变形最大,以后各圈螺纹受力与变形递减,如图 14-16 所示。理论分析和实验证明,旋合圈数越多,其载荷分配不均匀现象就越显著,到第 8～10 圈以后,螺纹几乎不受力。改善螺纹牙间载荷分配不均匀的措施见表 14-13。

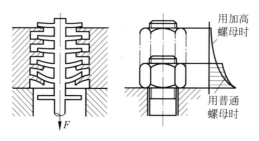

图 14-16　螺纹牙的载荷分配

表 14-13　提高螺栓强度的方法及对应的螺栓连接件结构

方法	螺栓连接件结构			
改善螺纹牙载荷分配	悬置螺母	内斜螺母	环槽螺母	弹性螺套
	将螺母转变为受拉螺母	使螺栓受力大的螺纹牙受力点外移,刚度减小,力转移到原受力小的螺纹牙上	兼有悬置螺母和内斜螺母的优点	利用螺套的弹性,改善螺纹牙间受力不均匀现象
降低螺栓的应力幅	特殊结构螺栓	弹性元件	密封圈结构	刚性垫片
	细长螺栓、中空螺栓刚度均比一般螺栓刚度小	一对碟形弹簧垫圈受力后,相当于螺栓变形量增大,刚度变小	相当于被连接件之间无垫片,刚度大	不用刚度小的非金属密封垫片,而用刚度大的金属垫片

续表

方法	螺栓连接件结构				
	球面垫圈	斜面垫圈	腰环螺栓	表面凸台	沉头座
避免附加的弯曲应力			抗弯力偶		

（2）减小应力幅。螺栓所受的轴向工作载荷变化，将引起螺栓的总拉力和应力变化。在螺栓的最大应力一定时，应力幅越小，螺栓的疲劳强度越高。由图 14-17 可知，在工作载荷和剩余预紧力不变的情况下，减小螺栓的刚度或增大被连接件的刚度（预紧力相应增大）都能达到减小应力幅的目的。常用的减小螺栓刚度和提高被连接件刚度的措施见表 14-13。

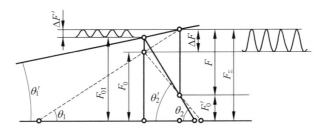

图 14-17　螺栓刚度和被连接件刚度对螺栓应力幅的影响

（3）减小附加应力。图 14-18 所示三种情况下，螺栓会产生附加弯曲应力。

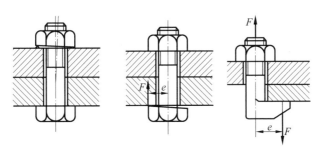

图 14-18　螺栓承受偏心载荷

避免或减小弯曲应力的结构措施见表 14-13，并且应在工艺上注意保证使螺纹孔轴线与连接各支承面垂直。

（4）减小应力集中。在螺纹牙根、螺纹收尾、螺栓头部与螺栓杆交接处，都有应力集中，这是影响螺栓疲劳强度的主要因素之一。适当增大螺纹牙根圆角半径，在螺栓头部与螺栓杆交接处采用较大的过渡圆角，切制卸载槽或采用卸载过渡以及使螺纹收尾处平缓过渡等都是减小应力集中的有效方法。

(5) 改善制造工艺。如图 14-19 所示,螺栓头部经过铣削、螺纹经过车削后,原来经过轧制的金属流线被切断,使螺栓抗剪、抗弯强度降低。为此,可将螺栓头部用冷镦(或热镦)制成,将螺纹用碾压法制成,以提高生产率。

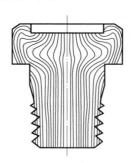

图 14-19 经铣削、车削的螺栓金属流线分布

习 题

14-1 查手册确定下列各螺纹连接的主要尺寸(如螺栓公称长度、螺纹长度、孔径、孔深等),并按 1∶1 比例画出连接结构装配关系,写出标准螺纹连接件的标记。

(1) 用六角头螺栓(螺栓 GB/T 5782—2016 M16)连接两块厚度各为 30 mm 的钢板,并采用弹性垫圈防松。

(2) 用螺钉(螺钉 GB/T 819.1—2016 M8)连接厚 15 mm 的钢板和另一个很厚的铸铝件。

(3) 用双头螺柱(螺柱 GB/T 898—1988 M24)连接厚 40 mm 的钢板和一个很厚的铸铁零件。

14-2 如题 14-2 图所示,悬挂的轴承座用两个普通螺栓与顶板连接。如果每个螺栓与被连接件的刚度相等,即 $c_1 = c_2$,每个螺栓的预紧力为 1000 N,当轴承受载时要求轴承座与顶板接合面间不出现间隙,则轴承上能承受的极限垂直径向载荷 F_R 是多少? 并画出这时螺栓与被连接件的受力变形图。

14-3 如题 14-3 图所示,用两个 M10 的螺钉固定一牵曳钩,螺钉材料为 Q235 钢,4.6 级,装配时控制预紧力,接合面摩擦因数 $f = 0.15$,求其允许的牵引力 F_R。

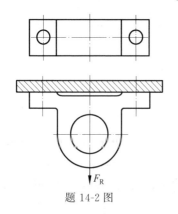

题 14-2 图

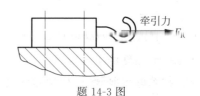

题 14-3 图

14-4　题 14-4 图为普通螺栓组连接的 3 种方案,其外载荷 F_R,尺寸 a、L 均相同,($a =$ 60 mm,$L = 300$ mm)。试分别计算 3 个方案中受力最大螺栓所受力各是多少? 并分析哪个方案较好? 若方案三中的各螺栓轴线间距离为 $2a$ 或各螺栓轴线至形心的距离为 a 时,其结果又各是怎样的?

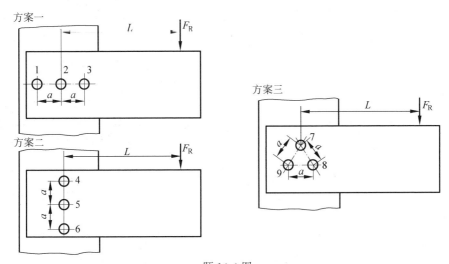

题 14-4 图

14-5　题 14-5 图是由两块边板和一块承重板焊成的龙门起重机导轨托架。两边板各用 4 个螺栓与工字钢立柱连接,托架承受的最大载荷为 $F_R = 20$ kN,问:

(1) 此连接采用普通螺栓还是配合螺栓为宜?

(2) 若用配合螺栓连接,已知螺栓材料为 45 钢,6.8 级,试确定螺栓直径。

14-6　题 14-6 图所示为一圆锯,直径 $D = 600$ mm,阻力 $F_P = 400$ N,用螺母将它夹紧在垫片之间。如垫片与锯盘间的摩擦因数 $f = 0.15$,垫片平均直径 $D_1 = 200$ mm,求轴端螺纹的直径(拧紧螺母后,锯盘工作时,垫片与锯盘间产生的摩擦力矩应较工作阻力矩大 20%)。

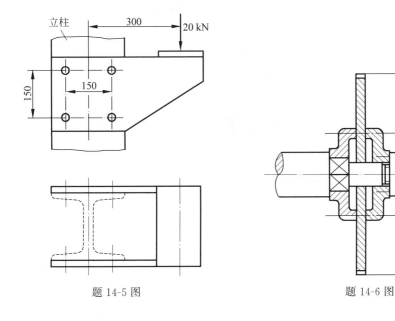

题 14-5 图　　　　　　　　　　　　　　　题 14-6 图

14-7 如题 14-7 图所示,螺栓连接中采用两个 M20 的螺栓,其许用拉应力为 $[\sigma]=160$ N/mm^2,被连接件接合面间的摩擦因数 $f=0.2$,若考虑摩擦传力的可靠系数 $K_s=1.2$,试计算该连接允许传递的静载荷 F_Q。

14-8 题 14-8 图所示为一钢制液压油缸,油压 $p=3$ N/mm^2,缸径 $D=160$ mm,为保证气密性要求,螺柱间距不得大于 100 mm。试设计其缸盖的双头螺柱连接。(提示:先按气密性要求,设定螺栓数目)

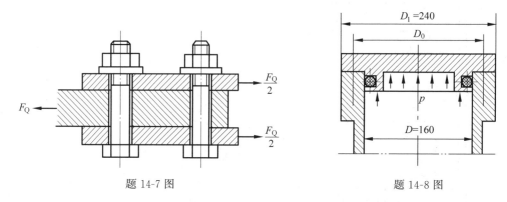

题 14-7 图　　　　　　　　　　题 14-8 图

14-9 题 14-9 图所示的车间管路支架中,已知支架承受载荷 $F_R=3000$ N,载荷作用点至墙壁间的距离 $l=500$ mm,底板高 $h=300$ mm,宽度 $b=200$ mm,砖墙为水泥浆缝,$[\sigma_p]=2$ N/mm^2,试设计此连接。

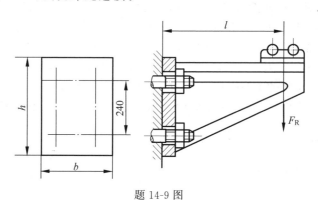

题 14-9 图

自测题 14

第15章 弹 簧

15-1

【教学导读】

弹簧是一种常用的弹性元件。弹簧的主要功用有:控制运动,如气门、离合器、制动器和各种调节器上的控制弹簧;缓冲或减振,如车辆的悬架弹簧和破碎机的支承弹簧等;储能及输出能量,如钟表和自动控制机构上的发条和枪闩弹簧;测力,如弹簧秤和测力器中的测力弹簧。本章主要介绍圆柱螺旋拉(压)弹簧的设计计算。

【课前问题】

(1) 对制作弹簧的材料主要有哪些要求?常用的材料有哪些?

(2) 设计弹簧时,弹簧的旋绕比的含义是什么?

(3) 影响弹簧稳定性的结构因素是什么?如何提高弹簧的稳定性?

【课程资源】

拓展资源:弹簧的制造。

15.1 弹簧的类型及其特性

常用弹簧的类型及特性见表 15-1。

表 15-1 常用弹簧的类型及特性

名称	简 图	特性线	性 能	名称	简 图	特性线	性 能
圆柱螺旋弹簧	圆截面材料压缩弹簧 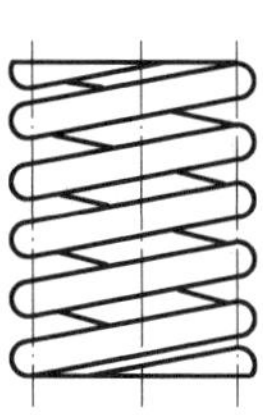	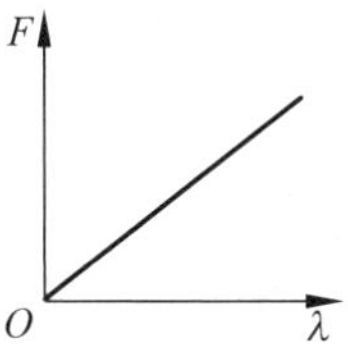 F ／ O λ	特性线呈线性,结构简单,制造方便,应用最广	圆柱螺旋弹簧	矩形截面材料压缩弹簧 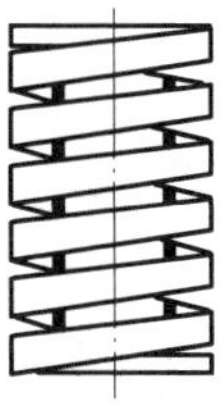	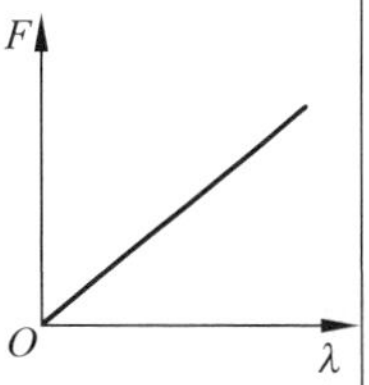 F ／ O λ	在所占空间相同时,矩形截面材料弹簧比圆截面材料弹簧能吸收的能量多

名称	简 图	特性线	性 能	名称	简 图	特性线	性 能
圆柱螺旋弹簧	变节距压缩弹簧 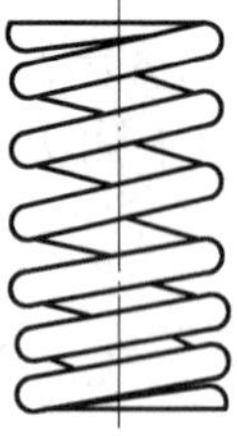 	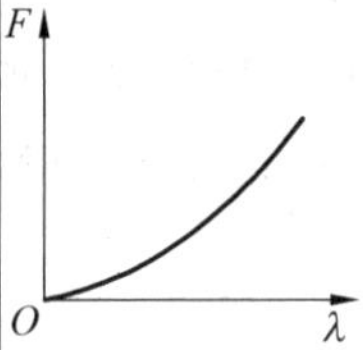	当弹簧压缩到有簧圈接触后,特性线变为非线性,刚度及自振频率均为变值,利于消除或缓和共振。可用于支承高速变载荷机构	变径螺旋弹簧	组合螺旋弹簧  	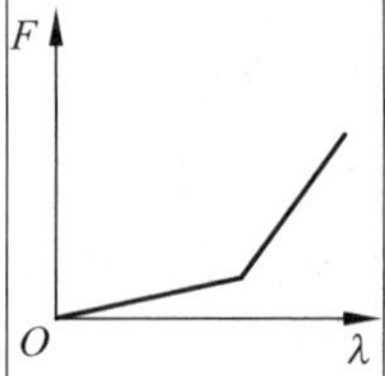	在需要得到特定的特性线情况下使用
圆柱螺旋弹簧	拉伸弹簧  	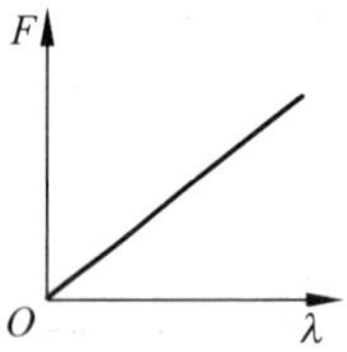	用于承受拉伸载荷的场合	变径螺旋弹簧	圆锥螺旋弹簧  	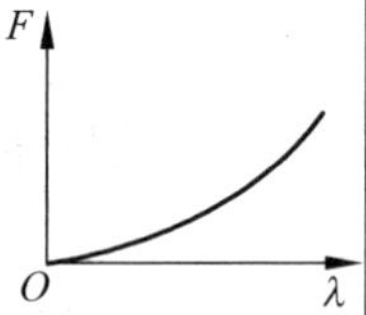	当弹簧压缩到开始有簧圈接触后,特性线变为非线性,自振频率为变值,防共振能力较变节距压缩弹簧强。稳定性好,结构紧凑。多用于承受较大载荷和减振
	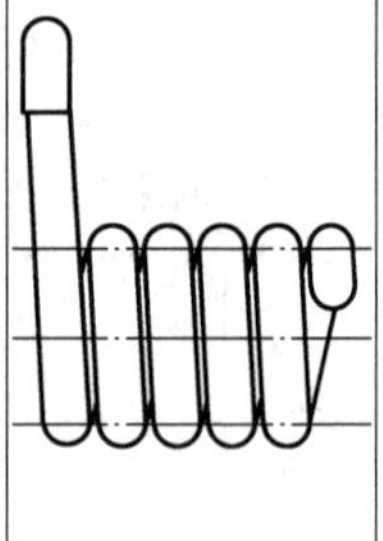	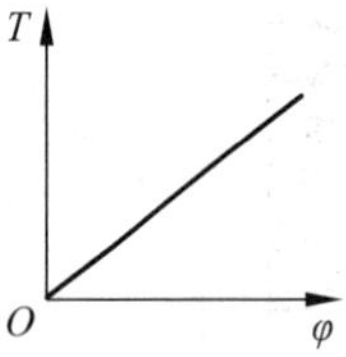	主要用于各种装置中的压紧和储能		涡卷螺旋弹簧 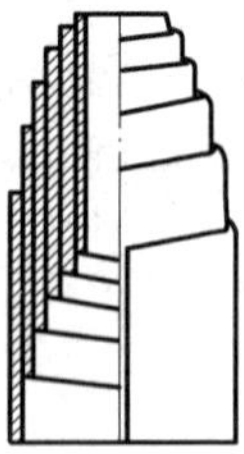 	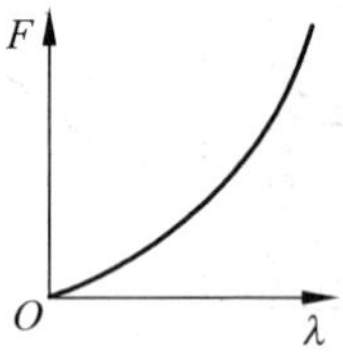	与圆锥螺旋弹簧作用相似,但能吸收的能量更大

名称	简 图	特性线	性 能	名称	简 图	特性线	性 能
变径螺旋弹簧	中凹形螺旋弹簧 	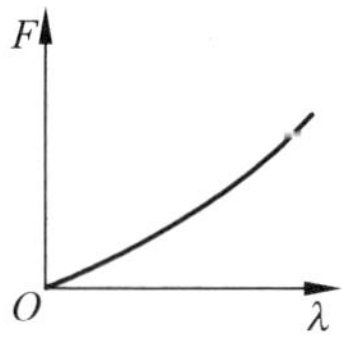	特性与圆锥螺旋弹簧相似,主要用于坐垫和床垫等	环形弹簧	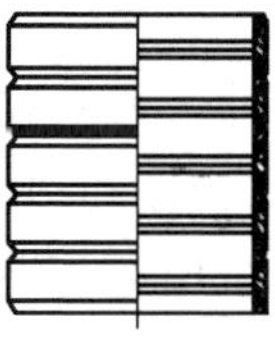	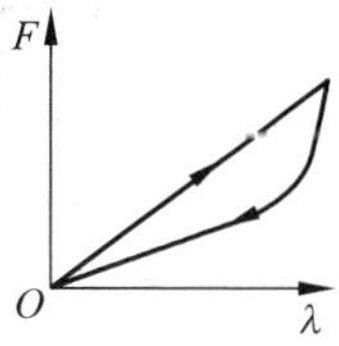	有很高的减振能力,用于重型设备的缓冲装置
	中凸形螺旋弹簧 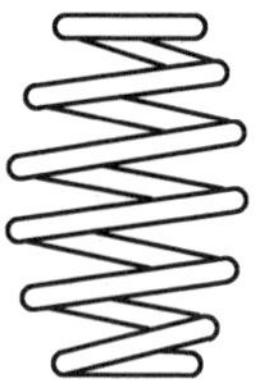	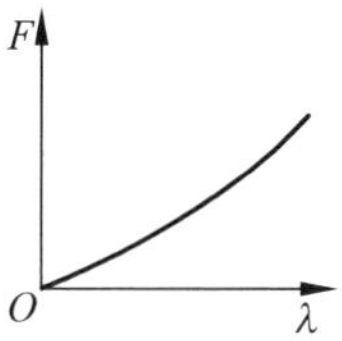	特性与圆锥螺旋弹簧相似	板弹簧	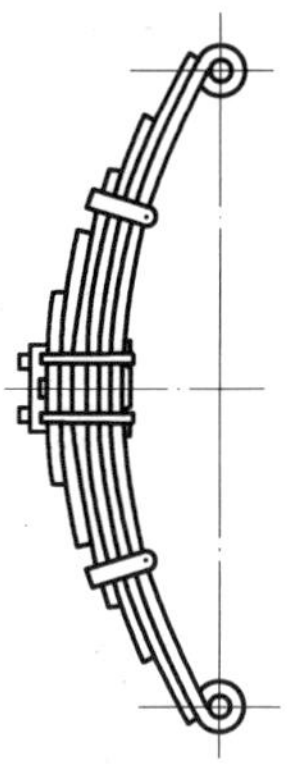	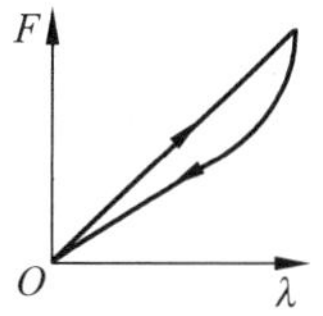	缓冲和减振性能好,多板弹簧的减振能力尤其强。主要用于汽车、拖拉机和铁道车辆的悬架装置
空气弹簧	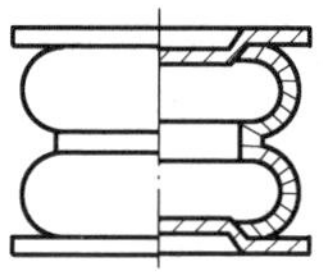	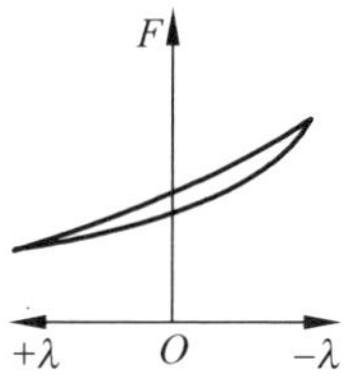	可按需要设计特性线和调节高度。多用于车辆悬架装置	平面涡卷弹簧	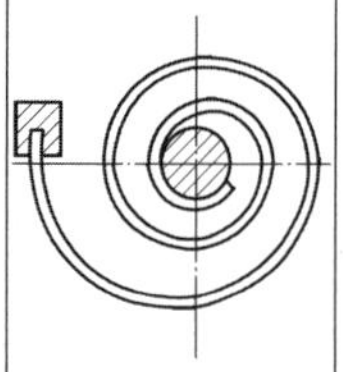	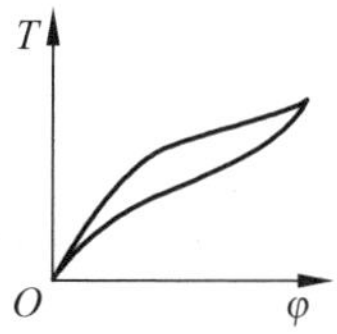	圈数多,变形角大,能储存的能量大。多用于压紧弹簧和仪器、钟表中的储能弹簧
碟形弹簧	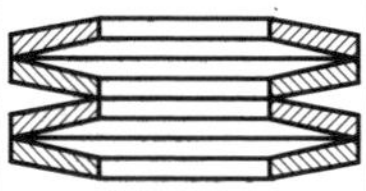	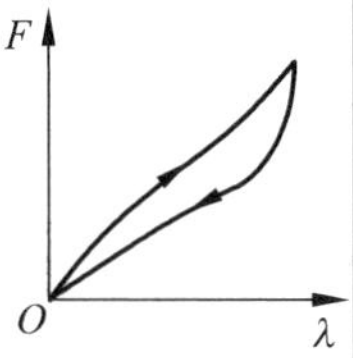	缓冲和减振能力强。采用不同的组合可以得到不同的特性线。多用于重型机械的缓冲和减振装置及机车车辆牵引钩等	橡胶弹簧	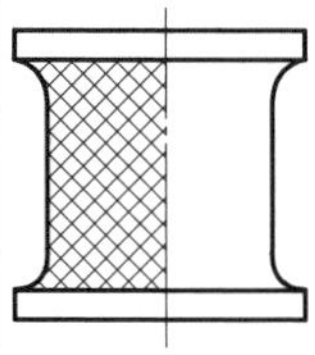	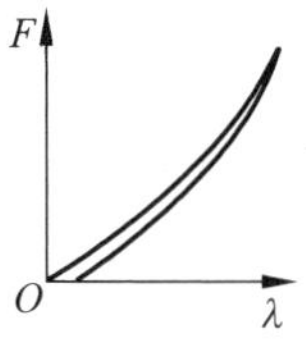	弹性模量小,容易得到所需的非线性特性线。形状不受限制。各方向刚度可自由选择。可承受来自多方面的载荷

15.2　弹簧的材料及制造

15.2.1　弹簧的材料

弹簧在工作中常承受具有冲击的变载荷,所以弹簧的材料必须具有较高的弹性极限、疲劳极限,同时应具有足够的冲击韧性和塑性,以及良好的热处理性能。常用的弹簧材料有碳素弹簧钢丝、合金弹簧钢丝、弹簧用不锈钢丝及铜合金等。常用的弹簧材料见表15-2,弹簧钢丝的抗拉强度 σ_b 见表15-3,弹簧材料的许用应力见表15-4。

表 15-2　弹簧常用的材料(摘自 GB/T 23935—2009)

标准号	标准名称	牌号/组别	直径规格/mm	切变模量 G/MPa	弹性模量 E/MPa	推荐温度范围/℃	性　能
GB/T 4357—2009 GB/T 4357—2022	碳素弹簧钢丝	SL 型、SM 型、SH 型	SL 型:1.00~10.00 SM 型:0.30~13.00 SH 型:0.30~13.00			−40~150	强度高,性能好。SL 型用于低应力弹簧;SM 型用于中等应力弹簧;SH 型用于高应力弹簧
YB/T 5311—2010	重要用途碳素弹簧钢丝	E F G	E 级:0.1~7.0 F 级:0.1~7.0 G 级:1.0~7.0	$78.5×10^3$	$206×10^3$	−40~150	强度高,韧性好。可用于重要用途的弹簧
YB/T 5318—2010	合金弹簧钢丝	50CrVA				−40~210	高强度和较高的疲劳性。用于普通机械的弹簧
		60Si2MnA	0.5~14.0			−40~250	
		55CrSiA				−40~250	
GB/T 24588—2009	不锈弹簧钢丝	A 组:12Cr18Ni9 06Cr19Ni9 06Cr17Ni12Mo2 10Cr18Ni9Ti 12Cr18Mn9Ni5N	0.20~10.0	$70×10^3$	$185×10^3$	−200~290	耐腐蚀,耐高低温。可在腐蚀、高温或低温工作条件下用作小型弹簧
		B 组:12Cr18Ni9 06Cr18Ni9N 12Cr18Mn9Ni5N	0.20~12.0				
		C 组:07Cr17Ni7Al	0.20~10.0	$73×10^3$	$195×10^3$		
		D 组:12Cr17Mn8Ni3Cu3N	0.20~6.0				
GB/T 21652—2017	铜及铜合金线材	QSi3-1		$40.2×10^3$		−40~120	具有较高的耐腐蚀性和防磁性能,用于机械或仪器等弹性元件
		QSn4-3 QSn6,5-0,1 QSn6.5-0.4 QSn7-0.2	0.1~8.5	$39.2×10^3$	$93.1×10^3$	−250 ~120	

续表

标准号	标准名称	牌号/组别	直径规格/mm	切变模量 G/MPa	弹性模量 E/MPa	推荐温度范围/℃	性　能
YS/T 571—2009	铍青铜线	QBe2	0.03~6.00	42.1×10³	129.4×10³	200~120	强度、硬度、疲劳强度和耐磨性均高,耐腐蚀、防磁、导电性好,冲击时无火花。可用作电表的游丝
GB/T 1222—2016	弹簧钢	60Si2Mn 60Si2MnA	12.0~80.0	78.5×10³	206×10³	−40~250	疲劳强度较高,疲劳性较高,广泛应用于各种机械弹簧
		50CrVA				−40~210	强度高,耐高温。可用作承载较重负荷的弹簧
		60CrMnA 60CrMnBA				−40~250	
		55CrSiA 60Si2CrA 60Si2CrVA				−40~250	高疲劳性能,耐高温。用于较高工作温度下的弹簧

表 15-3　弹簧钢丝的抗拉强度 σ_b　　　　单位:N/mm²

钢丝直径/mm	σ_b/MPa					
	碳素弹簧钢丝(GB 4357—2022)			重要用途碳素弹簧钢丝(YB/T 5311—2010)		
	SL 型	SM 型	SH 型	E 组	F 组	G 组
1.00	1970	2220	2470	2350	2660	2110
1.20	1910	2160	2440	2270	2580	2080
1.60	1820	2050	2290	2140	2450	2010
2.00	1750	1970	2220	2090	2250	1910
2.50	1680	1890	2110	1960	2110	1860
3.00	1620	1830	2040	1890	2040	1810
3.50	1560	1760	1970	1760	1970	1710
4.00	1520	1750	1930	1730	1930	1710
4.50	1490	1680	1880	1680	1880	1710
5.00	1450	1650	1830	1650	1830	1660
5.50	1420	1610	1800	1610	1800	1640
6.00	1390	1580	1770	1580	1770	1590
7.00	1340	1530	1710	1530	1710	1540
8.00	1300	1480	1660			
9.00	1260	1440	1610			
10.00	1230	1400	1570			

表 15-4 弹簧材料的许用应力

材料			油淬火回火钢丝	碳素钢丝琴钢丝	不锈钢丝	青铜丝	65Mn	55Si2Mn 60Si2Mn 50CrVA 60Si2MnA	55CrMnA 60CrMnA
许用切应力 $[\tau]$	压缩弹簧	Ⅲ类$[\tau_s]$	$0.55\sigma_b$	$0.5\sigma_b$	$0.45\sigma_b$	$0.4\sigma_b$	570	740	710
		Ⅱ类	$(0.4\sim0.47)\sigma_b$	$(0.38\sim0.45)\sigma_b$	$(0.34\sim0.38)\sigma_b$	$(0.3\sim0.35)\sigma_b$	455	590	570
		Ⅰ类	$(0.35\sim0.4)\sigma_b$	$(0.3\sim0.38)\sigma_b$	$(0.28\sim0.34)\sigma_b$	$(0.25\sim0.3)\sigma_b$	340	445	430
	拉伸弹簧	Ⅲ类$[\tau_s]$	$0.44\sigma_b$	$0.4\sigma_b$	$0.36\sigma_b$	$0.32\sigma_b$	380	495	475
		Ⅱ类	$(0.32\sim0.38)\sigma_b$	$(0.3\sim0.36)\sigma_b$	$(0.27\sim0.3)\sigma_b$	$(0.24\sim0.28)\sigma_b$	325	420	405
		Ⅰ类	$(0.28\sim0.32)\sigma_b$	$(0.24\sim0.3)\sigma_b$	$(0.22\sim0.27)\sigma_b$	$(0.2\sim0.24)\sigma_b$	285	310	360
许用弯曲应力 $[\sigma]$	扭转弹簧	Ⅲ类$[\sigma_s]$	$0.8\sigma_b$		$0.75\sigma_b$		710	925	890
		Ⅱ类	$(0.6\sim0.68)\sigma_b$		$(0.5\sim0.65)\sigma_b$		570	740	710
		Ⅰ类	$(0.5\sim0.6)\sigma_b$		$(0.45\sim0.55)\sigma_b$		455	590	570

注：弹簧的许用应力与材料和载荷情况有关，弹簧按载荷性质分为三类（Ⅰ类——受变载荷作用，循环次数在 10^6 以上；Ⅱ类——受变载荷作用，循环次数在 $10^3\sim10^6$ 次范围内以及受冲击载荷；Ⅲ类——受静载荷以及变载荷作用，循环次数在 10^3 以下）。

15.2.2　弹簧的制造

根据成型工艺的不同，弹簧的制造方法可分为冷卷型和热卷型两种。

冷卷型弹簧制造时，把预先热处理好的冷拉碳素弹簧钢丝在常温下卷绕成型，卷后不再进行淬火，只需进行退火处理，消除内应力。其工艺过程为：卷制→去应力退火→两端磨削（压簧）或钩环制作（拉簧）或扭臂制作（扭簧）→立定处理或强压处理→检验→表面防腐处理→包装。

当弹簧丝直径大于 8mm 时，需要在热状态下卷制弹簧，卷成后必须进行淬火和中温回火处理。其工艺过程为：材料切断→端部加热制扁→加热→卷制及校正→热处理→喷丸处理→立定处理→磨削端面→检验→表面防锈处理。

立定处理是指：对压缩弹簧，把弹簧压缩到工作极限高度或并紧高度数次，一般 3～5 次；对拉伸弹簧，把弹簧长度拉至工作极限长度数次；对扭转弹簧，把弹簧顺工作方向扭转至工作极限扭转角数次。

强压处理是指，将弹簧在超过工作极限载荷下，受载 6～48 h，使弹簧产生塑性变形与有益的残余应力。由于残余应力的方向与工作应力相反，所以可以提高弹簧的承载能力。但是对于长期受震动、在高温（150～450℃）或腐蚀介质中工作的弹簧不能进行强压处理。

喷丸处理是指，以高速弹丸流喷射弹簧表面，使弹簧表层发生塑性变形，形成一定厚度的表面强化层，强化层内形成了较高的剩余压应力，当弹簧在承受变载荷时，可以抵消一部分变载荷作用下的最大拉应力，从而提高弹簧的疲劳强度，同时还能消除弹簧表面的疵点，减小应力集中。

15.3 圆柱螺旋拉(压)弹簧的设计计算

15.3.1 圆柱螺旋弹簧的参数和几何计算

圆柱螺旋弹簧的主要尺寸如图 15-1 所示。

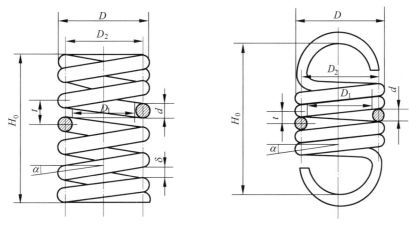

图 15-1 圆柱螺旋弹簧的几何计算

图 15-1 所示剖面中弹簧丝材料的直径 d 系列和圆柱螺旋弹簧的中径 D_2 系列见表 15-5。

表 15-5 圆柱螺旋弹簧尺寸系列(GB/T 1358—2009)

	第一系列	0.10 0.12 0.14 0.16 0.20 0.25 0.30 0.35 0.40 0.45 0.50 0.60 0.70 0.80 0.90 1.00 1.20 1.60 2.00 2.50 3.00 3.50 4.00 4.50 5.00 6.00 8.00 10.00 12.00 15.00 16.00 20.00 25.00 30.00 35.00 40.00 45.00 50.00 60.00
弹簧钢丝 截面直径 d/mm	第二系列	0.05 0.06 0.07 0.08 0.09 0.18 0.22 0.28 0.32 0.55 0.65 1.40 1.80 2.20 2.80 3.20 5.50 6.50 7.00 9.00 11.00 14.00 18.00 22.00 28.00 32.00 38.00 42.00 55.00
弹簧中径 D_2/mm		0.3 0.4 0.5 0.6 0.7 0.8 0.9 1 1.2 1.4 1.6 1.8 2 2.2 2.5 2.8 3 3.2 3.5 3.8 4 4.2 4.5 4.8 5 5.5 6 6.5 7 7.5 8 8.5 9 10 12 14 16 18 20 22 25 28 30 32 38 42 45 48 50 52 55 58 60 65 70 75 80 85 90 95 100 105 110 115 120 125 130 135 140 145 150 160 170 180 190 200 210 220 230 240 250 260 270 280 290 300 320 340 360 380 400 450 500 550 600

圆柱螺旋拉(压)弹簧的几何尺寸计算见表 15-6。

表 15-6 圆柱螺旋拉(压)弹簧的几何尺寸计算

名称	代号	单位	计 算 公 式	
			压 缩 弹 簧	拉 伸 弹 簧
簧丝直径	d	mm	表 15-5 的系列值	

名称	代号	单位	计 算 公 式	
			压 缩 弹 簧	拉 伸 弹 簧
弹簧中径	D_2	mm	表 15-5 的系列值	
弹簧内径	D_1	mm	$D_1 = D_2 - d$	
弹簧外径	D	mm	$D = D_2 + d$	
有效圈数	n		一般不小于 3 圈,最小不小于 2 圈	
支承圈数	n_2		n_2	—
总圈数	n_1		$n_1 = n + n_2$	$n_1 = n$
节距	t	mm	$t \geqslant 1.1d + \lambda_{max}/n$ λ_{max} 为工作载荷 F_{max} 作用下的变形量	$t = d$
轴向间距	δ	mm	$\delta = t - d$	
自由高度	H_0	mm	两端圆磨平 $n_1 = n + 1.5$ 时,$H_0 = tn + d$ $n_1 = n + 2$ 时,$H_0 = tn + 1.5d$ $n_1 = n + 2.5$ 时,$H_0 = tn + 2d$ 两端圆不磨平 $n_1 = n + 2$ 时,$H_0 = tn + 3d$ $n_1 = n + 2.5$ 时,$H_0 = tn + 3.5d$	L_{I} 型 $H_0 = (n+1)d + D_1$ L_{II} 型 $H_0 = (n+1)d + 2D_1$ L_{III} 型 $H_0 = (n+1.5)d + 2D_1$
工作高度 (长度)	H_1 H_2	mm	$H_1 = H_0 - \lambda_{min}$,$H_2 = H_0 - \lambda_{max}$ λ_{min} 为工作载荷 F_{min} 作用下的变形量	$H_1 = H_0 + \lambda_{min}$,$H_2 = H_0 + \lambda_{max}$
螺旋升角	α	(°)	$\alpha = \arctan[t/(\pi D_2)]$ 推荐 $\alpha = 5° \sim 9°$	$\alpha = \arctan[t/(\pi D_2)]$
弹簧展开长度	L		$L = (\pi D_2 n_1)/\cos\alpha$	$L = (\pi D_2 n_1)/\cos\alpha + $ 钩环展开长度

旋绕比 C(又称为弹簧指数)为弹簧中径 D_2 与簧丝直径 d 之比,它是反映弹簧特性的一个重要指标。C 值越小,簧圈直径越小,弹簧的刚度越大,卷绕加工越困难,为了避免卷绕时弹簧丝受到过大弯曲,C 值不能太小。反之,C 值越大,簧圈直径越大,弹簧的刚度越小,从而使弹簧不稳定,工作时发生颤动。C 的推荐值见表 15-7。

表 15-7 旋绕比 C(弹簧指数)的推荐值

d/mm	0.2～0.4	0.45～1.0	1.1～2.2	2.5～6	7～16	18～42
C	7～14	5～12	5～10	4～9	4～8	4～6

15.3.2 圆柱螺旋拉(压)弹簧的特性曲线

弹簧的特性曲线是弹簧的载荷与变形之间的关系曲线,反映了弹簧在工作过程中刚度的变化情况,是设计、制造和检验弹簧的重要依据,一般应被绘制在弹簧工作图中。

图 15-2 所示为圆柱螺旋压缩弹簧的特性曲线。弹簧未承受载荷时,其自由高度为 H_0。安装时,为了将弹簧可靠地安装在工作位置,通常预加一个初始载荷 $F_{\min}$,弹簧的高度被压缩到 H_1,其压缩变形量为 $\lambda_{\min}$。当弹簧受到最大工作载荷 $F_{\max}$ 作用时,弹簧高度被压缩到 H_2,其压缩变形量增加到 $\lambda_{\max}$,$\lambda_{\max}-\lambda_{\min}=h$,即弹簧的工作行程。$F_{\lim}$ 为弹簧的工作极限载荷,在 $F_{\lim}$ 作用下弹簧的内应力达到了材料的弹性极限,此时相应的压缩变形量为 $\lambda_{\lim}$,弹簧的高度为 H_3。当工作载荷不允许达到时,可在结构上采取措施加以防范。

压缩弹簧的初始载荷 $F_{\min}$ 一般可取 $F_{\min}=(0.1\sim0.5)F_{\max}$。最大工作载荷 $F_{\max}$ 则由工作条件决定,但应小于极限载荷。通常取 $F_{\max}\leqslant0.8F_{\lim}$。

图 15-3 所示为圆柱螺旋拉伸弹簧的特性曲线。根据拉伸弹簧卷制方法不同,圆柱螺旋拉伸弹簧可分为无初拉应力及有初拉应力两种。前一种无初拉力的弹簧在卷绕时各圈之间留有间隙,其特性曲线与压缩弹簧的完全相同,如图 15-3(b)所示。后一种有初拉力的弹簧在卷绕成形时弹簧各圈之间相互并紧,产生压缩力,当拉伸的外载荷未达到此压缩力之前,弹簧不发生变形,当达到或超过此压缩力后弹簧才开始发生变形,对应此压缩力的拉伸载荷,即初拉力 F_0,如图 15-3(c)所示。通常 $F_0=(0.2\sim0.3)F_{\max}$。

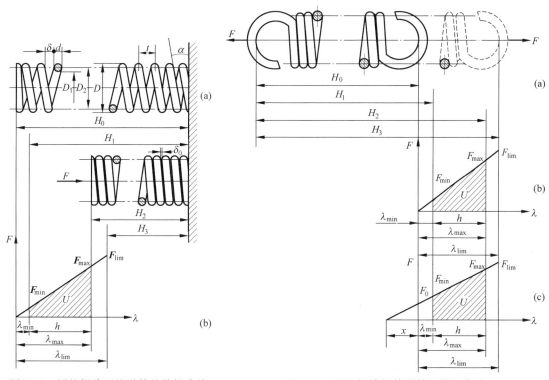

图 15-2　圆柱螺旋压缩弹簧的特性曲线　　　　　图 15-3　圆柱螺旋拉伸弹簧的特性曲线

15.3.3　圆柱螺旋拉(压)弹簧受载时的应力及变形

圆柱螺旋弹簧受压或受拉时,弹簧丝的受力情况是完全一样的。

由图 15-4(a)可知,由于弹簧丝具有升角 α,故在通过弹簧轴线的截面上,弹簧丝的截面

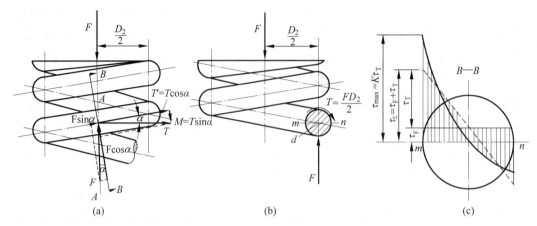

图 15-4　圆柱螺旋压缩弹簧的受力及应力分析

A—A 呈椭圆形,作用在该截面上的有力 F 及扭矩 $T=FD_2/2$,因而,在弹簧丝的法向截面 B—B 上则作用有横向力 $F\cos\alpha$、轴向力 $F\sin\alpha$、弯矩 $M=T\sin\alpha$ 及扭矩 $T'=T\cos\alpha$。

　　由于弹簧的螺旋升角 α 很小,故近似地认为簧丝任意剖面 B—B 与弹簧的轴线平行,因此可将轴向载荷 F 简化为作用在横剖面上的切向力 F 及扭矩 $T=FD_2/2$,如图 15-4(b)所示。剖面 B—B 上应力可近似取

$$\tau_\Sigma = \tau_F + \tau_T = \frac{4F}{\pi d^2} + \frac{FD_2/2}{\pi d^3/16} = \frac{4F}{\pi d^2}\left(1+\frac{2D_2}{d}\right) = \frac{4F}{\pi d^2}(1+2C) \tag{15-1}$$

　　如图 15-4(c)所示,合成后簧丝剖面上最大剪应力 $\tau_{\max} = \tau_F + \tau_T$ 产生在簧丝内侧之 m 点处。实践证明,弹簧的破坏也大多由这一点开始。由于 τ_F 值比较小,计算时可略去不计,为了考虑弹簧丝的升角和曲率对弹簧丝中应力的影响,引进曲度系数 K,则弹簧丝内侧的最大应力为

$$\tau_{\max} = K\tau_T = K\frac{FD_2/2}{\pi d^3/16} = \frac{8KFC}{\pi d^2} \leqslant [\tau], \text{N/mm}^2 \tag{15-2}$$

式中,K——曲度系数,$K=\dfrac{4C-1}{4C-4}+\dfrac{0.615}{C}$;

　　$[\tau]$——许用剪应力,N/mm^2,见表 15-4。

　　圆柱螺旋弹簧受载后的轴向变形量可用材料力学公式求出,即

$$\lambda = \frac{8FD_2^3 n}{Gd^4} = \frac{8FC^3 n}{Gd} \tag{15-3}$$

式中,n——弹簧的工作圈数;

　　G——弹簧材料的剪切弹性模量,见表 15-2。

　　圆柱螺旋拉(压)弹簧的刚度 K_F 为

$$K_F = \frac{F}{\lambda} = \frac{Gd^4}{8D_2^3 n} = \frac{Gd}{8C^3 n} \tag{15-4}$$

　　若已知最大工作载荷 $F_{\max}$ 作用下弹簧最大变形量为 $\lambda_{\max}$,则弹簧的工作圈数 n 为

$$n = \frac{G\lambda_{\max}d^4}{8F_{\max}D_2^3} = \frac{GD_2}{8C^4K_F} = \frac{G\lambda_{\max}d}{8F_{\max}C^3} \qquad (15\text{-}5)$$

15.3.4　压缩弹簧的稳定性

当压缩弹簧的圈数较多,弹簧高径比 $b = H_0/D_2$ 较大时,载荷达一定值就会使弹簧发生较大的侧向弯曲(见图 15-5(a)),从而失去稳定性,使弹簧不能正常工作,还会使弹簧的特性曲线改变。为了保证弹簧的稳定性,一般压缩弹簧的高径比 b 按下列情况选取:①当两端固定时,取 $b<5.3$;②当一端固定、另一端自由转动时,取 $b<3.7$;③当两端自由转动时,取 $b<2.6$。当 $b>5.3$ 时,则应进行稳定性验算,使弹簧的临界载荷 F_c 大于弹簧的最大工作载荷 $F_{\max}$,即

$$F_c = C_B K_F H_0 > F_{\max} \qquad (15\text{-}6)$$

式中,C_B——不稳定性系数,由图 15-6 查取。

如果弹簧的最大工作载荷 $F_{\max} > F_c$,则应重新选取参数。主要通过调整 H_0 和 D_2 改变高径比 b。为了提高 C_B 值,以增大 F_c,也可以在结构上采取措施,如加装导杆(见图 15-5(b))或导套(见图 15-5(c))。

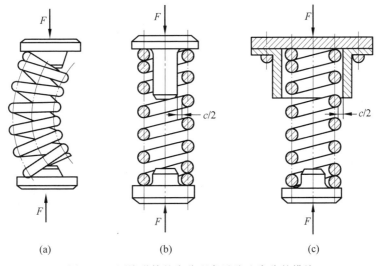

(a)　　　　　　　　　　(b)　　　　　　　　　　(c)

图 15-5　压缩弹簧的失稳现象及防止失稳的措施

15.3.5　承受变载荷的圆柱螺旋弹簧的疲劳强度

对于在变载荷下工作的螺旋弹簧,当应力循环次数 $N > 10^3$ 时,应进一步进行疲劳强度验算。根据式(15-2)可求得弹簧在变载荷作用下的最大和最小剪应力 $\tau_{\max}$、$\tau_{\min}$ 分别为

$$\tau_{\max} = \frac{8KF_{\max}C}{\pi d^2}, \quad \tau_{\min} = \frac{8KF_{\min}C}{\pi d^2}$$

弹簧的疲劳强度条件为

$$S = (\tau_0 + 0.75\tau_{\max})/\tau_{\max} \geqslant [S] \qquad (15\text{-}7)$$

式中,τ_0——弹簧材料的脉动剪切疲劳极限,按照疲劳载荷作用次数 N 由表 15-8 查取;

　　　$[S]$——许用安全系数,当弹簧的设计计算和材料试验数据准确性较高时,取 $1.3\sim1.7$,当准确性较低时,取 $1.8\sim2.2$。

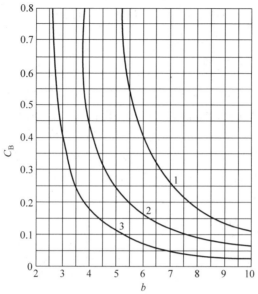

1—两端固定；2—一端固定，一端自由转动；3—两端自由转动。

图 15-6　不稳定性系数 C_{B}

表 15-8　弹簧材料的剪切脉动疲劳极限

变载荷作用次数	10^4	10^5	10^6	10^7
$\tau_0/(\text{N/mm}^2)$	$0.45\sigma_b$	$0.35\sigma_b$	$0.33\sigma_b$	$0.30\sigma_b$

注：对于硅青铜、不锈钢丝，取 $\tau_0 = 0.35\sigma_b$。

15.3.6　圆柱螺旋拉(压)弹簧的设计

设计弹簧时，通常根据确定的最大工作载荷 F_{max}、最大变形量 λ_{max}、结构要求和工作条件等，选择弹簧材料，确定结构基本形式和弹簧中径 D_2、簧丝直径 d、有效圈数 n、弹簧的螺旋升角 α、簧丝长度 L。其设计步骤如下。

(1) 根据工作条件选择材料，先估取簧丝直径 d，查表 15-3 得其抗拉强度 σ_b，根据表 15-4 计算出许用剪切应力 $[\tau]$。

(2) 初步选取旋绕比 C，一般选取 $C \approx 5 \sim 8$，计算曲度系数 K。

(3) 计算簧丝直径 d'，$d' \geqslant 1.6\sqrt{\dfrac{KF_{max}C}{[\tau]}}$，此时必须将所计算出的 d' 值与原来估取的 d 值进行比较，如果两者相等或接近，即可按表 15-5 圆整为邻近的标准簧丝直径 d，如果两者相差较大，则应参考计算结果重估 d 值，再查其 σ_b 来计算 $[\tau]$，将 $[\tau]$ 代入 d' 计算式再进行试算，直到满意为止。

(4) 计算几何尺寸及参数，按表 15-6 进行。

(5) 稳定性验算。

(6) 强度校核。

例 15-1　设计一个在静载荷下工作的圆柱螺旋压缩弹簧，工作条件为：安装初载荷 $F_{min} = 600$ N，载荷最大增量 $\Delta F = 900$ N，工作行程 $h = 24$ mm，弹簧外径不大于 60 mm，工作介质为空气。

解 设计过程见下表：

计算及说明	结　果
1. 材料选择	
按题意可知，该类弹簧属 SM 型弹簧。选用弹簧材料为 Ⅲ 类碳素弹簧钢丝，由表 15-2、表 15-4 查得 $[\tau]=0.5\sigma_b$，$G=78\,500$ N/mm²	
2. 计算弹簧丝直径	
由式(15-2)得 $d\geqslant1.6\sqrt{F_{max}KC/[\tau]}$	
初选旋绕比 C，按表 15-7 估计 $d'=8$ mm	$C=6$
曲度系数 $K=(4C-1)/(4C-4)+0.615/C=(4\times6-1)/(4\times6-4)+0.615/6$	$K=1.25$
弹簧的最大工作载荷 F_{max}，$F_{max}=F_{min}+\Delta F=(600+900)$ N	$F_{max}=1500$ N
按照估取的簧丝直径，查表 15-3 材料的强度极限 σ_b	$\sigma_b=1480$ N/mm²
许用应力 $[\tau]$，$[\tau]=0.5\sigma_b=0.5\times1480$ N/mm²$=685$ N/mm²	$[\tau]=740$ N/mm²
故 $d\geqslant1.6\sqrt{1500\times1.25\times6/740}$ mm $=6.24$ mm，圆整取第一系列	$d=8$ mm
3. 确定弹簧有效圈数 n	
最大变形量 λ_{max}，$\lambda_{max}=F_{max}h/(F_{max}-F_{min})=1500\times24/(1500-600)$ mm	$\lambda_{max}=40$ mm
弹簧有效工作圈数 n，由式(15-5)得	
$n=Gd\lambda_{max}/(8F_{max}C^3)=78\,500\times8\times40/(8\times1500\times6^3)=9.69$	
圆整为 0.25 整数倍	$n=10$
取两端支承圈数 $n_2=2$，故总圈数 $n_1=n+n_2=10+2$	$n_1=12$
4. 计算几何尺寸	
按表 15-6	
中径 $D_2=Cd=6\times8$ mm	$D_2=48$ mm
外径 $D=D_2+d=(48+8)$ mm	$D=56$ mm<60 mm，满足要求
内径 $D_1=D_2-d=(48-8)$ mm	$D_1=40$ mm
节距 $t\geqslant1.1d+\lambda_{max}/n=(1.1\times8+40/10)$ mm $=12.8$ mm，圆整	$t=13$ mm
轴向间距 $\delta=t-d=(13-8)$ mm	$\delta=5$ mm
自由高度 $H_0=tn+1.5d=(13\times10+1.5\times8)$ mm	$H_0=142$ mm
螺旋升角 $\alpha=\arctan[t/(\pi D_2)]=\arctan[13/(\pi\times48)]$	$\alpha=4°55'38''$
极限变形量 $\lambda_{lim}=1.25\lambda_{max}=1.25\times40$ mm	$\lambda_{lim}=50$ mm
最小变形量 $\lambda_{min}=\lambda_{max}F_{min}/F_{max}=40\times600/1500$ mm	$\lambda_{min}=16$ mm
弹簧工作高度 $H_1=H_0-\lambda_{min}=(142-16)$ mm	$H_1=126$ mm
$H_2=H_0-\lambda_{max}=(142-40)$ mm	$H_2=102$ mm
$H_3=H_0-\lambda_{lim}=(142-50)$ mm	$H_3=92$ mm
弹簧展开长度 $L=(\pi D_2n_1)/\cos\alpha=\pi\times48\times12/\cos4°55'38''$ mm	$L=1816$ mm
5. 验算稳定性	
高径比 $b=H_0/D_2=142/48=2.96<3.7$ 满足一端固定、一端自由转动的要求	$b=2.96$，满足稳定性

习　　题

15-1　今有 A、B 两个圆柱螺旋弹簧，其簧丝材料、直径 d 及有效工作圈数均相同，若弹簧中径 $D_{2A}>D_{2B}$，试分析：(1)当轴向载荷 F 以同样大小不断增加时，哪个弹簧先坏？(2)当 F 相同时，哪个弹簧的变形大？

15-2　试设计一个在静载荷、常温下工作的阀门螺旋压缩弹簧，原始条件为：最大工作

载荷 $F_{max}=220$ N,最小工作载荷 $F_{min}=150$ N,工作变形 $\lambda=5$ mm,弹簧外径不大于 16 mm,工作介质为空气,两端固定支承。

15-3 已知一发动机的阀门圆柱螺旋弹簧的安装要求高度为 $44\sim45$ mm,初压力为 $50\sim220$ N,阀门的工作行程为 9 mm,工作压力(即最终压力)为 $460\sim500$ N,由于结构限制,弹簧最小允许内径为 16 mm,最大允许外径为 30 mm,试设计此弹簧。

15-4 某控制用圆柱螺旋压缩弹簧,最大工作载荷 $F_{max}=1000$ N,材料直径 $d=5$ mm,中径 $D_2=30$ mm,材料为 65 Mn,有效工作圈数 $n=10$,弹簧两端并紧磨平,采用两端铰支结构。试求:(1)弹簧的最大变形量和弹簧刚度;(2)弹簧的自由高度;(3)验算弹簧的稳定性。

自测题 15

第16章　典型零部件的结构设计

【教学导读】

机械结构设计就是将抽象的方案设计变成具体的技术图样,它包括部件和构件、零件的结构设计。本章介绍带轮、链轮、齿轮、蜗杆和蜗轮结构设计,以及滚动轴承装置的结构设计。

【课前问题】

(1) 机械结构设计的基本原则有哪些?

(2) 滚动轴承装置结构设计包含哪些内容?

(3) 机械设计中为何要重视结构设计能力的培养?

【课程资源】

拓展资源:轴承游隙调整。

16.1　机械结构设计的基本原则

明确、简单、安全是结构设计的基本原则,遵循这些原则,能使预期功能得以实现,产品的经济性、安全性得到保证,从而提高设计的质量和成功率。

16.1.1　明确

明确是指在机械系统设计中所考虑的各方面问题应在结构方案中得到明确的体现并由具体的结构来承担。

1. 功能明确

结构设计时,必须使所选择结构达到预期的功能,每个分功能由确定的结构来承担,各部分结构之间有合理的联系,但要避免冗余结构。图 16-1 所示的轴毂连接的设计是轴肩起轴向定位作用和锥形轴颈对轮毂起定心作用。实际中当毂孔较小时,定位轴肩不起作用(见图 16-1(a));当毂孔尺寸较大时,轮毂轴向位置正确,但轴、孔间出现较大间隙,定心不准确(见图 16-1(b))。这种缺陷是由锥形轴颈的功能不明确引起的,锥形轴颈同时起着径向定心和轴向定位的双重作用。图 16-1(c)所示为改进后的结构,圆柱面轴颈与孔依靠合理配合精度,控制轮毂的中心位置,轮毂的轴向位置靠轴肩保证,这样便能准确实现定心、定位功能。

2. 工作原理明确

结构设计中,应实现各功能的工作原理是明确的,应尽量减少静不定问题,使能量流(力流)、物料流和信号流有明确的走向。图 16-2 所示为滚动轴承组合设计两种方案。图 16-2(a)的设计原意是由圆柱滚子轴承承受径向力,由深沟球轴承承受轴向力。由于两个轴承的内、外圈均已固定,力流的传递路线是不明确的,故该结构中径向力承受状态也是不明确的,从而导致了滚动轴承受力计算不准确性,有可能降低轴承使用寿命。图 16-2(b)所示的结构中,推力球轴承只承受轴向载荷,圆柱滚子轴承只承受径向载荷,力流路线明确。

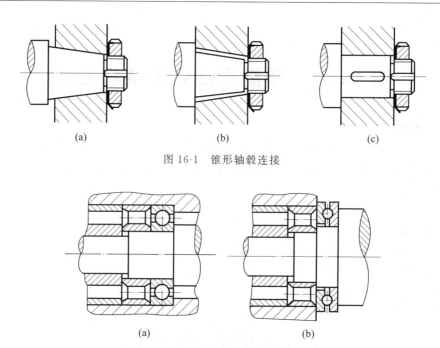

图 16-1　锥形轴毂连接

图 16-2　滚动轴承组合的力流路线

3. 工况及负荷状况明确

结构设计时,应明确掌握工况和载荷的状态。图 16-3(a)所示为游艺机垂直回转轴下的滚动轴承。为防止脱离,采用了图 16-3(b)所示的弹性挡圈,实际工作时发现弹性挡圈经常脱落而导致失效。经检查发现,轴承工作时承受的轴向力很大(约 1000 kN),弹性挡圈因受力变形而脱落。这是由结构设计时对工作情况不明确引起的。改用图 16-3(c)所示的轴承盖固定的方法后,轴承能承受较大轴向力。

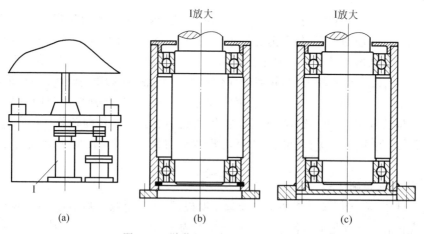

图 16-3　游艺机垂直回转轴的设计

16.1.2　简单

"简单"这一原则包含三方面的要求:零件数目尽量减少,零件形状尽可能简单,零部件间连接关系简便。

当某一功能用少量的零件即可实现时,可以降低制造成本,并有利于提高工件的精度和可靠性。图 16-4(a)所示方案采用三个分立的凸轮机构,通过齿轮机构来进行运动协调。每个推杆对应一个独立的凸轮轴,轴上关联着齿轮、凸轮、键和轴承等若干零件。图 16-4(b)所示方案把各凸轮的转动轴重合在一起,用一条凸轮轴把它们按照正确的相位串起来。该方案减少了零件的数目,省去了零件连接要素的加工和装配工序,较方便保证装配质量和传动精度。

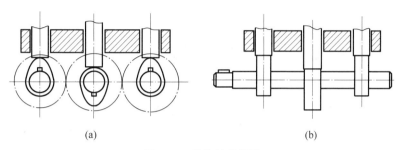

(a)　　　　　　　　　　　　　　　　(b)

图 16-4　凸轮轴的设计

为便于零件的加工,应优先采用简单的几何形状,如平面、圆柱面等。尽量采用标准零部件,既可简化结构设计,也可缩短机器的设计与生产周期。零部件间连接关系简便,可简化装配工艺,便于维护。简单设计的原则降低了制造成本,更主要的是提高了产品可靠性。

16.1.3　安全

"安全"原则要求在结构设计时保证产品及其零部件在预期的工作期限内正常工作,操作者安全可靠,对周围环境不会产生危害。"安全"要求可以通过直接的、间接的、提示性的三种途径来实现。

1. 直接安全技术

直接安全技术是指在结构设计时直接满足安全可靠的要求,通过所设计的系统或构件本身获得安全性。

(1)结构可靠性。通过结构形状来保证工作的可靠性。

(2)零件可靠性。设计中保证零件具有足够的强度、刚度、耐磨性及稳定性,在规定的时间内不发生失效。

(3)有限损坏原理。在使用过程中,对无法避免的破坏应将其引导至或保持在特定的次要部位,避免整体或重要零件的破坏。可采用特定的功能元件,如安全销、安全阀和易损件等,这些要求被破坏的零部件应易于查找和更换。

(4)冗余配置原理。这是一种提高安全性、可靠性的有效手段。对于关键设备可采用备用系统,当与之串联的其他系统发生故障时,备用系统可全部或部分地承担其功能,从而提高系统的安全性。如飞机的多驱动装置、大型汽轮机组轴承的备用系统等。

2. 间接安全技术

间接安全技术是指通过防护系统和保护装置来实现系统的安全可靠。如液压、气动或锅炉系统中的安全阀,机床中的安全离合器,电动机驱动系统的热继电器等均能在系统危险和超负荷时,使设备自动脱离危险状态。

3. 提示性安全技术

提示性安全技术是指在事故发生之前发出报警和信号,使设备操作者可及时采取有效措施,以避免事故的发生。

16.2　带轮、链轮的结构设计

16.2.1　带轮的结构

带轮的结构设计主要是:根据带轮的基准直径选择结构形式;根据带的型号和根数确定轮槽尺寸;带轮的其他结构尺寸可参照设计手册计算。

带轮的典型结构(见图 16-5)有四种:实心式(见图 16-5(a))、腹板式(见图 16-5(b))、孔板式(见图 16-5(c))和轮辐式(见图 16-5(d))。基准直径 $d_d \leqslant (2.5 \sim 3)d$ 时,可采用实心式;$d_d \leqslant 300$ mm 时,可采用腹板式(当 $D_1 - d_1 \geqslant 100$ mm 时,可采用孔板式);$d_d > 300$ mm 时,可采用轮辐式。

16.2.2　V 带轮轮槽的结构参数

V 带轮的轮槽结构与所选用的 V 带相对应,其轮槽结构尺寸见表 16-1。

表 16-1　V 带轮轮槽截面尺寸　　　　　　　　　　单位:mm

简图	槽型	b_d	h_{amin}	h_{fmin}	e	f_{min}	d_d 与 d_d 对应的槽角 φ			
							$\varphi=32°$	$\varphi=34°$	$\varphi=36°$	$\varphi=38°$
	Y	5.3	1.60	4.70	8±0.3	6	≤60	—	>60	—
	Z	8.5	2.00	7.00	12±0.3	7	—	≤80	—	>80
	A	11.0	2.75	8.70	15±0.3	9	—	≤118	—	>118
	B	14.0	3.50	10.8	19±0.4	11.5	—	≤190	—	>190
	C	19.0	4.80	14.3	25.5±0.5	16	—	≤315	—	>315
	D	27.0	8.10	19.9	37±0.6	23	—	—	≤475	>475
	E	32.0	9.60	23.4	44.5±0.7	28	—	—	≤600	>600

由于 V 带在带轮上弯曲时,截面变形使其楔角变小。为保证胶带和带轮工作面的良好接触,一般应适当减小轮槽槽角。

16.2.3　链轮的结构

链轮的常见结构如图 16-6 所示。小直径链轮可做成实心式(见图 16-6(a));中等直径的链轮可做成孔板式(见图 16-6(b));为便于更换磨损后的齿圈,直径较大的链轮常采用组合式结构(见图 16-6(c)、(d)),齿圈和轮毂用不同材料制成,用焊接或螺栓连接等方式将两者连接为一体。

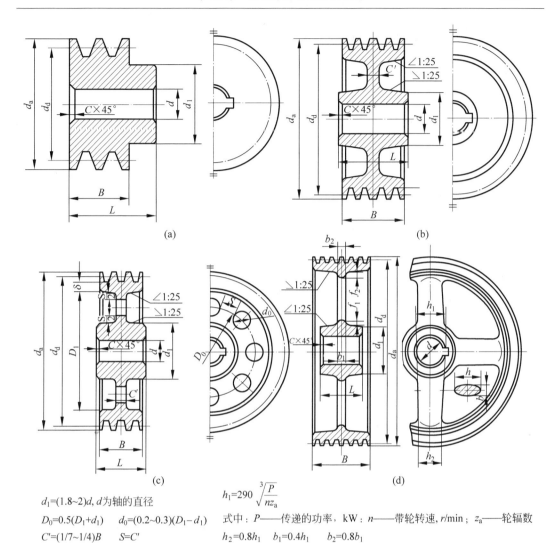

$d_1 = (1.8 \sim 2)d$, d 为轴的直径

$D_0 = 0.5(D_1 + d_1)$ 　　　 $d_0 = (0.2 \sim 0.3)(D_1 - d_1)$

$C' = (1/7 \sim 1/4)B$ 　　　 $S = C'$

$L = (1.5 \sim 2)d$, 当 $B < 1.5d$ 时, $L = B$

$h_1 = 290 \sqrt[3]{\dfrac{P}{nz_a}}$

式中：P——传递的功率，kW；n——带轮转速，r/min；z_a——轮辐数

$h_2 = 0.8h_1$ 　　　 $b_1 = 0.4h_1$ 　　　 $b_2 = 0.8b_1$

$f_1 = 0.2h_1$ 　　　 $f_2 = 0.2h_2$

图 16-5　V 带轮的结构

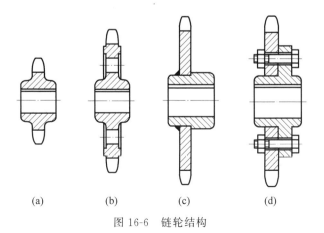

(a)　　　　　(b)　　　　　(c)　　　　　(d)

图 16-6　链轮结构

16.2.4　滚子链链轮的主要尺寸

滚子链链轮的主要尺寸见表 16-2。滚子链链轮轴向齿廓尺寸见表 16-3。

表 16-2　滚子链链轮的主要尺寸

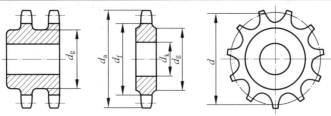

名　称	符号	计 算 公 式	备　注
分度圆直径	d	$$d = \dfrac{p}{\sin\left(\dfrac{180°}{z}\right)}$$	
齿顶圆直径	d_a	$d_{amin} = d + p(1 - 1.6/z) - d_1$ $d_{amax} = d + 1.25p - d_1$	d_{amin} 和 d_{amax} 均可应用于最小齿槽形状和最大齿槽形状。d_{amax} 受到刀具限制
齿根圆直径	d_f	$d_f = d - d_1$	
齿高	h_a	$h_{amin} = 0.5(p - d_1)$ $h_{amax} = 0.625p - 0.5d_1 + 0.8p/z$	h_a 为节距多边形以上部分齿高，见图 5-14。h_{amin} 与 h_{amax} 分别与 d_{amin} 和 d_{amax} 对应
最大齿侧凸缘直径	d_g	$d_g = p\cot(180°/z) - 1.04h_2 - 0.76$	h_2 为内链板高度，见表 5-11

表 16-3　滚子链链轮轴向齿廓尺寸

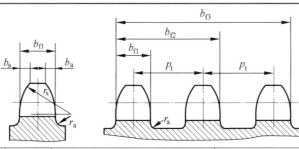

名称		符号	计 算 公 式		备　注
			$p \leqslant 12.7$ mm	$p > 12.7$ mm	
齿宽	单排	b_{f1}	$0.93b_1$	$0.95b_1$	$p > 12.7$ mm 时，使用者和客户同意，也可使用 $p \leqslant 12.7$ mm 时的齿宽。b_1 为内链节内宽，见表 5-11
	双排、三排		$0.91b_1$	$0.93b_1$	
齿侧倒角		$b_{a公称}$	$b_{a公称} = 0.13p$		
齿侧半径		$r_{x公称}$	$r_{x公称} = p$		
齿全宽		b_{fn}	$b_{fn} = (n-1)p_t + b_{f1}$		n 为排数
圆角半径		r_a	$r_a \approx 0.04p$		

16.3 齿轮类零件的结构设计

16.3.1 齿轮的结构设计

齿轮的结构设计是确定齿轮的结构形式和轮体其他各部分尺寸。齿轮结构形式主要由几何尺寸、毛坯材料、加工工艺、生产批量等因素确定,通过查有关手册,采用经验设计方法完成。

1. 齿轮轴

对于齿数少的小齿轮,当其分度圆直径与轴的直径 d_s 相差很小($d < 1.8 d_s$)时,可将齿轮和轴做成一体,这个一体轴称为齿轮轴(见图 16-7)。

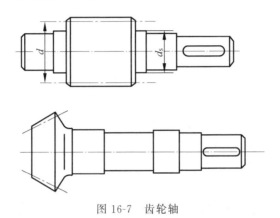

图 16-7 齿轮轴

2. 实心式齿轮

当齿轮齿顶圆直径 $d_a \leqslant 200$ mm 时,对于圆柱齿轮,若齿轮的键槽底部到齿根圆的距离 $e \geqslant 2m_t$(m_t 为端面模数),对于圆锥齿轮,若 $e \geqslant 1.6m$(m 为大端模数)时,将齿轮做成实心式齿轮(见图 16-8)。

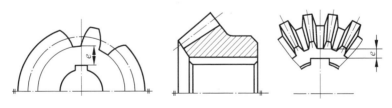

图 16-8 实心式齿轮

3. 腹板式齿轮

当齿顶圆直径满足 $200 < d_a \leqslant 500$ mm 时,可将齿轮制成腹板式结构(见图 16-9)。

腹板式齿轮各部分结构尺寸推荐值见表 16-4。

表 16-4 腹板式齿轮结构尺寸推荐值　　　　　　　　　单位:mm

结构尺寸	圆柱齿轮	圆锥齿轮
齿轮孔径 D_4	据与齿轮安装的轴径而定	
轮毂外径 D_3	$D_3 \approx 1.6 D_4$(钢材),$D_3 \approx 1.7 D_4$(铸铁)	

续表

结 构 尺 寸	圆柱齿轮	圆锥齿轮
轮缘直径 D_0	$D_0 \approx d_a - (10 \sim 14)m_n$	
腹板孔分布直径 D_1	$D_1 \approx 0.5(D_0 + D_3)$	
腹板孔径	$D_2 \approx (0.25 \sim 0.35)(D_0 - D_3)$	
腹板厚度	$C \approx (0.2 \sim 0.3)B$	$C \approx (3 \sim 4)m$
	常用齿轮的 C 值不应小于 10 mm,航空用齿轮可取 $C \approx 3 \sim 6$ mm	
轮毂长度	$l \approx (1.2 \sim 1.5)D_4$	$l \approx (1 \sim 1.2)D_4$
大端轮缘厚度		$\Delta_1 \approx (0.1 \sim 0.2)B$; 尺寸 J 由结构设计而定
倒角尺寸	$n_1 \approx 0.5m_n$	

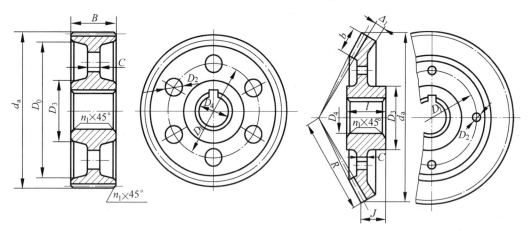

图 16-9　腹板式齿轮

4. 轮辐式齿轮

当齿顶直径满足 400 mm < d_a ≤ 1000 mm 时,为了减轻重量,可将齿轮制成轮辐式结构(见图 16-10)。

轮辐式齿轮各部分结构尺寸推荐值见表 16-5。

表 16-5　轮辐式齿轮结构尺寸推荐值　　　　　单位:mm

结 构 尺 寸	轮辐式齿轮
齿轮孔径 D_4	据与齿轮安装的轴径而定
轮毂外径 D_3	$D_3 \approx 1.6D_4$(钢材),$D_3 \approx 1.7D_4$(铸铁)
轮辐厚度	$C \approx H/5$;$C_1 \approx H/6$
轮毂长度 l	$1.5D_4 > l \geqslant B$
轮缘厚度	$\Delta_1 \approx (3 \sim 4)m_n$,但不应小于 8 mm;$\Delta_2 \approx (1 \sim 1.2)\Delta_1$
轮辐宽度	$H \approx 0.8D_4$(钢材),$H \approx 0.9D_4$(铸铁);$H_1 \approx 0.8H$
轮辐圆角尺寸	$R \approx 0.5H$
轮辐数	常取 6

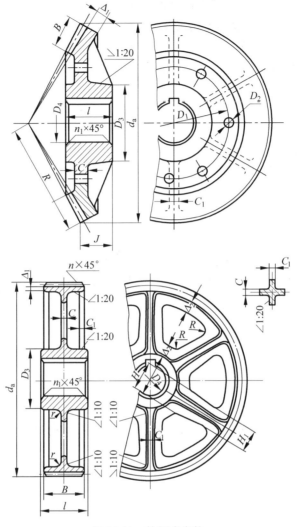

图 16-10　轮辐式齿轮

16.3.2　蜗杆和蜗轮的结构设计

蜗杆螺旋部分的直径一般不大,所以常将蜗杆和轴做成一体,其结构形式如图 16-11 所示。当蜗杆螺旋部分的直径较大时,可以将蜗杆与轴分开制作。

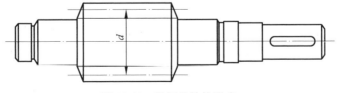

图 16-11　蜗杆的结构形式

常用的蜗轮有以下几种形式。

(1) 齿圈式(见图 16-12(a))。这种结构由青铜齿圈和铸铁轮芯组成。齿圈与轮芯采用

H7/r6 过盈配合,并加装 4～6 个紧定螺钉以增强连接可靠性。这种结构多用于尺寸不太大或工作温度变化较小的场合,以避免热胀冷缩影响配合的质量。

（2）螺栓连接式（见图 16-12(b)）。这种结构是用普通螺栓或铰制孔用螺栓连接蜗轮齿圈和铸铁轮芯制成的。这种结构装拆比较方便,多用于尺寸较大或容易磨损的蜗轮。

（3）整体浇铸式（见图 16-12(c)）。这种结构主要用于铸铁蜗轮或尺寸很小的青铜蜗轮。

（4）拼铸式（见图 16-12(d)）。这种结构是在铸铁轮芯上加铸青铜齿圈,然后切齿制成的。这种结构只用于成批制造的蜗轮。

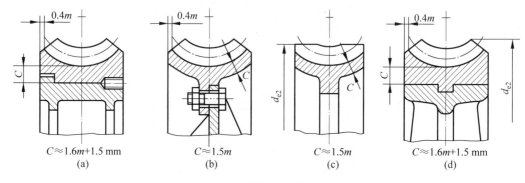

$C \approx 1.6m+1.5$ mm　　　$C \approx 1.5m$　　　$C \approx 1.5m$　　　$C \approx 1.6m+1.5$ mm
(a)　　　　　　　　(b)　　　　　　　(c)　　　　　　　(d)

图 16-12　蜗轮的结构形式

16.4　滚动轴承装置的结构设计

为保证轴承正常工作,除正确选择轴承类型和确定型号外,还需合理设计轴承的组合。滚动轴承的组合设计主要是正确解决轴承的布置、安装、紧固、调整、润滑和密封等问题。

16.4.1　滚动轴承支承结构形式

16-2

为了使轴系件相对于机座有确定的位置并能承受轴向载荷,轴承必须得到轴向固定。常见的两支承轴向固定结构形式如下。

1. 两端单向固定

如图 16-13 所示,使两个支承中的每一个都能限制轴的单向移动,也就限制了轴的双向移动。图 16-13 中采用两个轴承端盖,为了使轴的伸长不致引起附加应力,在一个支承上,轴承外圈和轴承端盖之间应留有 $\Delta = 0.2 \sim 0.4$ mm 的间隙,在装配时用调整垫片调整。这种支承结构简单,适用于温度变化不大的短轴。

2. 一端双向固定、一端游动

作为固定支承的轴承,其内外圈在轴向都要固定,如图 16-14(a)所示的左支承。作为补偿轴热膨胀的游动支承,如果使用的是内外圈不可分离的轴承(见图 16-14(a)的右支承),则只需固定内圈,外圈在轴承孔内应可以轴向游动。如果使用的是可分离型圆柱滚子轴承或滚针轴承(见图 16-14(b)),则内外圈都要双向固定。

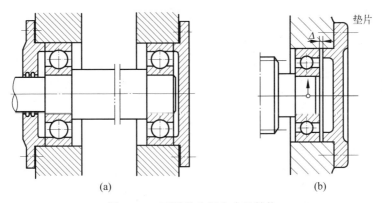

图 16-13　两端单向固定支承结构

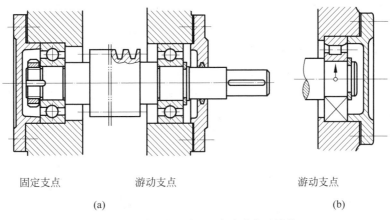

固定支点　　　　　游动支点　　　　　　游动支点

(a)　　　　　　　　　　　　　　　　　(b)

图 16-14　一端双向固定、一端游动支承结构(一)

由于角接触球轴承或圆锥滚子轴承不能被做成游动的,一般对于跨度较大(>350 mm)且温度变化也较大的轴,可把两个角接触球轴承或圆锥滚子轴承"面对面"或"背对背"组成固定支承,另一端为游动的,如图 16-15 所示。

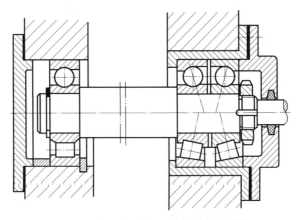

图 16-15　一端双向固定、一端游动支承结构(二)

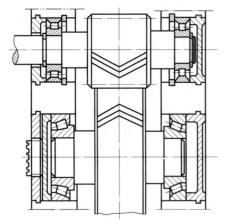

16-3

图 16-16　两端游动支承结构

3．两端游动

图 16-16 所示的小人字齿轮轴为两端游动支承。其轴向位置由两人字齿轮啮合来确定,大人字齿轮轴则为两端单向固定支承。如果小人字齿轮轴不是全游动的,则由于轮齿螺旋角的制造误差,齿轮啮合时卡死或左右螺旋齿受力不均。

16.4.2　滚动轴承的轴向固定

滚动轴承支承的固定,要通过轴承内圈与轴、外圈与机座的轴向紧固方式来实现。

1．内圈常用的紧固方法

内圈常用紧固方法有:用轴用弹性挡圈嵌在轴的沟槽内(见图 16-17(a)),主要用于深沟球轴承,当轴向力不大及转速不高时的情况;用螺钉固定的轴端挡圈紧固(见图 16-17(b)),结构简单,易于加工;用圆螺母和止退垫圈紧固(见图 16-17(c)),主要用于轴承转速高、受较大轴向力的情况;用紧定衬套、止退垫圈和圆螺母紧固(见图 16-17(d)),用于光轴上轴向力和转速都不大且具有内锥孔的调心轴承。内圈的另一端通常靠轴肩来固定。为了方便轴承的拆卸,轴肩的高度应低于轴承内圈的厚度。

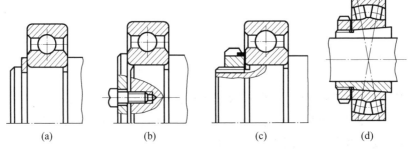

| (a) | (b) | (c) | (d) |

图 16-17　内圈轴向紧固的常用方法

2．外圈常用的紧固方法

外圈常用紧固方法有:利用嵌入轴承座孔内的孔用弹性挡圈固定(见图 16-18(a)),主要用于轴向力不大且需要减小轴承组合尺寸的情况;用止动环嵌入轴孔外圈止动槽内固定(见图 16-18(b)),用于当轴承孔不便做凹槽和凸肩且外壳为剖分式结构时的情况;用轴承端盖紧固(见图 16-18(c));用螺纹环紧固(见图 16-18(d)),用于需要调整外圈位置,不适用于使用轴承端盖紧固的情况。

16.4.3　轴承座孔支承刚度和同心度

轴和安装轴承的座孔必须具有足够的刚度,以避免过大变形使滚动体和座圈间承受附加载荷,从而降低轴承寿命,影响运转精度。因此,轴承座孔壁应有足够的厚度,并且应设置加强筋以增强其刚度,如图 16-19 所示。此外,壁板上的轴承座的悬臂应尽可能地缩短。

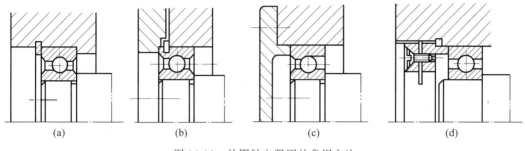

图 16-18　外圈轴向紧固的常用方法

对于同一根轴上两个支承的座孔,为了尽可能地保持同心,应把安装轴承的两个孔一次镗出。当一根轴上装有不同尺寸的轴承时,外壳上的轴承孔仍应一次镗出,这时可利用套杯来安装尺寸较小的轴承,如图 16-20 所示。

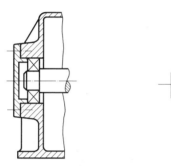

图 16-19　保证支承刚度的措施

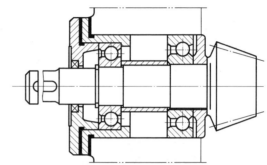

图 16-20　利用套杯保证座孔尺寸相同

16.4.4　滚动轴承游隙调整

为保证轴承正常运转,通常在轴承内部留有适当的轴向和径向游隙。游隙的大小对轴承的回转精度、寿命、效率、噪声等有很大影响,在轴承组合设计中要从结构上保证轴承游隙能方便被调整。常用的调整游隙的有:①垫片调整,如图 16-13 所示;②螺钉调整,如图 16-16 所示的大人字齿轮轴左轴承游隙的调整;③圆螺母调整,如图 16-21 所示的小圆锥齿轮轴反安装结构中,轴承游隙是靠轴上的圆螺母来调整的。

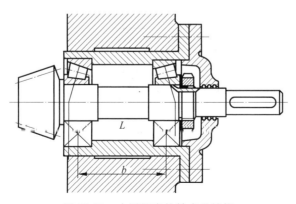

图 16-21　小圆锥齿轮轴支承结构

16-4

16.4.5　滚动轴承的预紧和装拆

　　轴承的预紧是指在轴承安装时设法在内外圈间施加一定的轴向压紧力,不但可消除轴承中的游隙,而且还可使滚动体与内外圈接触处产生一定量的初变形,使轴承中保持一定的轴向力。预紧的目的是提高轴承的旋转精度,增加轴承的组合刚性,减少振动和噪声。

　　常用的轴承预紧方法有:通过夹紧一对圆锥滚子轴承的外圈而预紧(见图 16-22(a));通过在两轴承外圈之间加一金属垫片,圆螺母夹紧内圈而预紧(见图 16-22(b));通过在一对轴承中间装入长度不等的套筒而预紧(见图 16-22(c)),预紧力可由两套筒的长度差控制;通过弹簧预紧(见图 16-22(d)),以得到稳定的预紧力。

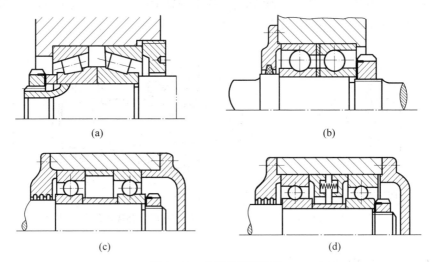

(a)　　　　　　　　　　　　　　(b)

(c)　　　　　　　　　　　　　　(d)

图 16-22　轴承的预紧结构

　　安装轴承时,对于小轴承可用铜锤轻而均匀地敲击,配合套筒装入;对于大轴承可用压力机压入;对于尺寸大且配合紧的轴承可将孔件加热膨胀后再进行装配。拆卸轴承时,可采用专业拆卸工具,如图 16-23 所示。为便于拆卸,轴承的定位轴肩高度应低于内圈高度。

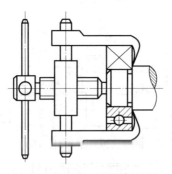

图 16-23　用钩爪器拆卸轴承

习　　题

16-1　改正题 16-1 图中轴系结构设计错误及不妥之处。

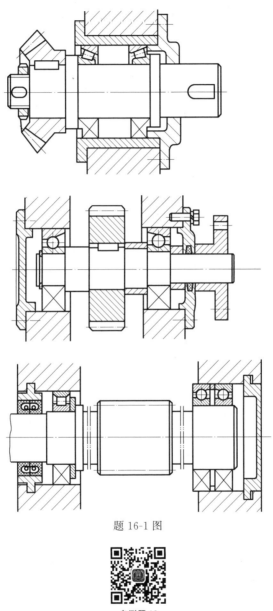

题 16-1 图

参 考 文 献

[1]   濮良贵,陈国定,吴立言.机械设计[M].10 版.北京:高等教育出版社,2019.
[2]   林怡青.机械设计导引[M].北京:清华大学出版社,2019.
[3]   王德伦,马雅丽.机械设计[M].2 版.北京:机械工业出版社,2020.
[4]   刘向锋.机械设计教程[M].北京:清华大学出版社,2021.
[5]   杨可桢,程光蕴,李仲生,等.机械设计基础[M].7 版.北京:高等教育出版社,2020.
[6]   张策.机械原理与机械设计[M](下册).3 版.北京:机械工业出版社,2018.
[7]   程志红,杨金勇,闫海峰,等.机械设计综合训练教程[M].2 版.徐州:中国矿业大学出版社,2019.
[8]   程志红.机械设计[M].南京:东南大学出版社,2006.
[9]   甘永立.几何量公差与检测[M].10 版.上海:上海科学技术出版社,2013.
[10]   钟毅芳,吴昌林,唐增宝.机械设计[M].武汉:华中理工大学出版社,1999.
[11]   徐灏.机械设计手册:第 3 卷[M].北京:机械工业出版社,1992.
[12]   邱宣怀.机械设计[M].4 版.北京:高等教育出版社,1997.
[13]   吴宗泽.高等机械设计[M].北京:清华大学出版社,1991.
[14]   吴宗泽,高志.机械设计[M].2 版.北京:高等教育出版社,2009.
[15]   彭文生,黄华梁,王均荣,等.机械设计[M].武汉:华中理工大学出版社,1996.
[16]   李靖华,王进戈,唐良宝.机械设计[M].重庆:重庆大学出版社,2002.
[17]   先梅开,刘淑清,张琪霞.机械设计[M].徐州:中国矿业大学出版社,1993.
[18]   杨明忠,朱家诚.机械设计[M].武汉:武汉理工大学出版社,2001.
[19]   周济,查建中,肖人彬.智能设计[M].北京:高等教育出版社,1998.
[20]   王成焘.现代机械设计:思想与方法[M].上海:上海科学技术文献出版社,1999.
[21]   唐大放,程志红.机械设计工程 CAD[M].徐州:中国矿业大学出版社,2003.
[22]   《现代机械传动手册》编辑委员会.现代机械传动手册[M].北京:机械工业出版社,1995.
[23]   余俊.滚动轴承计算:额定负荷、当量负荷及寿命[M].北京:高等教育出版社,1993.
[24]   杨明忠.摩擦学设计基础[M].北京:机械工业出版社,1994.
[25]   张春林,曲继方,张美麟.机械创新设计[M].北京:机械工业出版社,1999.
[26]   谭建荣,冯毅雄.智能设计:理论与方法[M].北京:清华大学出版社,2020.
[27]   吴宗泽.机械设计教程[M].北京:机械工业出版社,2003.
[28]   彭文生,黄华梁.机械设计教学指南[M].北京:高等教育出版社,2003.
[29]   王洪欣,李木,刘秉忠.机械设计工程学 I[M].徐州:中国矿业大学出版社,2001.
[30]   唐大放,冯晓宁,杨现卿.机械设计工程学 II[M].徐州:中国矿业大学出版社,2001.
[31]   刘珍莲,杨昂岳,孙立鹏.机械设计学习指导与习题集[M].武汉:华中理工大学出版社,1996.
[32]   吴相宪,王正为,黄玉堂.实用机械设计手册[M].徐州:中国矿业大学出版社,1993.
[33]   杨文彬.机械结构设计准则及实例[M].北京:机械工业出版社,1997.
[34]   吴宗泽.机械设计禁忌 500 例[M].北京:机械工业出版社,1996.
[35]   戴起勋.机械零件结构工艺性 300 例[M].北京:机械工业出版社,2003.
[36]   刘瑞堂.机械零件失效分析[M].哈尔滨:哈尔滨工业大学出版社,2003.
[37]   张鄂.机械设计学习指导:重点难点及典型题精解[M].西安:西安交通大学出版社,2002.
[38]   翟梅义.机械设计课程设计图册[M].北京:高等教育出版社,1994.
[39]   全国齿轮标准化技术委员会.直齿轮和斜齿轮承载能力计算 第 2 部分:齿面接触强度(点蚀)计算:GB/T 3480.2—2021[S].北京:中国标准出版社,2021.
[40]   全国齿轮标准化技术委员会.直齿轮和斜齿轮承载能力计算 第 3 部分:轮齿弯曲强度计算:GB/T 3480.3—2021[S].北京:中国标准出版社,2021.

［41］ 全国齿轮标准化技术委员会.锥齿轮承载能力计算方法　第 2 部分：齿面接触疲劳（点蚀）强度计算：GB/T 10062.2—2003［S］.北京：中国标准出版社，2001.

［42］ 全国齿轮标准化技术委员会.锥齿轮承载能力计算方法　第 3 部分：齿根弯曲强度计算：GB/T 10062.3—2003［S］.北京：中国标准出版社，2001.

［43］ 全国滚动轴承标准化技术委员会.滚动轴承代号方法：GB/T 272—2017［S］.北京：中国标准出版社，2017.

［44］ 全国滚动轴承标准化技术委员会.滚动轴承额定动载荷和额定寿命：GB/T 6391—2010［S］.北京：中国标准出版社，2011.

［45］ 全国带轮与带标准化技术委员会.一般传动用普通 V 带：GB/T 1171—2017［S］.北京：中国标准出版社，2017.

［46］ 全国旋转电机标准化技术委员会.YE3 系列（IP55）三相异步电动机技术条件：GB/T 28575—2020［S］.北京：中国标准出版社，2020.

［47］ 全国钢标准化技术委员会.冷拉碳素弹簧钢丝：GB/T 4357—2022［S］.北京：中国标准出版社，2022.

［48］ 全国钢标准化技术委员会.不锈弹簧钢丝：GB/T 24588—2019［S］.北京：中国标准出版社，2019.

［49］ 全国有色金属标准化技术委员会.铜及铜合金线材：GB/T 21652—2017［S］.北京：中国标准出版社，2017.

［50］ 全国钢铁标准化技术委员会.弹簧钢：GB/T 1222—2016［S］.北京：中国标准出版社，2016.